风力发电教学与培训用书

风力发电机组工作原理和技术基础

第2版

任清晨　刘胜军

机械工业出版社

本书是风力发电教学与培训用书之一，详细介绍了风力发电机组的整机及其主要组成部分的结构、工作原理和技术要求。主要内容包括：风力发电机组概述、叶片、风轮轮毂与变桨系统、风轮轴与齿轮箱、发电机、制动系统、液压系统、支撑系统、控制系统和变流器。

本书可作为应用型本科院校及职业院校新能源与风力发电专业的教材，也可作为风力发电生产一线技术人员的参考用书。

图书在版编目（CIP）数据

风力发电机组工作原理和技术基础/任清晨，刘胜军，王维征编．—2版．—北京：机械工业出版社，2018.12（2025.8重印）
风力发电教学与培训用书
ISBN 978-7-111-61574-3

Ⅰ.①风…　Ⅱ.①任…　②刘…　③王…　Ⅲ.①风力发电机—发电机组—技术培训—教材　Ⅳ.①TM315

中国版本图书馆CIP数据核字（2018）第288962号

机械工业出版社（北京市百万庄大街22号　邮政编码100037）
策划编辑：王振国　责任编辑：王振国
责任校对：肖　琳　封面设计：陈　沛
责任印制：李　昂
涿州市般润文化传播有限公司印刷
2025年8月第2版第5次印刷
184mm×260mm · 12.5印张 · 303千字
标准书号：ISBN 978-7-111-61574-3
定价：39.80元

电话服务　　网络服务
客服电话：010-88361066　　机　工　官　网：www.cmpbook.com
010-88379833　　机　工　官　博：weibo.com/cmp1952
010-68326294　　金　书　网：www.golden-book.com
封底无防伪标均为盗版　　机工教育服务网：www.cmpedu.com

前　言

风能是一种取之不尽，用之不竭的绿色环保型可再生能源。风力发电是在可再生能源发电中，除水力发电外技术最成熟、最具有大规模开发和商业利用价值的发电方式。风能由于在减轻环境污染、减少温室气体排放、促进可持续发展方面的突出作用，越来越受到世界各国的高度重视，我国已把利用风能作为一项基本的能源政策。

目前，我国的风力发电产业发展迅猛，风力发电专业人才的缺口很大，许多大学与职业技术院校相继开设了新能源或风力发电专业，但一直没有合适的教材。因此，我们根据近年来在大中专院校讲授风力发电知识的心得与体会，参照国家和行业制定的风力发电机组的相关标准，结合下厂实践所获得的知识和经验，编写了这套适合新能源和风力发电专业学生学习的，并适合风力发电生产一线员工培训的，介绍风力发电机组生产技术的系列教材。

本套丛书第1版于2008年出版，当时我国风力发电产业正处于第一次大发展的阶段，技术尚不成熟，技术标准还不完善。由于当时我国风力发电场的运行时间比较短，风力发电的并网容量很小，风电事故的经验教训也很少，因此第1版图书只能适应当时的技术标准水平。经过将近10年的发展，我国风力发电的并网容量已经具有一定规模，风电事故的经验教训也积累了很多；通过生产运行实践验证了风力发电机组设计及制造的工艺方法；技术进步也使我国的风力发电产业逐步成熟起来，促使技术标准进一步完善。因此，我们对本套丛书第1版进行了修订，以能满足技术进步的要求，培养和培训出满足企业需求的合格人才。

本次修订仍沿用第1版的编写体系，对一些章节进行了增补或更新。本套丛书分为《风力发电机组工作原理和技术基础》（第2版）、《风力发电机组生产及加工工艺》（第2版）和《风力发电机组安装·运行·维护》（第2版）三册，构成一个比较完整的教材体系。本套丛书特点是以国家及行业标准为主线，避开与生产无关的纯理论问题，重点介绍风力发电机组的实用生产技术。学习本套丛书前，最好先学习一些机械基础知识、电工电子技术基础知识和液压基础知识，这样会收到事半功倍的学习效果。

在本套丛书编写过程中，查阅了大量的相关国家标准和出版物，书中的部分图片由吴昊老师绘制。本书内容经过中国科学院电工所科诺伟业公司武鑫博士、中科宇能公司技术总监徐宇博士后、天威保变风电公司鲁志平总工程师、国电联合动力技术公司王志强总工程师、中航惠腾风电公司王志军工程师审阅。在此向在本套丛书编写过程中提供帮助的专家、学者及老师表示衷心的感谢。

由于编者水平有限，书中错误和不当之处在所难免，敬请专家和读者批评指正。

编　者

目　　录

第一章　风力发电机组概述

这里从介绍风能利用的常识入手，逐步引入风力发电机组的结构组成和工作原理，并进一步介绍风力发电机组的技术要求。通过本章的学习，我们应该能够了解风能的特点，熟悉风能的主要指标，了解我国风能分布的特点，了解我国风电产业发展的几个阶段，掌握风能利用系数 C_p、叶尖速比 λ 的定义，熟悉风力发电机组的工作原理及运行方式，掌握风力发电机组的结构组成和对风力发电机组的技术要求。

第一节　风能的利用

从人类知道利用火以来，植物的茎叶就被作为燃料开始利用了，但这已远远不能满足人类的需求。随着科学技术的不断发展，煤、石油和天然气已成为当今世界的主要能源。煤、石油和天然气这类天然性矿物资源是经历几十亿年的时间形成的，随着人类的大量采掘，其储藏量日渐枯竭。这些燃料资源的稀缺性和不可再生性，使其价格不断攀升。由于人类对石油类燃料的过度依赖，一些国家为保障自己的能源安全，甚至不惜采用战争手段进行掠夺。而这些战争又进一步加剧了世界性的能源危机，促使能源价格不断暴涨。

另一方面，随着世界经济的发展，人类对能源的消耗也日益增加。燃料性能源的大量使用，导致了有毒、有害气体的大量排放，严重地危害着人类的身心健康，同时也导致了地球表面温度的不断升高，其结果是冰川融化、海平面升高、气候异常，这终将会给人类的生存带来难以预料的灾难。因此，寻找新的、清洁的、无污染的、可再生的替代性能源是当今人类世界面临的重要课题。

大家都知道：风是空气流动的现象。热空气上升，冷空气下降，空气一旦流动起来就形成了风。空气有一定的质量，因此空气的流动就具有一定的动能，这就是人类可以利用的风能。动能的物理学表达式为 $E=mv^2/2$，所以由空气密度决定的空气质量和风速是决定风能大小的重要指标。

风能是由太阳能转化而来的，地球表面吸收太阳能的不均匀性造成地球表面具有一定的温度差，即温差，这种温差引起空气流动。所以风能是清洁的、无污染的、取之不尽用之不竭的可再生能源。在常规能源价格日益攀升以及全人类对生态环境保护意识的提高的双重压力下，风能将逐渐成为21世纪人类利用的主要能源。

一、风能的特点

了解风能的特点，对于我们科学地利用风能具有十分重要的意义。

风能的首要特点是变化性和不稳定性。由于气候、时间及地理环境的影响，在每一个时间点和空间点上风力的大小、风的方向都在瞬时变化着。风能的这种不稳定性，使我们在对风能利用时将会有很多问题需要解决。

风能的第二个特点是：风力从地球表面起，随海拔的升高而增大。其根本原因是，随着海拔的升高，地球表面与流动空气摩擦阻力的影响越来越小。这就是为什么风力发电设备都安装在地势相对比较高的地方的原因。

风能的第三个特点是：空气的密度随海拔的升高而逐渐减小。所以虽然高海拔处风较大，但是由于空气质量小，风能量并不大。这就是为什么在青藏高原上虽然风很大，风能利用效率却不高的原因。

二、衡量风能的主要指标

1. 风的等级

风的等级是人们为了对风这种自然现象进行研究，而人为地将风速由低到高划分的等级。风压是指一定风速吹在与风速相垂直的平面上的单位面积上的压力。风的等级与风压的对应关系见表1-1。

表1-1　风的等级与风压的对应关系

风力等级	风速 km/h	风速 m/s	风速 mile/h	风力名称	风压 /($\times10N/m^2$)	可在陆地上观察到的现象
0	<1.0	0~0.2	<1.0	—	—	无风平静，炊烟直上，树梢不动
1	1~5	0.3~1.5	1~3	软风	0.13(1m/s)	炊烟飘动，风向标不转动，脸上无风感
2	6~11	1.6~3.3	4~7	轻风	0.8(2.5m/s)	炊烟倾斜，树叶颤动，脸上有风感
3	12~19	3.4~5.4	8~12	微风	3.2(5m/s)	树叶及小树枝轻轻摇动，旗帜轻轻飘起
4	20~28	5.5~7.9	13~18	和风	6.4(7m/s)	细树枝轻轻摇动，草被吹成浪状，细土面能被吹起
5	29~38	8~10.7	19~24	清劲风	13(10m/s)	小树枝开始摇动，旗帜全部展开飘动并哗哗响
6	39~49	10.8~13.8	26~31	强风	22(13m/s)	大树枝摇动，电线发出啸叫声，用伞困难
7	50~61	13.8~17.1	32~38	疾风	33(16m/s)	全树摇动，迎风行走很吃力，尘土吹到天空中
8	62~74	17.2~20.7	39~46	大风	52(20m/s)	小树枝被吹断，迎风行走困难，沙土吹到天空中
9	75~88	20.8~24.4	47~54	烈风	69(23m/s)	大树干折断，轻结构受损，轻屋顶被吹走
10	89~102	24.5~28.4	55~63	狂风	95(27m/s)	树连根拔起，房屋受到严重损坏，电线被吹断
11	103~117	28.5~32.6	64~72	暴风	117(30m/s)	建筑物遭重大破坏，大树连根拔起
12	118~133	32.7~36.9	73~82	飓风	160(35m/s)	陆地少见，通常发生在海洋
13	134~149	37~41.4	83~92	飓风	208(40m/s)	—
14	150~166	41.5~46.1	93~102	飓风	265(45m/s)	—
15	167~183	46.2~50.9	103~114	飓风	325(50m/s)	—
16	184~201	51.0~56.0	115~125	飓风	365(54m/s)	—
17	202~220	56.1~61.2	126~136	飓风	470(60m/s)	—

2. 年平均风速

风能瞬时的变化性和不稳定性使我们在利用风能时遇到困难，需要我们在设计和制造风力发电机时予以解决。但从一个风力发电场的区域来讲，从某一年的一个时间段来讲，风力的变化还是有规律可循的，我们将年平均风速作为评价一个风电场开发价值的重要指标。年平均风速由当地气象台站的历年观测统计数据给出。风力发电机轮毂中心的最小年平均风速，是判定一个风电场开发是否经济的标准。以目前矿物性能源价格和上网电价为参照物，只有当年平均风速大于 5m/s 时，风能的开发利用才有经济价值。

3. 有效风速

有效风速一般也称为可利用风速。因为在当前的技术条件下，只有当风速大于 3m/s 时才能有效地推动风力发电机叶轮，使其进入正常的工作状态。风力发电机一年的正常工作时间决定了风力发电机的工作效率及经济性。年平均风速大于 3m/s 的时间，表明风电场在一年内风力发电机可以起动工作的时间。这个时间越长说明风电场的利用价值越高。

4. 参考风速和极限风速

参考风速定义为 50 年一遇的，在风力发电机轮毂中心能持续 10min 的阵风平均风速。极限风速定义为 1.4 倍参考风速。极限风速这一指标的意义在于它决定了风力发电机设计时的强度和刚度指标。风力发电机要想安全地工作，风力发电机组及其零部件就必须保证在瞬时最大风速时不会损坏。

三、我国风能分布的特点

我国在地球的北半球，地处太平洋西岸，特定的地理位置和我国特有的地形地貌，使我国风能资源分布有以下特点：

1）东南沿海及其岛屿是我国的最大风能资源区。但是这一区域仅限于沿海岸线几十公里的陆地，而内陆由于丘陵的阻滞会使风能锐减。

2）新疆东部、甘肃北部和内蒙古中西部也是我国风能资源密集区。这些区域地势平坦广阔，虽然风力由北向南逐渐减弱，但变化比较缓慢。

3）黑龙江和吉林两省的东部及辽东半岛沿海地区风能资源也很丰富。

4）青藏高原北部、新疆北部、华北北部、内蒙古东部、东北的西北部和渤海、黄海沿海地区也属于风能资源比较丰富的地区。

风力资源的好坏直接决定风电成本的高低，根据我国风能资源情况及技术经济条件，开发重点应放在内蒙古、东北、西北、西藏、东南沿海及岛屿、高山、风口等风能资源丰富地区，尤其是经济发达、电网条件好的地区。另外，我国海岸线较长，发展海上风电场也是我国风电发展的一个方向。

四、风力发电常识

除帆船是靠风帆直接推动来利用风能外，一般都是利用风轮收集风能，再将其转变成旋转机械能来驱动各种工作机械。良好的风场多数又处于人烟稀少的地区且机械能不能进行远距离传送，而电能是一种清洁干净的二次能源，具有利用电网便于远距离输送的优势。于是通过发电机，将风轮收集转化成的机械能再转变成电能，成为风能利用的主导方式。

并网型风力发电机组的功能是将风的动能转换成机械能，再将机械能转换为电能，输送到电网中。一台风力发电机组为了实现转换功能由若干机构和零部件组成，目前市场上水平轴三叶片风力发电机组占主导地位。并网型风力发电机的结构比较复杂，为了便于和离网型风力发电机相区别，习惯上把并网型风力发电机称为风力发电机组，简称风电机组。

1. 风力发电概述

对于利用风轮收集风能，我们必须了解风轮输出功率与风速和转速的关系。在一定风速下如何提高风轮捕获风能的效率，必须研究风轮机构的特性。风轮机构的参数如下：

（1）风能利用系数 C_p　风轮从自然风能中收集能量的大小程度用风能利用系数 C_p 表示，根据贝兹（Betz）理论可以推得风力涡轮机的理论最大利用系数为：$C_{pmax}=0.593$。由于技术原因目前风轮的风能利用系数 C_p 一般为 0.4~0.5，它是衡量叶片和风力发电机组设计的重要指标。

（2）叶尖速比 λ　风轮在不同风速中的状态，用叶片的叶尖线速度与风速之比来衡量，称为叶尖速比 λ，即 λ=叶尖线速度/风速。叶尖速比 λ 值越大，风轮效率越高。由于受到材料性能限制，实践表明当叶尖线速度超过 100m/s 时叶片将很快被破坏，而当叶尖线速度超过 70~80m/s 时叶片将产生严重的噪声，因此在风力发电机组的设计中叶尖线速度不超过 65m/s。

风轮的转速、输出功率还与叶片迎风角有关，在工作区段中，迎风角越大，λ 和 C_p 越小。在桨叶倾角固定为最小值的条件下，风轮随风速变化而改变转速。通过调速装置使输出功率与转速的关系变得在所有风速下都工作于最大工作点，此时发出的电能最多，否则发电效率会降低。

从风力发电机组的运行原理分析，要求风力发电机组的转速正比于风速变化，并保持一个恒定的最佳叶尖速比，从而使风力发电机组风轮的风能利用系数 C_p 保持最大值不变，风力发电机组输出最大的功率。

2. 风力发电产业

风力发电产业是一个产业链，它由上游、中游和下游三部分组成。

（1）上游　上游又称为风电第一产业，是风力发电投资企业。风力发电投资企业是风力发电场的投资者和产权所有者，其通过风力发电场的经营获得投资收益。同时负责风力发电机组的维修和风力发电场运营。而风力发电机的安装、维修企业负责风力发电机组的安装、调试和维修。

（2）中游　中游又称为风电第二产业，包括风力发电机研发机构、风力发电机组制造厂和风力发电机零部件制造厂，负责为风力发电投资企业提供风力发电所需的装备。目前，风力发电机组制造厂和风力发电机零部件制造厂在我国正处于蓬勃发展的时期。风力发电机组零部件中，齿轮箱、制动器、液压装置、主轴、轮毂、塔架的制造在我国已比较成熟，没有必要建设新厂；而机组总装厂、叶片厂、机舱厂、控制器厂、变桨距和偏航轴承厂等风电专门企业也大量建立起来。这些风电企业的发展壮大，急需大批具备风力发电设备知识和技能的人才，为其提供了广阔的就业前景。

（3）下游　下游又称为风电第三产业，即风电服务业。它是为风电第一产业和第二产业提供技术、经济等各种服务的企事业单位、中介机构。风电服务业发展潜力很大，前景广阔。随着风电场建设规模的扩大，相关的技术咨询、技术服务，包括风电建设前期的项目开发商业服务，建设前的项目咨询、风资源调查、选址、规划、设计；建设过程中的监理、管理服务、安装及施工指导；建成后的运行管理、监测、检修等环节都有着十分巨大的服务需求，而目前能提供相应服务的机构与人员十分缺乏，这一产业蕴藏着巨大的市场机遇和就业前景。

3. 我国风力发电产业发展回顾

我国风力发电产业始于 20 世纪 50 年代后期，主要是为了解决海岛和偏远农村牧区的用电问题，基本上生产的都是离网小型风电机组。20 世纪 70 年代末，我国开始进行并网风电的示范研究，并引进国外风机建设示范风电场。1986 年，我国第一座风电场——马兰风力发电场在山东荣成并网发电，成为我国风电史上的里程碑。在此之后，我国风电产业才真正进入发展阶段，其历程可以分为五个阶段：

（1）1986—1993 年：早期试验研究，先行示范阶段　从 20 世纪 70 年代末到 80 年代末，我国开始引进国外风电机组，建设小型示范风电场进行试验研究。此阶段政府的扶持主要在资金方面，如投资风电场项目及支持风电机组研制；同时国家“七五”“八五”计划设立的国产风机攻关项目，取得了初步成果。通过探索，为我国风电事业的发展奠定了初步基础。

1981 年，中国风能协会成立。1986 年 4 月，我国第一个风电场在山东省荣成并网发电，共安装 3 台 55kW 进口风电机组，装机总容量为 165kW。同期国产单机 55kW 风电机组在福建省平潭岛并网成功，成为当时国内自行设计制造并运行的最大风电机组。

（2）1994—2003 年：产业化探索阶段　在第一阶段取得成果的基础上，科学技术部通过科技攻关和国家 863 高科技项目促进风电技术的发展，原国家经贸委和原国家计委分别通过双加工程、国债项目、乘风计划等项目促进风电的持续发展。借鉴欧洲风电大国经验，我国各级政府相继出台了各种优惠的鼓励政策，探索建立了强制性收购、还本付息电价和成本分摊制度。1995 年，原电力工业部制定了《风力发电场并网运行管理规定（试行）》，出台了电网公司应允许风电场就近上网，全额收购风电场上网电量，对高于电网平均电价部分实行全网分摊的鼓励政策。由于投资者利益得到保障，风电产业进入商业开发、积累能量的阶段。

1989 年，内蒙古朱日和风电场第一批风电机组投产；1994 年，龙源集团、南澳风能开发总公司和广电集团汕头供电分公司联合成立了汕头福澳风力发电公司，开始运作我国第一个按商业化模式开发的风电项目；2001 年开始引进 4 台 1. 3MW 风机，安装在辽宁营口仙人岛风电场，标志着我国风电开发进入商业运行的阶段。我国 1996 年以前建成的风电场单机容量基本上是 150~300kW，2000 年以后以 600kW、750kW 为主流机型。2001 年，浙江运达风电股份有限公司挂牌成立，其前身是浙江省机电研究院风电研究所。该研究所从事风力发电技术研究、产品研发，是我国第一家生产并网型大型风力发电机组的企业。

（3）2003—2007 年：产业化快速发展阶段　本阶段主要是通过实施风电特许权招标项目确定风电场投资商、开发商和上网电价，通过施行《中华人民共和国可再生能源法》及其细则，建立了稳定的费用分摊制度，从而迅速提高了风电开发规模和本土设备制造能力。国家发展和改革委员会通过风电特许权经营，下放 5 万 kW 以下风电项目审批权，要求国内风电项目国产化比例不小于 70%等优惠政策，扶持和鼓励国内风电制造业的发展，使国内风电市场的发展进入到一个高速发展的阶段。2006 年，新增装机容量 134. 7 万 kW，比 2005 年增加了 70%。在一系列利好政策促进下，我国风电开发出现了持续快速升温态势。激励各类投资主体纷纷进军风电开发建设，我国风电开发建设进入了竞争开发、规模领先、跨越式发展的阶段。

随着国家规划大型风电基地，开发建设大型风电场措施的出台，2003 年山东即墨风电场安装了 12 台 1. 3MW 单机容量的风电机组，2005 年又安装了 69 台 1. 5MW 单机容量的风电机组。2005 年以来，新疆金风公司、华锐风电、东汽集团等企业通过联合设计或技术引进的方式，陆续推出了各自的国产化率在70%以上的兆瓦级风电机组。我国早期生产的600kW及750kW级风电机组一般采用定桨距等传统技术，但新近开发的兆瓦级机组都采用了变桨距变速技术以提高风电机组的发电效率。2005年，新疆金风公司通过与德国VENSYS公司的技术合作研制成功了1.2MW直驱型风电机组。

（4）2008—2011年：爆发式发展阶段　在特许权招标的基础上，国家颁布了陆地风电上网标杆电价政策；在风能资源初步详查基础上，提出建设8个千万千瓦级风电基地，起动建设海上风电示范项目。根据规模化发展需要，修订了《中华人民共和国可再生能源法》，要求制定实施可再生能源发电全额保障性收购制度，以应对大规模风电上网和市场挑战。

良好的政策环境，巨大的市场需求导致市场投资主体“蜂拥而上”。在风电产业大发展的最辉煌时期，大型并网型风力发电机组整机生产企业曾经达到70多家。2007年以来，我国风机整机制造领域的同质化竞争带来生产能力的严重过剩，加上核心技术的相对缺失以及下游运营企业的发展放缓，导致整个行业微利甚至负债运营。2008年席卷全球的金融危机风暴，造成一些新近进入的风电企业资金链断裂。

2011年上半年接连出现大规模风电机组集中脱网事故，导致电网系统电压、频率大幅波动，迫使国家电监会下发《关于切实加强风电场安全监督管理遏制大规模风电机组脱网事故的通知》，要求不具备低电压穿越能力的机组，要尽快制订切实可行的低电压穿越能力改造计划，督促设备制造厂商配合实施。严苛的技术要求使风电机组成本上升及上网困难，导致2011年下半年以来，国内风电装备制造企业的发展步伐逐渐放慢。

（5）2012年至今：稳定发展阶段　如今，国内风电装备制造企业正在为此前的“蜂拥而上”付出代价。经过2012—2013年的内部重组整合，我国整机制造业的技术有较大进步，整机制造市场的竞争趋于理性，市场集中度有较大提高，龙头企业的优势开始凸显，前五大企业占据了56.8%的市场份额，前十大企业的市场份额更是达到了78.6%。2014年，我国已有风电机组下线并保持运营生产的企业约为26家，数量较2013年继续下降，未来新增风电的市场份额将进一步向大型企业靠拢。

我国风电新增装机容量连续多年翻番增长，已经成为全球风电装机总量最多的国家。在经历了连续几年的负增长之后，2013年我国风电投资恢复正增长。风电装备制造能力快速提高，已经具备了6MW以下各类技术类型、多种规格产品的制造能力，基本满足了我国陆地和海上风电开发需要，并正在走向国际市场。

风电产业属于资金密集型高新技术行业，其产业化是高风险的经济市场行为，技术和市场都具有较大的不确定性。受资源禀赋、电网输送和安全可靠的因素制约，我国风电产业的持续健康发展面临越来越多的问题和挑战。机组大型化、海上风电、永磁直驱技术将成为未来风电产业的新方向。

第二节　风力发电机组的组成、铭牌数据及运行方式

一、风力发电机组的组成

风力发电机组必须保证其在各种风况、气候和电网条件下能够长期安全运行，并取得最大的年发电量和最低的发电成本。但是风的速度和方向是不断变化的，风力发电机组各个零

部件随时承受着交变载荷。因此，各零部件的疲劳强度是影响机组寿命的主要因素，风力发电机组对材料、结构、工艺和控制策略都提出了很高的要求。因此，风力发电机组的结构比较复杂，由风轮（叶片、轮毂）、风轮轴、调速装置、发电机、制动系统、液压系统、机舱、偏航系统、塔架和控制系统等部分组成，如图 1-1 所示。下面我们把这些部件的功能逐一加以讲解。

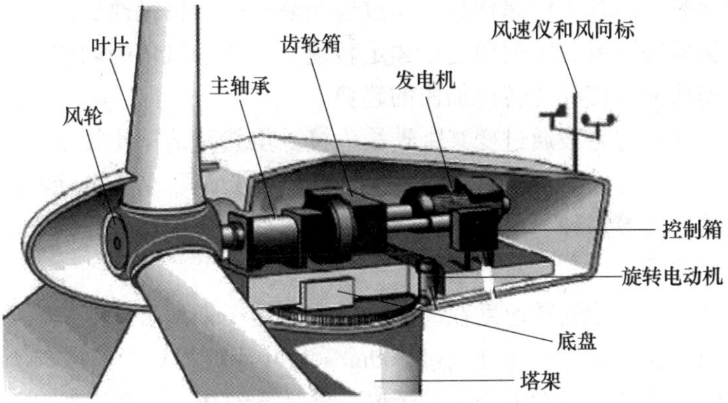

图 1-1　风力发电机组的组成

（一）风轮

风轮由叶片和轮毂等部件组成，是获取风能并将其转换成机械能的关键部件。叶片是具有空气动力学外形，在气流推动下产生力矩使风轮能绕其轴转动的主要构件。轮毂是能固定叶片位置，并能将叶片组件安装在风轮轴上的装置。

三叶片风轮的受力平衡好、轮毂简单、风轮的动态载荷小，由于稳定性好，在高叶尖速比运行时有较高的风能利用系数，在并网型风力发电机组上得到广泛应用。三叶片风轮能提供最佳的效率，使风力发电机组系统运行平稳，基本上消除了系统的周期载荷，可输出稳定的转矩。同时，三叶片风轮可以产生令人满意的审美效果。

风轮的扫掠面积和风速，决定了将风能转换成机械能的大小。风轮扫掠面积是指风轮叶片旋转运动时所作的圆，也就是在垂直于风速矢量平面上的投影面积。风轮应具有承受沙尘、盐雾侵袭的能力，并有防雷措施。

（二）风轮轴

风轮轴简称主轴，它起到固定风轮位置、支撑风轮重量、保证风轮旋转、将风轮的力矩传递给齿轮箱或发电机的重要作用。风轮安装在主轴上。

（三）调速装置

调速装置的作用有三个。一是当风轮转速低于发电机额定转速时，通过调速装置将转速提高到发电机额定转速。二是当风轮转速高于发电机额定转速时，使风轮轴转速保持在发电机额定转速，以保证风力发电机组安全、满负荷发电。发电机的超速运行会使输出电压过高，破坏发电机绝缘；过高的转速会使轴承烧毁。三是当风轮转速超过其额定最高转速时，使风力发电机组安全停机，保护风力发电机组不致损坏。

1. 定桨距叶片失速控制调速装置

失速是一种空气动力学现象，最早使用在飞机机翼的设计试验中。失速是当翼型升力系数随迎风角度的增加开始下降的异常现象。其机理在于气流与叶片分离，叶片将处于“失速”状态，叶片的转速会大幅度降低，使风轮输出功率降低。

2. 可变桨距调速装置

由于风力发电机叶片形状酷似划船用的船桨，所以习惯上把风机叶片称为桨叶。可变桨距调速就是通过改变叶片迎风角度来调节风轮转速的装置。目前兆瓦以上的风力发电机普遍采用可变桨距调速装置。其工作原理是：通过检测装置检测出风速后，由驱动装置驱动叶片改变迎风角度，从而保证风轮转速稳定在额定转速。叶片迎风角的调节规律是：增大迎风角可以减少由于风速增大而使叶片转速加快的趋势。

变桨距风轮的叶片与轮毂通过变桨距轴承连接。虽然其结构比较复杂，但能够获得较好的性能，而且叶片承受的载荷较小，重量轻。叶片的变桨距驱动有电动机驱动方式、液压驱动方式、机械驱动方式等多种，具体结构我们将在后面章节中详细介绍。

3. 齿轮箱调速装置

齿轮箱的作用是将风轮旋转速度在高速轴侧提高到一个满足发电机需要的转速。由于材料强度的限制，当叶片叶尖的线速度超过100m/s时叶片将损坏，所以风力发电机组的风轮转速一般在每分钟几十转。而发电机的转子同步转速 $n=60f/p$，常用发电机的转子同步转速为750r/min、1000r/min或1500r/min。

齿轮箱是大中型风力发电机的重要组件，它的输入端是低速轴，通过联轴器连接风轮轴；输出端为高速轴，通过联轴器连接发电机。齿轮箱应有油位指示器和油温传感器，寒冷地区应设有油加热装置。

（四）制动系统

制动系统的作用是，在遇到超过风力发电机组设计风速的大风时，或风力发电机组的零部件出现故障时，其可以使风力发电机组安全停机。因此，制动系统可以保障风力发电机组的安全，避免故障的扩大和更多零部件损坏，以及造成人员的伤亡。

大型风力发电机组的重量大、运动部件惯性大，因此大型风力发电机组的制动系统比较复杂。为了能够保证安全性，根据国家标准要求，风力发电机组至少应具有两种不同原理的能独立有效制动的制动系统。大型风力发电机组的制动系统往往包括：空气动力制动系统、机械制动系统、液压制动系统和电气制动系统等若干子系统。

（五）发电机

发电机的功能是将风轮收集的机械能转变成电能。传统的发电机都是按输入稳定的转矩和转速设计的，因而无法适应风轮输出的瞬时变化的转矩和转速，所以风力发电机组应该使用为风力发电而设计制造的专用发电机。风力发电机组的发电机防护等级应能满足防烟雾，防沙尘暴的要求。湿度较大的地区应设有加热装置以防结露。发电机应装有定子线圈测温装置和转子测速装置。风力发电机组常用的发电机有异步交流发电机、异步双馈型交流发电机、永磁同步发电机。

（六）机舱

机舱由底盘和机舱罩组成，底盘上安装除了塔架以外的主要部件，因此，底盘又称为主机架。机舱罩后部的上方装有风速和风向传感器，舱壁上有隔音和通风装置等，底部与塔架连接。

1. 底盘

底盘的功能是固定风轮轴、齿轮箱、发电机、机舱、偏航驱动装置及相关零部件，并承载其重量。

2. 机舱罩

机舱罩的作用是保护底盘及底盘上所安装的零部件，使其免受风、霜、雨雪、冰雹、沙石、粉尘及腐蚀性气体的侵害，延长其使用寿命，使风力发电机组更加美观漂亮。机舱罩和底盘就像一间房屋，零部件生活在其中。机舱内部应有消声设施，并具有良好的通风条件；机舱内部照明设备齐全，亮度满足工作要求；机舱应满足防盐雾腐蚀、防沙尘暴的要求；机舱应有防止小动物进入的措施。

（七）偏航系统

风力发电机组的对风简称偏航，对风装置又称为偏航系统。对风机构是针对风向瞬时变化的不稳定性，为保证风力发电机组的最大输出功率而专门设计的装置。其作用是使风轮的扫掠面始终保持与风向垂直，以保证风轮每一瞬间捕获到最大风能。

风力发电机组的偏航运动部件重量大、运动惯性大，因此风力发电机组偏航驱动一般采用伺服系统。伺服系统比较复杂，由风向检测装置、导向装置、偏航驱动机构和控制系统等部分组成。具有反馈比较环节的闭环控制系统，具有反应快、跟踪能力强、工作稳定可靠的特点。偏航系统应设有自动解缆和扭缆保护装置；在寒冷地区，测风装置必须有防冰冻措施。

（八）液压系统

液压系统由电动机、液压泵、油箱、过滤器、管路及各种液压阀等组成，主要是为变桨距液压缸和机械制动器提供必要的驱动液压力，有的强制润滑型齿轮箱也需要液压系统供油。液压缸用于驱动定桨距风轮的叶尖制动装置或变桨距风轮的变距机构。

（九）塔架

塔架的作用是：支撑风轮和整个机舱的重量，并使风轮和机舱保持在合理的高度，使风轮旋转部分与地面保持在合理的安全距离。

塔架支撑机舱达到所需要的高度，其上安置发电机和控制柜之间的动力电缆、控制和通信电缆，还装有供操作人员上下机舱的扶梯，大型机组还设有电梯。对于塔架的攀登设施，其中间应设休息平台，还要有可靠的防止坠落的保护措施，以保证人身安全。塔架内部照明设备应齐全，亮度满足工作要求。塔架应满足防盐雾腐蚀、防沙尘暴的要求，筒式塔架均应有防止小动物进入的措施。

（十）控制系统

控制系统的功能是对风力发电机组进行运行状态控制，即风力发电机从一种运行状态到另一种运行状态的转换过渡过程的控制。

风力发电机组部件多、体积大、价格高且相互关联紧密，维护维修难度大，存在并网问题，所以对可靠性、安全性的要求很高。大型风力发电机的控制系统是一个很复杂的微型计算机控制系统，包含若干个子系统，安装在控制箱、控制柜内。控制箱、控制柜也应有防止小动物进入的措施。

二、风力发电机组的铭牌数据

风力发电机组的铭牌数据以最简单明了的方式，向用户介绍了风力发电机组从选型、订货到运行、维护和检修所必需的数据。熟悉风力发电机组铭牌数据对每个风电从业者来说都很重要。根据《风力发电机组　设计要求》（GB/T 18451. 1—2012），产品铭牌上必须突出明显地标示下列内容：

1）风力发电机组的制造商和国家。

2）型号和产品编号。

3）产品生产日期。

4）参考风速。

5）轮毂高度工作风速范围。

6）工作环境的温度范围。

7）风力发电机组的等级。

8）风力发电机组输出端额定电压。

9）风力发电机组输出端频率或标称变化大于 2%时的频率范围。

风力发电机组产品铭牌为我们在产品选型、配套设施建设、维修备品备件准备提供了依据。风力发电机组的等级是安全等级，根据 IEC61444-1 定义。

风力发电机组的随机技术文件是指导用户正确安装、使用、维护风力发电机组的纲领性文件，其内容包括：随机技术文件清单、产品合格证、产品说明书（包括使用、原理、维护等）、机组装配图（包括安装图）、电气接线图、交货明细表和出厂试验记录。

三、风力发电机组的运行方式

（一）恒频恒速运行方式

在风力发电机组向恒频电网送电时，电网频率将强迫控制风轮的转速，发电机组在不同风速下维持或近似维持同一转速，这就是风电机组的恒频恒速运行方式。

定桨距失速恒频恒速异步发电机组在无法生产高电压大功率电子变流器件的一段时间内曾是主流机型。我国在 2000 年前进口的风力发电机组及引进技术生产的风力发电机组都是这种机型，因此这种机型目前在我国仍有一定的保有量，有必要进行讲解。

定桨距是指桨叶与轮毂的连接是固定的，即当风速变化时，桨叶的迎风角度固定不变。失速是指桨叶本身所具有的失速特性，当风速高于额定风速时，气流将在桨叶的表面产生涡流，使效率降低，产生失速，来限制发电机的功率输出。由于风速变化引起的输出功率的变化只通过桨叶的被动失速调节，而控制系统不作任何控制，使控制系统大为简化。但是在输入变化的情况下，风力发电机组只有很少的机会能够运行在最佳状态下，因此机组的整体效率较低，兆瓦级以上的大型风力发电机组已淘汰此种机型。

为了提高风力发电机组在低风速时的效率，恒频恒速运行方式通常采用双速发电机（即大/小发电机）。在低风速段采用小型发电机运行，高风速段采用大型发电机运行，使桨叶具有较高的气动效率，提高了发电机的整体运行效率。定桨距恒频恒速异步发电机组只能在低于最佳效率的状态下运行，但其结构简单，工作可靠，并网时必须进行无功补偿。

（二）变速恒频运行方式

如果风轮转速可以连续进行调节，则叶尖速比可以保持在最大常值 C_{pmax}，风力发电机组的效率将显著增加。在调节转速的过程中，需要主动进行桨距角的控制来保持叶尖速比恒定，桨距角需要总是控制在最佳位置。在额定风速以上的运行状态，要保持转速恒定也需要进行变桨距控制调节。

只要在发电机和电网之间加入变流器，发电机转速就可以与电网频率解耦，并允许风轮速度有变化，也能控制发电机的气隙转矩。变速运行有以下优点：

1）在额定的风速以下，风轮速度可以随风速变化以保持最大空气动力学效率。

2）高风速下风轮速度的降低减小了气动噪声，因为此时风的噪声无法掩盖风力发电机组的噪声。

3）风轮可以作为飞轮，在传动链之前去除空气动力学转矩波动。

4）对气隙转矩的直接控制实际上控制了风轮转速及发电机输出功率。

5）有功功率和无功功率都可以控制，这样可以提高功率因数，可以作为无功功率源来补偿电网中其他用户不良的功率因数，降低电网的电力波动。

变速恒频的优点是大范围内调节运行转速，来适应因风速变化而引起的风力发电机组功率的变化，可以最大限度地吸收风能，因而效率较高。同时，在控制方式上也很灵活，可以较好地调节系统的有功功率、无功功率，但控制系统较为复杂。变速恒频这种调节方式是目前公认的最优调节方式，是风电技术的主要发展方向。当前生产的兆瓦级以上风力发电机组都是采用变速恒频运行，代表机型是变桨距变速恒频双馈机组和变桨距变速恒频永磁直驱机组。

在满足电网频率要求的条件下，通过连接在发电机与电网间的变流器，可以很方便地控制发电机的气隙转矩；通过控制气隙转矩可以很方便地使发电机的转差率在±10%的范围内调节，可以使双馈型机组的转速在±30%同步转速范围内连续可调，使永磁直驱型机组的转速在±50%同步转速范围内连续可调，满足了机组调速范围宽的要求。双馈型机组电网通过变流器连接转子的称为“窄带”变速，双馈型机组属于“窄带”变速；电网通过变流器连接定子的称为“宽带”变速，永磁直驱型机组属于“宽带”变速。

第三节 风力发电机组的要求、试验及检验规则

风力发电机组是将风能转换成机械能，再将机械能换成电能的工业设备。它的结构、性能不同于传统的发电设备，是一种专门针对风能特点，根据用户要求设计出来的专用发电设备。这里所讲的风力发电机组特指大型并网型风力发电机组，其发出的电能通过并网输入原有的电力网中。

一、风力发电机组的要求

用户对风力发电机组的要求是企业设计、选用材料、生产制造和检测验收风力发电机组的重要依据。只有满足了用户对风力发电机组的要求，风力发电机组生产企业才能有市场。满足用户的需求是每一个风力发电机组生产企业义不容辞的责任。根据用户对风力发电机组的要求，国家制定出一系列有关风力发电机组设计、生产和使用的国家及行业标准，用以规

范风力发电机组设计、生产和使用。对风力发电机组的要求主要有以下几个方面：

（一）经济性

用户对风力发电机组经济性的要求很简单，就是在保证可靠性、安全性和环境保护要求的前提下，风力发电机组的销售价格越低越好。风力发电机组的价格低，风电场的投资就可以减少，使发电成本降低，才能使风力发电在发电市场上有竞争力，才能获得投资收益。而风力发电机组的使用寿命长，可使每年的折旧费用降低，也可使发电成本降低。如果超过折旧年限的风力发电机组仍能正常发电，则风力发电机组可以在近乎零成本下工作。

为了保证风力发电机组的经济性，国家标准对风力发电机组的性能要求如下：

1）机组的切入风速应大于2.5m/s，小于5.5m/s；切出风速应大于20m/s，小于30m/s。

2）机组的额定风速应满足相关标准的规定。

3）机组的最大风能利用系数 C_{pmax} 应大于0.44。

4）机组在额定工况时，其输出的功率应大于或等于额定功率。

5）为保证风力发电机组的可靠运行，风力发电机组及各零部件的使用寿命不低于20年。机组年可利用率应大于或等于97%。

降低风力发电机组价格的关键是降低风力发电机组各零部件的价格。兆瓦级风力发电机组各零部件占整机成本的比例见表1-2。

表1-2 兆瓦级风力发电机组各零部件占整机成本的比例

序号	部件或项目名称	变桨距机型占成本比例(%)	定桨距机型占成本比例(%)
1	塔架	18.0	17.5
2	电网连接(箱变、电缆)	7.2	8.3
3	机舱	3.0(复合材料)	10.8(金属)
4	发电机	6.0	7.5
5	叶片	22.5	18.3
6	增速箱(齿轮箱)	15.3	12.5
7	主轴	3.4	4.2
8	轮毂	6.0(含变桨距机构)	2.5
9	偏航系统	1.3	4.2
10	中央监控系统	3.5	—
11	电控系统	3.5	4.5
12	液压制动系统	2.2	1.7
13	变流器	3.0	—
14	备品备件舱内电缆	1.0	—
15	运输、地基、安装	4.1	8.3

加快零部件成本降低的途径有两个：一是靠国产化，二是靠竞争。由于国家产业政策向

风电的倾斜，以及目前我国的风力发电机组零部件价格是参考进口零部件价格制定的，所以目前风力发电机组零部件企业利润丰厚，使一些有实力的企业进入风电零部件产业。它们或新建厂或利用自己原有的技术、设备优势转产、兼产，企业的增多既使国产化进程加快，又使竞争日趋激烈。从 2007 年到 2008 年仅一年时间，国产化了的零部件价格通过招投标已下降了 40%左右。但是一些关键技术和专用设备我们仍未掌握，还需要进口。一些我们自己研发的风电零部件还没有经过时间的考验，一些总装厂担心不可靠仍依赖进口，使这些风电零部件价格仍居高不下。随着时间的推移，这些风电零部件价格将会降下来。

标准化也是降低风电零部件价格的一个重要途径。我国已加入国际标准化组织（ISO），ISO 的电工委员会（IEC）制定出风力发电机组的若干标准。我国风力发电机组的国家标准就是采用的 IEC 标准。对于 IEC 尚未制定的有关风力发电机组的标准，由中国机械工业联合会制定出机械行业标准。标准化使一些零部件的连接尺寸统一起来，增加了互换性，方便了零部件的采购和维修。标准化也统一了一些零部件，使这些零部件便于大批量、大规模生产，将使这些零部件的制造成本大幅度降低。

（二）可靠性

高可靠性是对风力发电机组的基本要求。只有风力发电机组运行稳定，不出现或少出现故障，才能多发电发好电，并减少维修费用。只有可靠性高，才能避免天天盼大风，大风来了又因故障无法发电的尴尬局面出现。

1. 国家标准规定风力发电机组运行的限定条件

为保证机组的可靠运行，国家标准制定的风力发电机组运行的限定条件如下：

（1）外部环境条件

1）太阳辐射强度小于或等于 1000W/m^2。

2）机组正常运行的温度范围为-20～+50℃，高寒地区为-25～+45℃。

3）机组运行的最高海拔为 4000m。

4）相对湿度应小于或等于 95%。

5）相当于未受化学污染的大气，北方地区应考虑大气中的沙尘条件。

（2）机组输出端电网条件

1）电压范围与频率范围：（1±10%）×额定电压，（1±2%）×额定频率。

2）电压对称性：即电压不平衡值应保持在电压负序分量与正序分量的比率不超过 2%。

3）停电次数与时间：每年电网停电应少于 20 次，每次最长持续时间应不超过 1 周。

（3）机组正确操作使用条件　正确操作是指符合产品使用说明书或用户手册规定的操作方法、注意事项及维护保养要求为前提，并排除一切意外损害不可抗拒的自然灾害因素。

2. 国家标准规定风力发电机组运行的可靠性指标

（1）首次无故障运行时间　在限定的条件下，机组各部件的首次无故障运行时间（MTTFF），指可修复产品从开始使用到发生故障（失效）之前的平均工作时间。首次无故障运行时间自然是越长越好，具体要求见表 1-3。

表 1-3　风力发电机组各部件首次无故障运行时间的具体要求

序　号	名　称	可靠度(%)	MTTFF/h
1	风轮	90	2000
2	传动系统	95	3000
3	发电机	95	3000
4	限(调)速系统	90	2000
5	回转体	98	3000
6	调向系统	98	3000
7	支撑系统	95	3000
8	控制-逆变器	90	1500
9	机组	85	1500

（2）平均故障间隔时间　在限定的条件下，机组各部件的平均故障间隔时间（MTBF），指可修复产品在相邻故障之间的平均工作时间。这一间隔时间越长越好，具体要求见表 1-4。

表 1-4　风力发电机组各部件平均故障间隔时间的具体要求

序　号	名　称	可靠度(%)	MTBF/h
1	风轮	90	3000
2	传动系统	95	3500
3	发电机	95	4000
4	限(调)速系统	90	3000
5	回转体	98	5000
6	调向系统	98	5000
7	支撑系统	95	5000
8	控制-逆变器	90	2000
9	机组	85	1500

3. 风力发电机组的可靠性依赖质量保证体系

国家标准规定了风力发电机组的产品质量保证期。用户应按照使用维护说明书的规定，正确使用和维护机组。制造商应保证机组在首次运行的 24 个月内，或制造商自交货之日起不超过 30 个月内能良好地运行。如果在规定时间内因制造质量不良而发生损坏或不能正常工作的，制造商应无偿地为用户修理或更换零部件。

要想保证可靠性，质量控制是关键。因此，国家标准要求风力发电机总装厂和零部件制造厂都必须通过《质量管理体系　要求》（GB/T 19001—2016），即设计、开发、生产、安装和服务的质量保证模式的认证。最低要求是通过 ISO 9002：1994 质量体系，即生产、安装和服务的质量保证模式的认证。生产厂商必须保证质量保证体系的有效性。注意稳定质量，提高机组可靠性，加强售前、售中、售后服务，确保机组的可利用率等指标，以取得风电场建设业主的认可，才能逐步扩大销路、占领市场。

（三）安全性

风力发电机组的安全性涉及风力发电机本身安全、运行维修人员安全及第三者安全，事关重大不可掉以轻心。GB/T 18451. 1—2012 规定了对风力发电机组的安全要求，它涉及安全原理、质量保证、工程完整性和特定的要求，包括设计、安装、维修和特定外界条件下的运行，其目的是制定一个恰当的保护等级，以防止机组在计划寿命周期内发生意外事件和损坏。风力发电机安全保护等级标准见表 1-5，它定义了 4 个不同的等级为一般安全等级，以适应不同地区的风力情况，等级越高其对应的风速越低。另外，S 类为特殊安全等级，其特殊要求和安全系数必须由制造厂与用户协商决定。该标准还涉及机组的各辅助系统，例如保护机构、内部电气系统、机械系统、支撑系统、电气与负载的连接。

表 1-5　风力发电机安全保护等级标准

参　数	Ⅰ类	Ⅱ类	Ⅲ类	Ⅳ类	S 类
参考风速/(m/s)	50	43. 5	37. 5	30	由设计者根据风场数据规定各参数
年平均风速/(m/s)	10	8. 5	7. 5	6	
50 年一遇极限风速即 1. 4 倍参考风速/(m/s)	70	60. 9	52. 5	42	
1 年一遇极限风速即 1. 05 倍参考风速/(m/s)	52. 5	45. 7	39. 4	31. 5	

国家标准对风力发电机组的动特性要求是由设计者根据风场数据规定的各相关参数。机组在所有运行工况下和给定使用寿命周期内，不能发生任何机械及气动弹性不稳定现象，也不产生有害的或过度的振动。机组在正常运行范围内塔架振动量不应超过 20mm/s。

设计是决定风力发电机组安全性的关键环节。虽然风力发电机组一般应在前面所限定的条件下工作，但还必须考虑湍流和其他极端风况，以及当机组损坏时所引起的载荷变化（例如风轮一个叶片折断）等特殊情况。风力发电机及其零部件的结构设计应以承载件结构完整性的验证为基础，零部件的极限强度和疲劳强度需要通过计算或试验来验证。需要考虑载荷、设计工况和载荷状态，进行最大极限状态分析，根据载荷和材料的不确定性和易变性，以及分析方法的不确定性以及失效零件的重要性，采用相应的安全系数来修正。

风力发电机组的工作和安全性受控于控制系统和保护系统，所以风力发电机必须具备完善可靠的控制系统和保护系统。机械系统应在设计中对于那些无法避免的、有可能是危险源的零件用做出标记的方法防止错误装配。风力发电机组电气系统的设计必须符合有关电气安全的 IEC 60364 系列标准的要求，应保证对人畜最小的伤害。

（1）外部条件影响风力发电机组的安全性　风力发电机组受环境和电力条件支配，影响其负载能力、使用寿命和正常工作。除环境条件外，还应考虑安装场地的土壤性能。沿海场地要求风力发电机的等级为 S 级。

（2）组装、安装和竖立的安全性　制造厂应提供安装风力发电机要求的详细清楚的说明，风力发电机的安装工作应由经专门培训或经此业务指导过的人员进行。安装场地应便于准备、维护、操作和管理，以使工作安全有效地进行。安装人员应能分辨出出现的和潜在的危险，并加以消除。安装人员应使用防护用具，水域周围应设置救生装置。所有设备都必须保持完好状态，并适合其工作性质。

(3) 试运行、运行和维护的安全性　在考虑人员安全的前提下，制定试运转、运行、检查和维护程序计划，并在风力发电机组维护手册中加以说明。试运行工作应按照制造厂推荐的方法进行。机组的运行应由经过适当培训的人员或受过本专业指导的人员进行。风力发电机组的检查和维护，应由经专门培训的人员按风力发电机组维护手册中规定的时间间隔进行。为防止工作人员意外触到运动件，除频繁出入的通道外，其保护装置应加以固定。

(四) 环保性

虽然风能是干净的、清洁的能源，但是在利用机组发电的过程中，还是不可避免地会对环境造成一些影响。影响机组环保性的主要是风力发电机组的噪声污染、光污染、电磁干扰等。

这些问题在风力发电机组设计时和风电场的选址过程中都必须给予充分的重视，才能保证在获得投资收益的同时获得良好的环境保护社会效益。

二、风力发电机组及其零部件的试验及检验规则

(一) 风力发电机组及其零部件的试验

试验中的“试”字表示“尝试”，“验”字表示“验证”。任何一个产品在完成工程设计以后，立即进入新产品试制阶段。待新产品试制完成后就要进入试验阶段，用以验证设计的完整性和正确性。这再一次说明了“实践是检验真理的唯一标准”。

由于风作为风力发电机组及其零部件载荷的不确定性，增加了风力发电机组及其零部件的工程设计难度及风力发电机组及其零部件性能的不可控性，因此进行风力发电机组及其零部件试验尤为重要。试验的目的是为了验证设计的准确性、可靠性和制造工艺的合理性，并为设计和制造工艺的完善和改进提供可靠的依据。试验结果作为产品定型的审查文件，因此风力发电机组及其零部件的试验是其设计和生产中的关键环节。

试验与检验的区别如下：试验和检验都是企业质量保证体系中不可或缺的重要环节。但试验和检验是完全不同的两个概念。

第一，定义不同，试验是尝试、验证；检验是检查、验收。

第二，时间不同，试验在批量生产前试制阶段进行；检验在批量生产后产品出厂前进行。

第三，目标对象不同，试验的对象是试件；检验的对象是产品。

第四，对象结果不同，试验用的试件最终要粉身碎骨被破坏；检验的产品应完好无损。

第五，试验目的不同，试验的目的是为了验证设计和工艺的正确性，以便进一步完善设计和工艺，提高产品的适用性、降低产品成本、延长使用寿命；检验的目的则是在产品出厂前把好质量关，为用户提供满意的产品。

第六，地点不同，由于生产企业受到条件限制，试验多在研究机构或其他企业进行；检验一般在产品生产企业内部进行，生产企业必须具有完善的检验用仪器、设备和检具。

(二) 风力发电机组及其零部件的检验规则

1. 出厂检验

为了保证风力发电机组及其零部件的质量，每台机组、每个零部件都应进行出厂检验。风力发电机组及其零部件的具体出厂检验项目和要求见后续章节。机组出厂检验项目包括：

调速机构试验检测；偏航机构试验检测；各系统旋转部件间隙检查；主传动对中的检查调整，机舱偏转机构齿间距检查调整，以及液压系统功能试验；控制系统及安全保护的功能试验；机组各工况模拟运行试验；发电系统并网性能试验；其他制造商规定的项目。

2. 型式检验

（1）机组型式检验的条件　机组及其零部件在下列情况之一时，需要进行型式检验：

1）新产品进行定型鉴定时。

2）经定型鉴定后制造商第一次小批量试生产时，当检查试验结果和以前进行的型式检验结果出现不允许的偏差时。

3）原材料、结构、生产工艺有重大变化，可能影响产品性能时。

4）国家质量监督机构提出进行型式检验要求时。

5）用户对产品提出特殊技术要求时。

（2）机组型式检验的项目　试运行测试（包括出厂试验、安装检查和运行性能考核）；安全及功能试验；功率特性测试；载荷测试；噪声测试；电能品质测试；其他试验。

（3）机组型式检验的要求

1）型式检验结果应符合机组及零部件技术要求。

2）型式检验的产品应从出厂检验合格的产品中随机抽取，每次 1~2 台（件）。

3）型式检验中若有不合格的项目出现，允许修整或调整后对不合格的项目重新复检，并以复检结果为准。

4）机组安装后的交接试验项目应符合 GB/T 19568—2017 的相关规定。

5）风力发电机组及其零部件的试验都必须按上述规则进行，这是风力发电机组生产制造企业质量保证体系的核心部分。只有严格按照检验规则进行，才能保证所生产出来的每一台风力发电机组都能经得起时间的考验，让用户满意。

复习思考题

1. 风能利用的意义是什么？风能的特点是什么？
2. 衡量风能的主要指标有哪些？我国风能分布的特点是什么？
3. 风能利用系数 C_p 和叶尖速比 λ 是如何定义的？
4. 风力发电产业是由哪几部分组成的？
5. 我国风力发电产业经历过哪几个发展阶段？
6. 风力发电机组的组成部分有哪些？为什么普遍采用三叶片风轮？
7. 调速机构的作用是什么？常用调速装置有几种？各有什么特点？
8. 风力发电机组中常用发电机有哪几种？各有什么特点？
9. 风力发电机组的铭牌数据有哪些？
10. 风力发电机组的运行方式有哪几种？各有什么特点？
11. 对风力发电机组的要求有哪些？
12. 为保证经济性，国家标准对风力发电机组的性能要求有哪些？
13. 为保证可靠性，国家标准对风力发电机组运行的限定条件有哪些？
14. 为保证安全性，国家标准规定的安全保护等级标准主要内容有哪些？
15. 对风力发电机组的环保性要求涉及哪些方面？
16. 试验与检验的区别是什么？风力发电机组及其零部件的检验规则是什么？

第二章　叶　　片

叶片是风力发电机组上具有空气动力学形状，使风轮绕其轴转动，将风能转化为机械能的主要构件。叶片是决定风力发电机的风能转换效率、安全可靠运行、生产成本和环境保护的关键部件。通过本章学习应了解叶片的设计要求；熟悉风力发电机组叶片的种类、结构特点、叶根的结构；掌握叶片图样的主要内容和防雷结构；了解叶片的标志和使用维护说明书中的主要内容。

第一节　叶片的技术要求

风力发电机叶片的技术要求直接决定了叶片的结构、几何尺寸、材料选用、加工方法和生产成本，因此熟悉叶片的技术要求十分重要，为此国家对叶片的设计制定了相应的标准。

一、叶片的设计要求

1. 气动设计

叶片气动设计是风力发电机组设计的基础，推荐根据使用地区的风资源特点，进行优化分析。

2. 结构设计

1）叶片结构设计应考虑实际运行环境条件的影响，在规定的使用环境条件和设计寿命期内，叶片应具有足够的强度和刚度。应通过可靠的设计方法和试验验证，证明叶片能满足各种设计工况下的极限强度、疲劳强度和气弹稳定性要求。

2）叶片的设计安全系数应大于或等于 1. 15。

3）叶片刚度应保证在所有设计工况下叶片变形后叶尖与塔架的安全距离不小于未变形时叶尖与塔架间距离的 40%。

4）叶片的固有频率应与风轮的激振频率错开，避免发生共振。

5）叶片的设计寿命应大于或等于 20 年。叶片的设计寿命既可以通过计算确定，也可以通过疲劳试验确定。

3. 公差要求

1）叶片长度公差：1. 0‰×L，其中 L 为叶片的设计长度，单位为 mm。

2）叶片弦长公差：±1. 0%×c，其中 c 为当地翼型弦长，单位为 mm。

3）叶片扭角公差：±0. 3°。

4）翼型公差：±2. 0‰×c，其中 c 为当地翼型弦长，单位为 mm。

5）叶片避免粗糙度：$Rz \leqslant 15\mu m$。

6）叶片成套重量互差：±3. 0‰。

7）叶片成套静矩互差：±1. 0‰。

设计完成的风力发电机组的风轮叶片，必须经过产品实际制作，然后进行全尺寸结构试验。全尺寸结构试验应按照《风力发电机组 风轮叶片全尺寸结构试验》（GB/T 25384—2010）要求进行。全尺寸结构试验合格的产品，才能够转入叶片产品生产。

4. 安全和环保要求

1）叶片设计时必须考虑叶片噪声对当地居民生活环境产生的不利影响。

2）复合材料叶片在制造过程中可能会产生一些有害的物质，应尽量选择适当的材料，使其在制造和使用的过程中不会产生大量有害的粉尘和挥发物，避免对当地居民的生命安全和生活环境产生不利影响。

二、叶片的标识和使用维护说明书

（一）叶片的标识

叶片的标识即叶片的铭牌，它提供了叶片的简要描述，应使用耐环境的材料，在叶片根部位置固定一个永久性的标识。叶片的标识应包括下列内容：

1）叶片名称、商标。

2）制造商名称、详细地址。

3）叶片规格、型号。

4）叶片的长度、质量和重心位置等参数。

5）叶片系列编号和制造日期。

6）叶片配套号。

7）其他项目。

（二）叶片使用维护说明书

编写叶片使用维护说明书的目的是为用户提供正确使用和维护叶片的必要说明。叶片使用维护说明书的格式应符合《工业产品使用说明书 总则》（GB/T 9969—2008）的规定。使用维护说明书的内容应包括：制造商名称，叶片描述，风轮直径，额定输出功率，风轮转速，风轮的功率输出曲线，叶片安装角，切入风速，额定风速，切出风速，叶片技术数据，叶片各部件的安装原理图，叶片安装、运输过程中的吊装位置及吊装要求，叶片使用维护要求。

第二节 叶片的典型结构

一、风力发电机组叶片的种类

（一）定桨距叶片

恒频恒速失速型机组采用定桨距叶片，定桨距叶片的安装角度是固定不变的，一般为12°~16°，风轮在这一角度下可以获得最大推力，这在风速小于额定风速时是我们所希望的。当风速大于额定风速时风轮转速将超过额定转速，这会给风力发电机组的各个零部件造成超载，危及风力发电机组的安全。这种叶片当风速超过额定风速时，风力发电机组的功率调节完全依靠叶片结构设计发生失速效应，使高风速时功率不增大。但由于失速点的设计，很难保证风力发电机组在失速后能维持输出额定功率，所以一般失速后功率小于额定功率。

失速效应是指当风对叶片的攻角超过某一临界值时，空气的上表面边界层将发生分离，导致叶片背面出现尾流，使叶片所受推力减小而阻力增加。叶片周围失速气流示意图如图 2-1 所示。由于失速后叶片所受推力减小、阻力增加，风轮的转速降低但不会停止。利用失速现象来稳定风轮转速的方式称为失速调节方式。

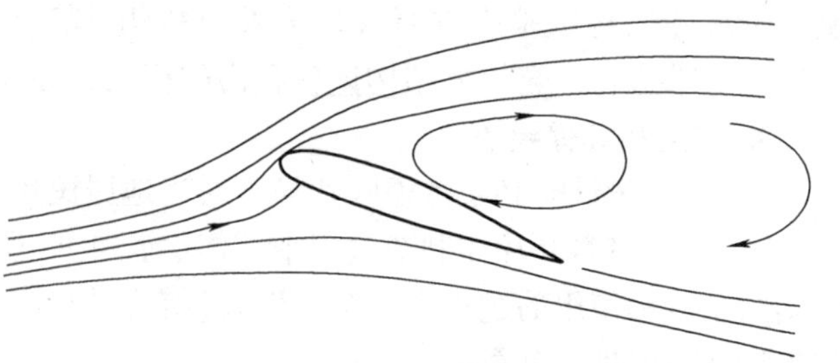

图 2-1　叶片周围失速气流示意图

叶片的安装角是固定的，即叶片固定在轮毂上不能转动，其结构简单，承受的载荷较大。但叶尖上有一段叶片是可以转动的。当在额定风速以下时，可动的叶尖与整个叶片保持顺滑一致。当风速超过额定风速时，在机械动力或液压结构驱动下使叶尖转动一定角度，造成叶尖部分失速对风形成阻力，使风轮转速保持在额定转速，进而使发电机不会因超负荷而烧毁。同时，也可以使风轮停止转动，进行空气动力制动。目前，部分早期生产的风力发电机组采用定桨距叶尖失速控制调速装置。定桨距叶片叶尖部分的长度占叶片全长的 15%～20%，叶片为两段结构，可控制的叶尖活动部分结构复杂、重量大，其结构如图 2-2 所示。

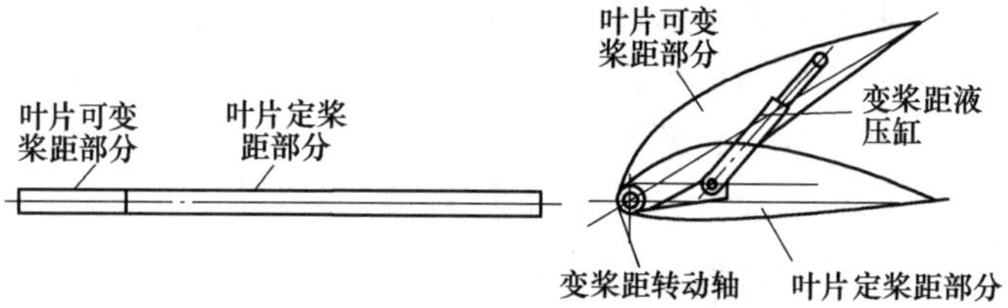

图 2-2　一种定桨距叶尖失速控制调速装置的结构

（二）变桨距叶片

变桨距叶片用于变速恒频风力发电机组，叶片为整体结构，是叶片生产的主流产品。本章的内容都是以变桨距叶片为中心进行介绍的。

二、叶片的结构组成

并网型风力发电机组的功率很大，需要风轮收集足够的风能。因为风轮收集的风能多少与叶片的扫掠面积成正比，因此兆瓦级风力发电机组的叶片个个都是庞然大物，宽几米，长达几十米。为了达到技术要求，普遍采用薄壳式内加纵梁的结构设计，其特点是重量轻，但对叶片的运输要求较高，如图 2-3 所示。

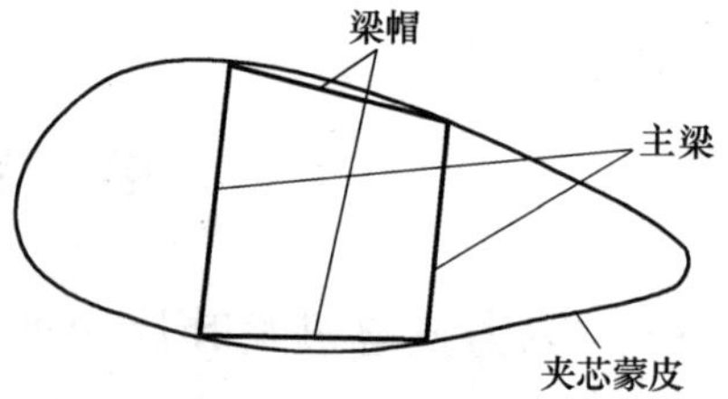

图 2-3　叶片薄壳式内加纵梁的典型结构

对于水平轴风力发电机组风轮的叶片，为了使其达到最佳气动效果，采用了复杂的气动外形，在风轮的不同半径处设计不同的叶片弦长、厚度、扭角和翼型。同时，为了保证叶片具有一定的强度和刚度，节省材料减轻重量，叶片采用了由复合材料制成的薄壳结构。风力发电机组风轮叶片的结构可分为三个部分：根部、纵梁和壳体。根部材料一般为金属结构，用于与轮毂相连接。外壳蒙皮一般为玻璃钢薄壳结构。纵梁，俗称龙骨、加强肋或腹板，一般为玻璃纤维增强复合材料或碳纤维增强复合材料。叶尖类型多种多样，有尖头、平头、钩头、带襟翼的尖部等。叶片各组成部分及其特点如下：

（一）叶片纵梁

叶片纵梁的作用是保证叶片长度方向和横截面上的强度和刚度。大型叶片纵梁多为两条，其在叶片内的布置方式有平行式、垂直式、不规则式3种。叶片纵梁采用硬质泡沫塑料夹心结构，内部是高密度硬质泡沫塑料板，外包复合材料。

复合材料结构的大梁作为叶片的主要承载部件，主要有D形、O形、矩形和C形等形式。D形、O形和矩形封闭型梁可以在缠绕机上缠绕成形；而C形和I形非封闭型梁可以在模具中成形。在蒙皮与主梁的接合部位（即梁帽处）必须采用实心复合材料结构，因为这部分梁与蒙皮相互作用，应力较大。

（二）叶片壳体

叶片壳体以复合材料层板为主，具有要求的空气动力学外形。叶片上、下壳体主要以单向增强材料为主，并适当铺设±45°层来承受扭矩，先在模具中成形上、下两个半壳，然后利用胶黏剂将纵梁和两半壳牢固地黏结在一起。

封闭型梁的叶片壳体蒙皮结构较薄，最薄处仅3~6mm，主要保持翼型和承受叶片的扭转载荷，纵梁是其主要承载结构。由于叶片前缘强度和刚度较低，在运输过程中局部易于损坏。同时这种叶片整体刚度较低，运行过程中叶片变形较大，必须选择高性能的胶黏剂，否则极易造成后缘开裂。

非封闭型梁的叶片壳体蒙皮厚度为10~20mm，叶片上下壳体是其主要承载结构。叶片壳体的不同部位厚度不一样。为了减轻叶片后缘重量，提高叶片整体刚度，在叶片上下壳体后缘局部可采用硬质泡沫夹心结构。大梁设计相对较弱，为硬质泡沫夹心结构，与壳体黏结后形成箱型结构，共同保证叶片的强度和刚度。其优点是叶片整体强度和刚度较大，在运输、使用中安全性好。但这种叶片比较重，比同型号的轻型叶片重20%~30%，制造成本也相对较高。

在这两种结构中，大梁和壳体的变形是一致的。经过收缩，夹心结构作为支撑，两半叶片牢固地黏结在一起。在前缘黏结部位经常重叠，以便增加黏结面积。后缘黏结缝，由于黏结角的产生而变坚固了。在有扭曲变形时，黏结部分不会产生剪切损坏。

（三）叶片根部

叶片的接口处是叶片承受载荷最大的地方，而且主要是引起疲劳的循环载荷。叶片处于水平位置时，叶片相当于一个悬臂梁，叶片处于最下位置时承受拉力，叶片处于最上位置时承受压力，因此将叶根固定到轮毂上是叶片设计中最关键的地方。因为钢轮毂与复合材料叶片之间刚度相差巨大，妨碍载荷的平滑传递。叶片根部的结构有多种，常用的有以下两种：

1. 钻孔组装式（T型螺栓式）叶根

叶片成形后，用专用钻床和工具装备在叶根部位钻孔，然后将螺纹件装入。螺纹件为高强度双头螺栓和圆形螺母，与其他螺母不同，圆形螺母上的内螺纹加工在外圆面厚度中点过圆心线中点的直线上。叶根部钻孔分为径向孔和轴向孔，径向孔的位置在叶根外圆上均匀分布，轴向孔的位置在叶根外圆与内圆间居中的圆上均匀分布；径向孔的直径与圆形螺母的外径相同，轴向孔的直径与双头螺栓的外径相同。装配时先将圆螺母放入径向孔中，然后将双头螺栓通过轴向孔拧入圆螺母螺纹中。

这种方式在叶片根部的复合材料结构层上加工出几十个ϕ100mm左右的孔，不仅破坏了复合材料的结构整体性，而且也大大降低了叶片根部的结构强度。而且，由于螺纹件的垂直度不易保证，容易给现场组装带来困难，如图 2-4 所示。

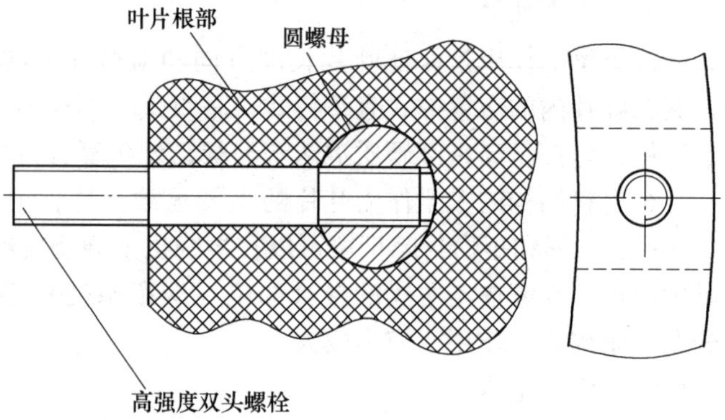

图 2-4　钻孔组装式叶根的结构

2. 螺纹件预埋式叶根

螺纹件预埋式叶根的结构是在叶片成形过程中，直接将经过外圆切槽的内螺纹件预埋在叶片根部，这样就避免了对复合材料结构层造成加工损伤。经过机构试验和长时间的使用证明，这种结构形式的连接最为可靠，而其唯一的缺点就是每个螺纹件的定位必须准确。螺纹件预埋式叶根的结构如图 2-5 所示。

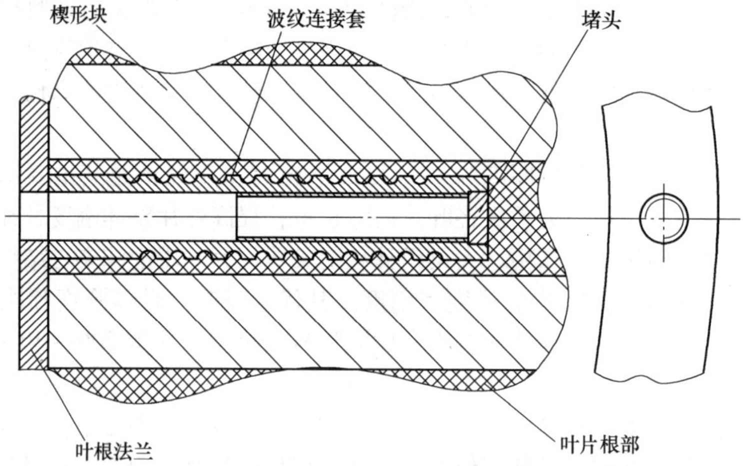

图 2-5　螺纹件预埋式叶根的结构

内螺纹件又称为波纹连接套。波纹连接套的主要作用是保证与叶片壳体的连接强度，外部波纹是为了增加黏结面积。波纹连接套是一个有内螺纹的高强度金属制件。每个叶片用量从几十个到上百个不等，叶片越大其用量越多。波纹连接套在叶片成形时使用模具法兰盘进行定位，定位时将定位螺栓穿入定位法兰盘中，然后将波纹连接套拧紧在定位螺栓上。把装配好的定位法兰盘作为叶片成形模具的端盖进行叶片成形，待叶片固化后松开定位螺栓取下定位法兰盘，波纹连接套就准确可靠地与叶片成为一体。

为了增强叶片根部和波纹连接套间的连接强度，减小大体积复合材料固化时的收缩应力，在每两个波纹连接套之间夹有一个楔形块。楔形块由与叶片材料相同的复合材料采用拉挤法制造，其强度高而且与叶片黏结性能也很好。每个叶片楔形块的用量应与波纹连接套相同。

上述两种叶根的结构在叶片安装到轮毂上时，应采用预紧螺栓连接。采用预紧螺栓连接时不需要贵重且重量大的法兰盘；在批量生产中只有一个力传递元件；由于采用预紧螺栓，其疲劳可靠性很好；通过螺栓就能很好地实现机械连接，不需要与法兰进行粘接，不仅工艺简单而且性能可靠。但是也有不足：一是需要很高的组装精度；二是在现场安装要求可靠的螺栓预紧。

三、叶片图样与参数

图样在工程上又称为蓝图。因为过去的图样是用感光纸晒图，用氨水熏蒸定影后为蓝色。现在在计算机上用 CAD 制图，称为电子图样，使用时用打印机打出。图样在制造业属于限制性的纲领性技术文件。工艺文件、检验标准等技术文件都是根据图样要求制定，相当于部门法规。

图样的主要内容包括产品的几何形状、几何公差、几何尺寸、尺寸公差、表面粗糙度等级、材质要求、热处理要求、表面处理要求、技术要求等。装配图样应表明各零部件的位置关系、表面配合关系、装配技术要求、零部件明细表等。

1. 叶片的外形与接口参数

叶片的外形与接口参数如图 2-6 所示。

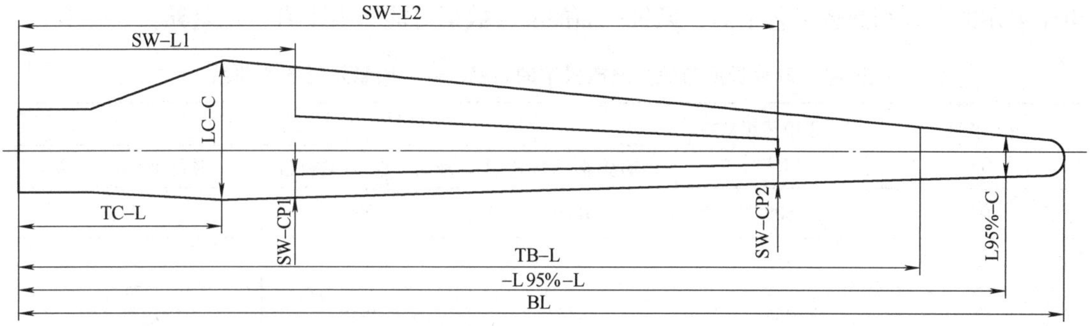

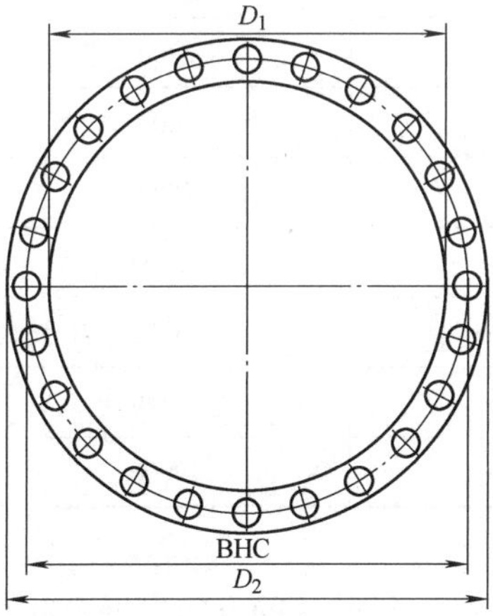

叶片尺寸				
总体尺寸				
BL	—			
LC–L	—	LC–C	—	
L95%–L	—	L95%–C	—	
TB–L	—			
叶片接口尺寸				
D_1	—	Bolt	—	
D_2	—	Number	—	
BHC	—		—	
承剪腹板				
SW–L1	SW–L2	SW–CP1	SW–CP2	
—	—	—	—	—
翼形数据				
L	*C*	*T*	TW	
—	—	—	—	—
—	—	—	—	—

图 2-6　叶片的外形与接口参数

BL—叶片长度（从叶根到叶尖）　TC-L—最大弦长位置　LC-C—最大弦长

L95%-L—95%长度位置　L95%-C—95%长度位置的弦长　TB-L—叶尖刹车位置距叶根距离　D_1—叶根内径

Bolt—螺栓类型　D_2—叶根外径　Number—螺栓数量　BHC—螺孔节圆直径　SW-L1—承剪腹板起始位置

SW-L2—承剪腹板终止位置　SW-CP1—承载腹板起始位置距前缘距离　SW-CP2—承载腹板终止位置距前缘距离

L—长度位置　*C*—弦长　*T*—厚度　TW—扭角

叶片的接口参数除影响叶片自身的设计，还直接影响到轮毂及整个风力发电机组的设计，十分重要。叶片的接口参数主要有：叶根内径、叶根外径、螺孔节圆直径和螺栓数量。

为了确定试验所需的空间和设备，应提供预计的叶片最大挠度和载荷，弦长和扭角分布。

2. 叶片的几何参数

叶片的几何参数是由叶片设计和试验后确定的，是叶片图样的重要组成部分，是我们生产加工、检查验收叶片的依据，也是制造模具和工艺装备必不可少的，所以了解叶片的几何参数对生产者来说很重要。叶片的几何参数主要包括弦长、厚度、叶片总长度、叶片扭转角和接口尺寸。叶片是一个三维立体构件，形状复杂，必须用 X、Y、Z 三维立体坐标系才能表达清楚。三维立体坐标系中坐标原点的选定最为重要，一般选取叶片根部端面的中心点作为坐标原点 O。另外，还要确定基准平面，它是制作模具的基准面。

（1）叶片长度　叶片长度为叶片在径向方向上的最大长度，即从叶片根部到叶尖的长度。叶片长度决定叶片的扫掠面积，即收集风能的能力，也决定了配套发电机组的功率。叶片长度与风力发电机组的功率、叶片质量及材质的关系见表2-1。需要说明的是，各生产商由于采用的设计和制造工艺不同，风机产品的实际数据可能与表中有一定差异。

表2-1　叶片长度与风力发电机组的功率、叶片质量及材质的关系

叶片长度/m	风力发电机组功率/kW	不同材料的叶片质量/kg		
		玻璃纤维/聚酯树脂	玻璃纤维/环氧树脂	碳纤维/环氧树脂
19	500	1800	1000	—
24	750	3100	2000	—
29	1000	5200	3900	—
34	1500	6500	5200	3800
38	2000	8700	—	6400
43	2500	10600	—	8800
52	3000	21000	—	12000
54	4000	—	—	15000
58	4500	—	—	17740
61.5	5000	—	—	19000

随着风机叶片设计技术的提高，风力发电机组不断向大功率、长叶片的方向发展。叶片长度的增加势必增加叶片的质量。叶片长度和自重有一定的对应关系，对长度为10~60m的叶片进行的统计表明：叶片质量的增加与长度增加的三次方成正比，质量还与叶片材质有关。叶片质量轻量化对运行、疲劳寿命、能量输出都有重要的影响。由于叶片运行时其重力产生交变载荷，使叶片本身及机组产生疲劳。叶片减重可相应减轻轮毂、机舱、塔架等部件的质量。

叶片的长度受叶尖最高线速度的限制。实践证明，叶尖最高线速度超过100m/s时容易损坏，考虑到安全系数，叶尖最高线速度一般不超过65m/s。叶片长度与叶片转速的乘积即为叶尖最高线速度，因此叶尖最高线速度限定了叶片的最高转速。风力发电机组的切出风速一般在25~30m/s，由此可以推算出叶片适宜的最大长度。若此长度叶片的扫掠面积提供的风能满足发电机功率要求，则此叶片长度是可以的；若有余量，叶片长度还可以短一些。叶片的额定风速，即风力发电机达到额定输出功率的风速一般在12m/s左右。叶尖速比 λ 值随风速变化，在额定风速时 $\lambda=6$ 较为理想。

（2）叶片弦长　叶片的弦长是连接叶片前缘与后缘的直线长度。弦长最大处为叶片宽度，最小处在叶尖，弦长为零。叶片根部剖面的翼型弦长称为根弦。

叶片弦长最大的部分称为叶片的最大宽度。叶片宽度沿叶片长度方向的变化，是为了使叶片所接受的风能能平均地分配到整个叶片上。叶片的最大宽度可以在叶片长度的1/20~1/5间选取，多为1/15~1/10。λ 值越大则叶片面积应越小，即叶片应越窄。叶片靠近根部宽、尖部窄，既可满足力学设计要求，又可减小离心力，同时还可以满足空气动力学要求。

叶片弦长分布可以采用最优设计方法确定，但要从制造和经济角度考虑，一般根据叶片结构强度设计要求对最优化设计结果作一定的修正。根据对不同弦长分布的计算，梯形分布可以作为最好的近似。

（3）叶片厚度　叶片厚度是叶片弦长垂直方向的最大值。它是一个变量，沿长度方向每一个截面都有自己的厚度。一般叶片的最大厚度在弦长的30%处。

（4）叶片扭角　叶片各剖面弦线和风轮旋转平面的扭角，扭角是叶片尖部几何弦与根部几何弦夹角的绝对值。扭角是叶片为改善空气动力学特性而设计的，同时具有预变形作用。叶片扭角的变化规律是，随着叶尖速比 λ 的增大，越向叶尖处叶片的迎风角越小。扭转叶片的扭角一般在6°~18°，如图2-7所示。

（5）叶片翼型　叶片的翼型就是叶片的横截面，如图2-8所示。典型翼型是有弯度的扭曲型翼型，它的表面是一条弯曲的曲线，其空气动力性能稍好但加工工艺较难。叶片的横截面尺寸由一组 *X*、*Y* 坐标值以列表的形式给出，见表2-2。

表2-2　叶片翼型尺寸坐标

序号	*X*	*Y*		序号	*X*	*Y*	
		上表面	下表面			上表面	下表面
1	0.00000	0.00000	0.00000	10	0.3	0.09760	−0.02260
2	0.01250	0.02440	−0.01430	11	0.4	0.09800	−0.01800
3	0.02500	0.03390	−0.01950	12	0.5	0.09190	−0.01400
4	0.05000	0.04730	−0.02490	13	0.6	0.08140	−0.01000
5	0.07500	0.05760	−0.02740	14	0.7	0.06690	−0.00650
6	0.10000	0.06590	−0.02860	15	0.8	0.04890	−0.00390
7	0.15000	0.07690	−0.02880	16	0.9	0.02710	−0.00220
8	0.2	0.08800	−0.02740	17	0.95	0.01470	−0.00160
9	0.25	0.09410	−0.02500	18	1.0	0.00000	0.00000

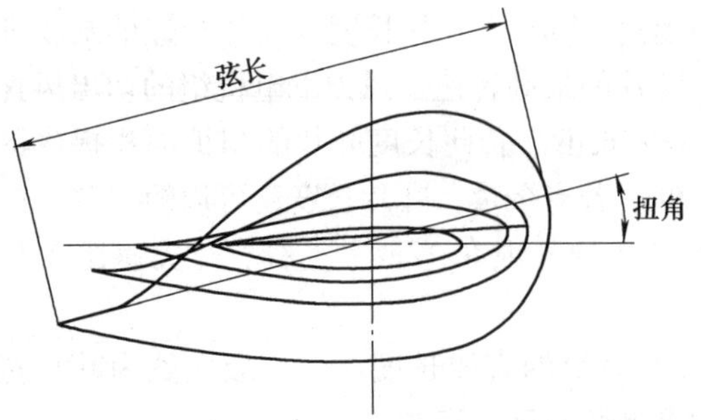

图 2-7 叶片扭角

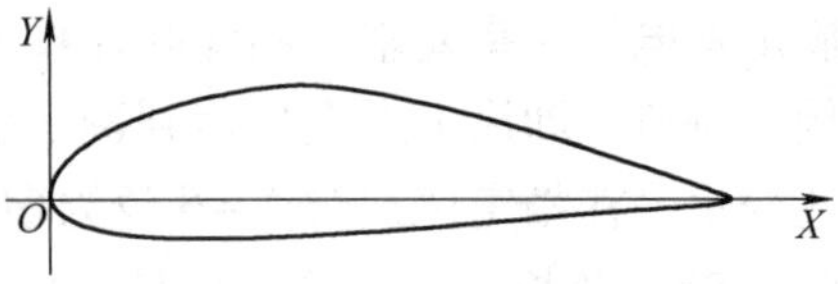

图 2-8 叶片翼型

表 2-2 给出的坐标值为系数，只要有了弦长乘上系数就可以得到坐标值。若将各个坐标点用圆滑的曲线连接起来，就有了一个截面的翼型图，可以用来制作检验样板。把叶片长度方向定义为 Z 轴，应该有无数个截面。根据叶片长度选定截距，给出适当数量的截面数据就可以制作出叶片了。

（6）基准平面 基准平面是指叶片根部未开始扭转处几何弦与叶片根部接口处中心点所构成的平面，这个平面是叶片设计和加工的基准平面，也是叶片生产模具的分型面的基准面。若叶片是扭转叶片，则模具的分型面为一扭转曲面。

四、叶片的防雷结构

风力发电的特点是：风机分散安置在旷野中，大型风机叶片高点达一百多米，易受雷击；风力发电机组的电气绝缘低，就防雷来说，其环境远比常规发电机组的环境恶劣。风力发电机组是风电场的贵重设备，价格占风电工程投资的 60%以上。若叶片遭受雷击，除了损失修复期间应该发电所得之外，还要负担受损部件的拆装和更新的巨大费用。

雷击造成叶片损坏的机理是：雷电释放出的巨大能量使叶片结构温度急剧升高，分解后的气体高温膨胀，压力上升造成叶尖结构爆裂破坏，严重时使整个叶片开裂；另外，雷击造成的巨大声波也会对叶片结构造成冲击和破坏。风力发电机组被雷击中的概率在 5%左右；海拔高的地方，风机被雷击率也高，概率为 20%。叶片被雷击损坏后的维修十分困难，造成损失的时间较长，影响发电量多，修理费用也很高。因此，叶片的防雷击措施更显重要。

试验研究表明：绝大多数的雷击点位于叶片叶尖的上翼面上。雷击对叶片造成的损坏取决于叶片的形式，与制造叶片的材料及叶片内部结构有关。叶片全绝缘并不能减少被雷击的危险，而且会增加损害的次数。

风机叶片的防雷结构是按照《建筑物防雷》（IEC1024—1）的 I 级保护水平设计，并通过有关型式试验，可以有效改善叶片遭受直击雷的破坏。雷电流引起的过电压取决于引下系统和接地网。叶片防雷系统的主要目标是避免雷电直击叶片本体，包含接闪器和敷设在叶片内腔连接到叶片根部的导引线，叶片的金属根部连接到轮毂，并引至机舱主机架，通过专设的接地线连接机舱和塔架，雷击时可以将雷电顺利地引入大地接地网中。

叶片防雷装置是使用一条装在叶片内部大梁上的电缆，将接闪器与叶片法兰盘连接。这套装置简单、可靠，与叶片具有相同的使用寿命。《风力发电机组防雷击保护》（IEC61400—24）规定，其推荐的叶片防雷击导线横截面积为大于 $70mm^2$，其结构如图 2-9

所示。

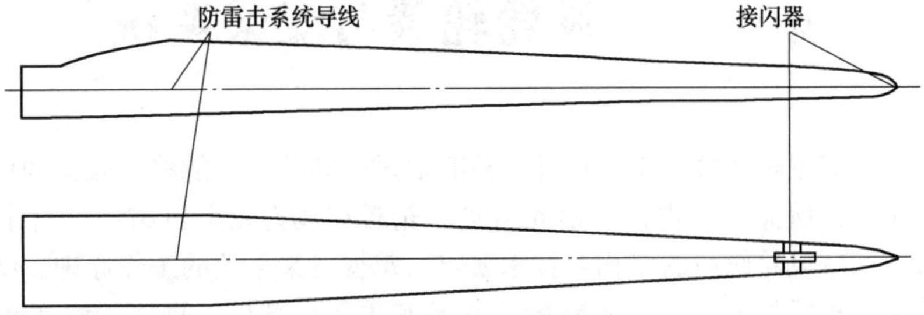

图 2-9 叶片的防雷结构

玻璃钢防雷叶片如图 2-10 所示。叶片顶端铆装一个不锈钢叶尖，用铜丝网贴在叶片两面，将叶尖与叶根连为一个导电体。铜丝网一方面可将叶尖的雷电引至大地，另一方面可以防止雷击叶片主体。

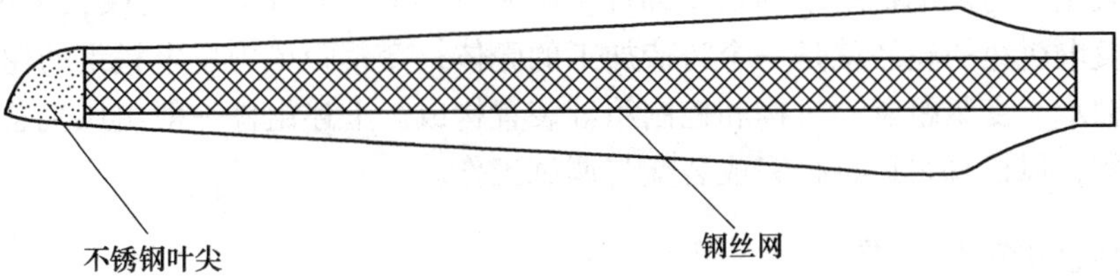

图 2-10 玻璃钢防雷叶片

多数情况下被雷击的区域在叶尖背面（或称为吸力面）。装有接闪器捕捉雷电的叶片的叶尖结构如图 2-11 所示，接闪器通过叶片内腔导线将雷电引入大地，这种设计既简单又耐用。如果接闪器或传导系统附件需要更换，只需机械性的改换。

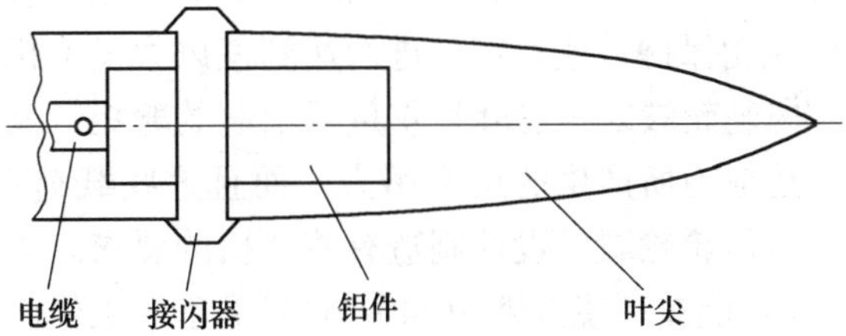

图 2-11 装有接闪器捕捉雷电的叶片的叶尖结构

复习思考题

1. 叶片设计的环境条件有哪些？叶片的设计要求包括哪几个方面？叶片的结构设计要求有哪些？
2. 叶片的安全和环保要求有哪些？
3. 典型风力发电机组叶片的种类及其特点是什么？
4. 叶片的结构特点与主要组成部分是什么？叶片的图样应该包括哪些内容？
5. 叶根的主流结构形式有几种？有什么特点？
6. 叶片的接口参数有哪些？叶片的主要几何参数有哪些？
7. 为什么叶片应设计防雷结构？叶片防雷结构的工作原理及特点是什么？
8. 叶片的铭牌标识应包括哪些内容？叶片的使用维护说明书应包括哪些内容？

第三章　风轮轮毂与变桨系统

轮毂是将叶片与主轴连接起来的构件。只有通过轮毂叶片才能将其收集的风能传递给发电机，从而发出我们所需要的电能。由此可见，轮毂在风力发电机组中具有十分重要的作用。通过学习应了解风轮轮毂的结构与技术要求，掌握变桨系统的工作原理、结构和技术要求，熟悉变桨系统执行机构、驱动装置的结构及其主要零部件，进而了解变桨系统的控制原理。

第一节　风 轮 轮 毂

风轮轮毂是风力发电机组中的重要部件，叶片安装在它的上面，构成收集风能的风轮。定桨距风力发电机组的轮毂就是一个铸造加工的壳体，变桨距风力发电机组的轮毂由轮毂壳体、变桨距轴承、变桨距驱动机构和控制箱等装置构成。上述组件一般由风机总装厂向专门生产企业订货，风机总装厂自行完成装配与调试工作。

一、轮毂的技术要求

风轮轮毂是叶片安装的物理基础，担负着将叶片收集的风能传递给主轴，把风力转化成转矩的任务。对于具有可变桨距系统的风轮轮毂，它还担负着改变叶片吸收风能的大小，从而使风轮保持转速稳定，进而达到使风力发电机组输出功率稳定的目的。

风轮轮毂既承受叶片重量所引起的弯矩，又要承受风力所引起的压力，还要承受风轮轴对上述应力所产生的反作用力，而且这些载荷都是循环交变载荷。在如此严酷的工作状态下，对风轮轮毂的设计制造有着严格的要求。主要技术要求如下：

1）能在环境温度为-40~50℃下正常工作。

2）风轮轮毂的使用寿命不得低于20年。

3）风轮轮毂要有足够的强度和刚度。

4）风轮轮毂的加工必须满足相关图样要求。

5）对变桨系统风轮轮毂的要求有：

①变桨系统应能承受叶片的动、静载荷。

②变桨系统的运动部件应运转灵活，满足使用寿命、安全性和可靠性要求。

③变桨系统的控制系统应能按设计要求可靠地工作。

6）风轮轮毂应具有良好的密封性，不应有渗、漏油现象，并能避免水分、尘埃及其他杂质进入形体内部。风轮轮毂的清洁度应符合《齿轮传动装置清洁度》（JB/T 7929—1999）的规定。

7）机械加工以外的全部外露表面应涂防护漆，涂层应薄厚均匀，表面平整、光滑、颜色均匀一致。对油漆的防腐要求和颜色由供需双方在技术协议中规定。

8）风轮轮毂应允许承受发电机短时间1.5倍额定功率的负荷。

二、风轮轮毂的结构

风轮轮毂的结构是由以下 3 个因素决定的：一是叶片的数量；二是风机的调速方式，即采用固定桨距失速调速方式或采用变桨距调速方式；三是叶片展长轴线与风轮轴垂直平面的夹角。

（1）叶片的数量　叶片的数量决定了轮毂上叶片安装接口法兰的数量。而对有不同叶片数量的风机进行比较时需要考虑下面几个因素：性能、载荷、风轮成本、对传动链成本的影响、噪声和视觉效果。叶片多的风机起动转速低，起动力矩大，但成本高，适用于提水机、磨面机等直接用风力驱动的机械。经过人们多年的研究和试验，两到三个叶片是风力发电机组风轮的最佳选择。两个或三个叶片的风力发电机组性能好、载荷小、风轮成本低，使传动链成本较低、噪声较小且视觉效果好。

（2）风机的调速方式　采用固定桨距失速调速方式的轮毂，其与叶片是按设计的安装角用螺栓进行刚性连接的，结构比较简单，就是一个有几个安装法兰面的壳体。采用变桨距调速方式的轮毂其内部安装有变桨系统，叶片与变桨系统上的变桨距轴承内圈法兰用螺栓进行刚性连接，变桨距轴承外圈法兰与轮毂用螺栓也进行刚性连接，而叶片相对于轮毂是可以转动的。

（3）叶片展长轴线与风轮轴垂直平面的夹角　一些风机叶片展长轴线与风轮轴法兰平面的夹角为零度，即叶片扫掠面为一平面，这种风轮轮毂的叶片安装平面与风轮轴法兰平面是垂直的。还有一些风机叶片展长轴线与风轮轴法兰平面的夹角为 4°~6°，称为锥形安装叶片。这样设计的目的是减少风轮相对塔架的外伸，减少塔架的弯曲载荷，同时又不至于出现叶片碰撞塔架的问题。但是这种风轮的叶片扫掠面为一锥面，其迎风面减小使风能利用系数稍低。

主流的水平轴风力发电机组都采用三叶片结构。三叶片风轮轮毂形状常用三面圆柱体和球体，如图 3-1 所示。三面圆柱体轮毂包括三个和叶片轴向同轴的圆柱形外壳，它们彼此张开并在交会的地方接合成一体。球体轮毂是用两个平行平面切割一个球体，其中一个平面为风轮轴安装面，在与风轮轴安装面垂直的球面上，按角度均分的原则用三个平面切割球体，得到的三个平面用于安装叶片或变桨系统。锥形三叶片轮毂的结构如图 3-2 所示。

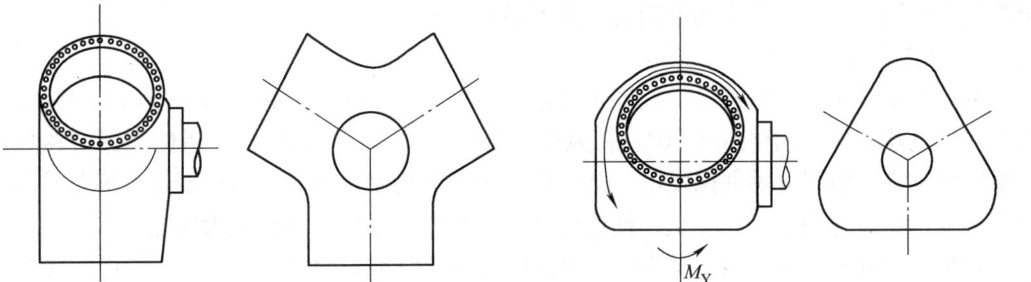

a) 三面圆柱体　　b) 球体

图 3-1　平面三叶片轮毂

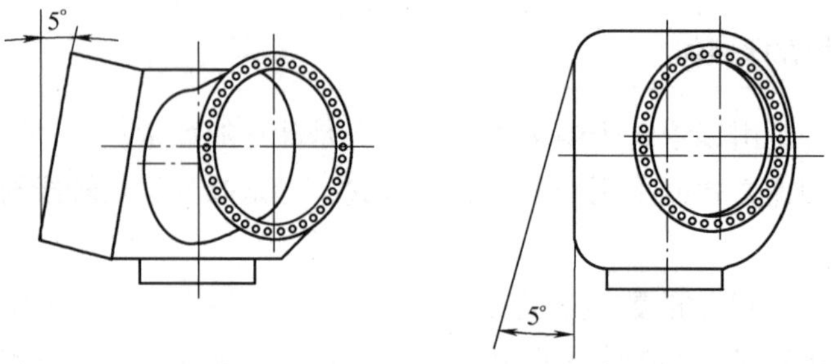

a) 三圆柱轮毂　　b) 球形轮毂

图 3-2　锥形三叶片轮毂的结构

第二节　变 桨 系 统

风力发电机风能转化为电能的效率与叶片的叶尖速比和桨距角有关，因此在风力发电机组设计的初期，设计人员就考虑到了变桨距控制，但是由于对空气动力学特性和风力发电机组运行工况认识不足，控制技术还不成熟，风力发电机组的变桨距机构可靠性不能满足运行要求，经常出现飞车现象。直到 20 世纪 90 年代变桨距风力发电机组才得到广泛的应用。目前大型风力发电机组普遍采用变桨距控制技术。

一、变桨系统概述

为了应对风这种动力的不确定性，既能使风力发电机组多发电，又能使风力发电机组安全可靠运行，目前几乎所有的兆瓦级以上的风力发电机组都采用变桨距方式实现。

变桨系统的所有部件都安装在轮毂上。风机正常运行时所有部件都随轮毂以一定的速度旋转。变桨系统通过控制叶片的角度来控制风轮的转速，进而控制风机的输出功率，并能够通过空气动力制动的方式使风机安全停机。风机的叶片（根部）通过变桨距轴承与轮毂相连，每个叶片都要有自己相对独立的电控同步的变桨系统。变桨系统通过一个小齿轮与变桨轴承内齿啮合联动。

1. 变桨系统的作用

变桨系统能够根据风速的大小自动调整叶片与风向之间的夹角，以实现风轮对风力发电机的一个恒定转速；利用空气动力学原理，可以使桨叶顺桨 90°与风向平行，使风机停机。无论在额定风速以下还是以上，具有变桨距控制的风力发电机组都能输出额定的功率，即输出稳定的电压。这样其发出的电能就能很容易地并入电网。

2. 变桨距调节原理

变速变桨距风力发电机组的控制主要通过两种方式来实现：在风速小于切入风速时，机组不产生电能，桨距角保持在 90°；在风速高于切入风速后，桨距角转到 0°并保持在 0°的最优桨距角不变，机组开始并网发电。此阶段采用最大功率跟踪法，通过变流器调节发电机电磁转矩使风轮转速跟随风速变化，使风能利用系数保持最大，捕获最大风能。

当风速达到额定风速时，桨距角使风能利用系数保持最大，风机一直运行在最大功率点。在额定风速以上时，通过变桨系统改变桨距角来限制风轮获取能量，使风力发电机组保持在额定功率发电。在风速超过额定值后，变桨机构开始动作，增大桨距角，减小风能利用系数，减少风轮的风能捕获，使发电机的输出功率稳定在额定值；在风速大于切出风速时，风力机组抱闸停机，桨距角变到90°，以保护机组不被大风损坏。

3. 变桨距风力发电机组运行的三种状态

（1）起动状态　变桨距风轮的桨叶在静止时其节距角为90°，此时气流对桨叶不产生转矩，整个桨叶实际上是一块阻尼板。当风速达到起动风速时，桨叶向0°方向转动，直到气流对桨叶产生一定的攻角，风轮开始转动。为了使控制过程比较简单，早期的变桨距风力发电机组在转速达到发电机同步转速前对桨距角并不加以控制。在这种情况下，桨距只是按所设定的变距速度将桨距角向0°方向打开，直到发电机转速上升到同步速附近，变桨系统才开始投入工作。转速控制的给定值是恒定的，即同步转速。转速反馈信号与给定值进行比较，当转速超过同步转速时，桨距就向迎风面积减小的方向转动一个角度，反之则向迎风面积增大的方向转动一个角度。当转速在同步转速附近保持一定时间后发电机即并入电网。

（2）欠功率状态　欠功率状态是指发电机并入电网后，由于风速低于额定风速，发电机在额定功率以下的低功率状态运行。在早期的变桨距风力发电机组中，对欠功率状态不加控制。这时的变桨距风力发电机组与定桨距风力发电机组相同，其功率输出完全取决于桨叶的气动性能；而目前的变桨距风力发电机组会自动调节桨距角的变化使风机运行在最佳状态。

（3）额定功率状态　当风速达到或超过额定风速后，风力发电机组进入额定功率状态。在传统的变桨距控制方式下，将转速控制切换到功率控制，变桨系统开始根据发电机的功率信号进行控制。当控制信号的给定值是恒定的，即额定功率时，功率反馈信号与给定值进行比较，当功率超过额定功率时，桨叶节距就向迎风面积减小的方向转动一个角度；反之则向迎风面积增大的方向转动一个角度。由于变桨系统的响应速度受到限制，对快速变化的风速，通过改变桨距来控制输出功率并不理想。因此，为了优化功率曲线，最新设计的变桨距风力发电机组在进行功率控制的过程中，其功率反馈信号不再作为直接控制桨距的变量。变桨系统由风速的低频分量和发电机转速控制，风速的高频分量产生的机械能波动，通过迅速改变发电机的转速来进行平衡，即通过转子电流控制器对发电机转差率进行控制。当风速高于额定风速时，允许发电机转速升高，将瞬变的风能以风轮动能的形式储存起来；转速降低时，再将动能释放出来，使功率控制达到理想的状态。

4. 不同变桨角度下的特性

某变桨距风机在不同风速条件下的变桨角度，见表3-1。

表3-1　某变桨距风机在不同风速下的变桨角度

风速/(m/s)	6	8	10	12	14	16	18	20	22	24	26
叶轮转速/(r/min)	5	8	17	19	22	25	28	21	23	25	27
变桨角度/(°)	0	0	10	10	10	10	10	20	20	20	20

注：此表没有考虑到该风机的最大切出风速。

5. 变桨距控制的特点

（1）输出功率特性好　变桨距风力发电机组与定桨距风力发电机组相比，具有在额定功率以上输出功率平稳的特点。变桨距风力发电机组的功率调节不完全依靠桨叶的气动性能。当功率在额定功率以下时，控制器将桨距角置于 0°附近，不作变化，可以认为等同于定桨距风力发电机组，发电机的功率根据桨叶的气动性能随风速的变化而变化。当功率超过额定功率时，变桨距机构开始工作，调整桨距角，将发电机的输出功率限定在额定值附近。

（2）风能利用率高　变桨距风力发电机组与定桨距风力发电机组相比，在相同的额定功率点，额定风速比定桨距风力发电机组要低。对于变桨距风力发电机组，由于桨距可以控制，无须担心风速超过额定点后的功率控制问题，可以使额定功率点仍然具有较高的功率系数。

（3）额定功率时间长　由于变桨距风力发电机组的桨距角是根据风力发电机组输出功率的反馈信号来控制的，它不受气流密度变化的影响。故无论是由于温度变化还是由于海拔引起的空气密度的变化，变桨系统都能够通过调节桨距角，使之获得额定功率输出。这对于功率输出完全依靠桨叶气动性能的定桨距风力发电机组来说，大大扩大了风力发电机组的使用区域，延长了使用时间，具有明显的优越性。

（4）起动与制动性能好　变桨距风力发电机组在低风速时，桨距角可以调节到合适的角度，使桨叶具有最大的起动力矩，从而使变桨距风力发电机组比定桨距风力发电机组更容易起动。在风速很高或者风力发电机组出现故障时，一般需要紧急停机，这时一般先使桨叶顺桨，这样风力发电机组受力最小，不需要很大的制动力矩。

（5）机械部件的寿命长　定桨距风力发电机组桨叶的桨距角是固定的，即桨叶按照桨距角固定地安装在轮毂上。在风速高于额定风速时，它根据桨叶的失速特性或者使用叶尖扰流器来使风力发电机组的输出功率限定在额定功率附近。这种情况下，噪声常常会突然增加，引起风力发电机组的振动和机械部件的受力增大，并且导致运行不稳定等现象。而使用变桨距风力发电机组可以通过调节桨距角，从而改变风力发电机组的受力情况，以达到减少机械部件的损耗和振动。

二、变桨装置的结构

变桨系统由变桨距机构和变桨距控制系统两部分组成。变桨距机构是由机械、电器、液压装置组成的，而变桨距控制系统则是一套计算机控制系统。

1. 变桨系统的分类

变桨系统大致分为液压伺服变桨系统和电动伺服变桨系统两类：

（1）液压伺服变桨系统　液压伺服变桨系统具有传动力矩大、重量轻、刚度大等优点，目前丹麦 Vestas 公司的 V80-2.0MW 风机等都采用液压变桨距机构。然而，液压系统存在死区、滞环、库伦摩擦，还有一些软参量，如体积弹性模量、油的黏度、系统阻尼比等，有非线性特征，甚至会出现漏油、卡塞等现象。

液压伺服变桨距执行机构原理框图如图 3-3 所示。桨叶通过机械连杆机构与液压缸相连接，桨距角的变化同液压缸位移成正比。当液压缸活塞杆向左移动到最大位置时，桨距角为 90°；而活塞杆向右移动最大位置时，桨距角为 0°。液压缸的位移由液压比例阀进行精准的控制。在负载变化不大的情况下，电液比例阀的输入电压与液压缸的速度成正比，为进行精确的液压缸位置控制，则必须引入液压缸位置检测和反馈控制。

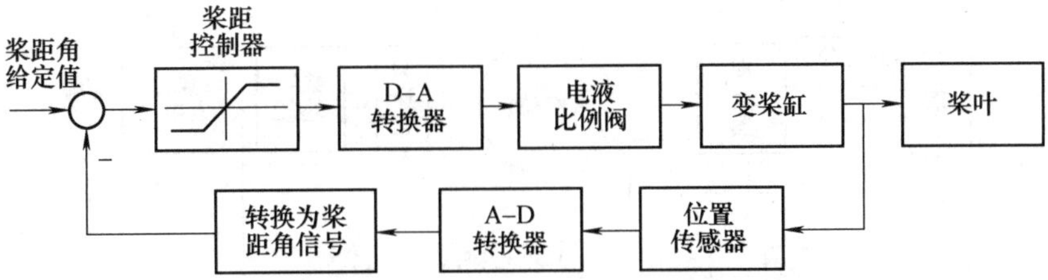

图 3-3 液压伺服变桨距执行机构原理框图

（2）电动伺服变桨系统 电动伺服变桨距执行机构可对每个桨叶采用独立的调节方式，伺服电动机通过主动齿轮与桨叶轮毂内齿圈相啮合，进而直接对桨距角进行控制，如图 3-4 所示。

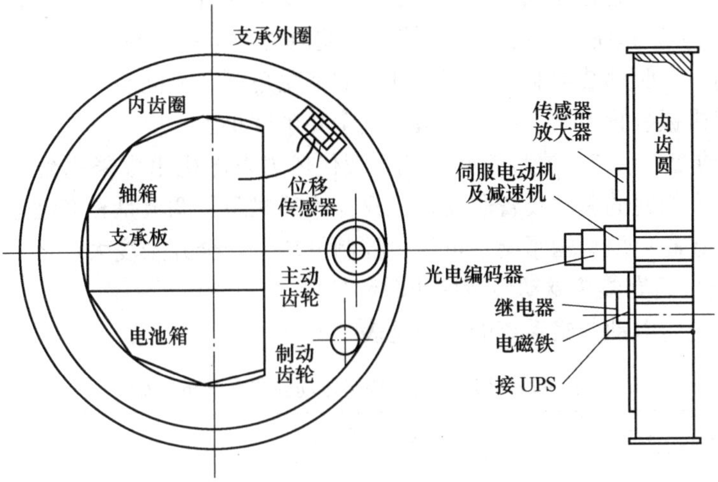

图 3-4 电动伺服变桨距结构

图 3-4 中只画出了一个桨叶的电动伺服变桨距的结构，其他两个桨叶与此完全相同。而每个桨叶采用一个带位置反馈的伺服电动机进行单独调节，位置编码器安装在伺服电动机输出轴上，采集电动机的转动角度。伺服电动机通过主动齿轮与变桨轴承内齿圈相连，带动桨叶转动，从而实现对桨距角的直接控制。在变桨轴承齿圈的边上又安装了一个非接触式位移传感器，对内齿圈转动的角度进行直接检测，即检测桨距角的变化。当内齿圈转过一个角度时，非接触式位移传感器输出一个脉冲信号。

位置传感器采集桨距角的变化与电动机形成闭环 PID 负反馈控制。变桨距控制是根据伺服电动机自带的位置编码器所测的位移值进行控制的。电动伺服变桨距执行机构原理框图如图 3-5 所示。在系统出现故障、控制电源断电时，桨叶控制电动机由 UPS 供电，使桨叶调节到顺桨位置。该执行机构结构简单、可靠，充分利用了有限的空间，实现了分散布置，且可以实现对单一桨叶进行控制，但在大功率风机的动态特性方面相对较差。

制动装置的突出特点是空气动力学制动单独由变桨距控制，桨叶充分发挥制动作用。即使其中一个桨叶制动失败，其他两个叶片也可以安全完成制动过程，提高了整个系统的安全性和可靠性。制动系统还装备了备用电源，用于故障或维修时可以快速准确地控制桨叶。它

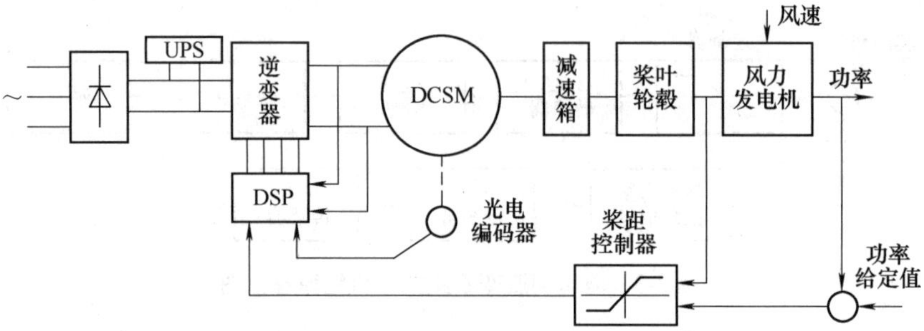

图 3-5　电动伺服变桨距执行机构原理框图

为风力发电机组功率输出和制动提供了足够的能力，这样可以避免过载对风机的破坏。

另外，按每个叶片是独立调节还是同步调节，变桨系统还可以分为两种：

1）共同驱动变桨系统。这种变桨系统在早期风力发电机组中采用得较为普遍。其特点是三只叶片由同一个驱动装置驱动，三只叶片的桨距角调节是同步的。它的控制系统比较简单，成本低，但机械装置庞大，调整复杂，安全冗余度小。

2）独立驱动变桨系统。这种变桨系统在现代风力发电机组中采用得较为普遍。其特点是三只叶片由三个相同的驱动装置驱动，三只叶片的桨距角调节是相互独立的。它需要三套控制系统，成本较高；但结构紧凑，可靠，控制灵活，安全冗余度大。

2. 风力发电机组变桨距驱动装置的比较和选择

液压变桨系统与电动变桨系统的比较见表 3-2。

表 3-2　液压变桨系统与电动变桨系统的比较

项　目	液压变桨系统	电动变桨系统
桨距调节	响应速度慢	响应速度快
紧急情况下的保护	储存能量小	储存能量较大
使用寿命	蓄能器的使用寿命大约为 6 年	蓄电池的使用寿命大约为 3 年
外部配套需求	占用空间小	占用空间相对较大
环境清洁	容易漏油，造成机舱及轮毂内部油污	机舱及轮毂内部清洁
维护	需对液压油、滤清器进行更换，维护困难	蓄电池易更换，易维护

3. 变桨距执行机构

狭义的变桨距执行机构是指直接控制叶片转动部分的机械装置。现在常见的变桨距执行机构有下面几种：

（1）平行轴齿轮驱动　平行轴齿轮驱动的结构如图 3-6 所示，多用于分散控制电动变桨系统。驱动伺服电动机通过行星齿轮减速器，在

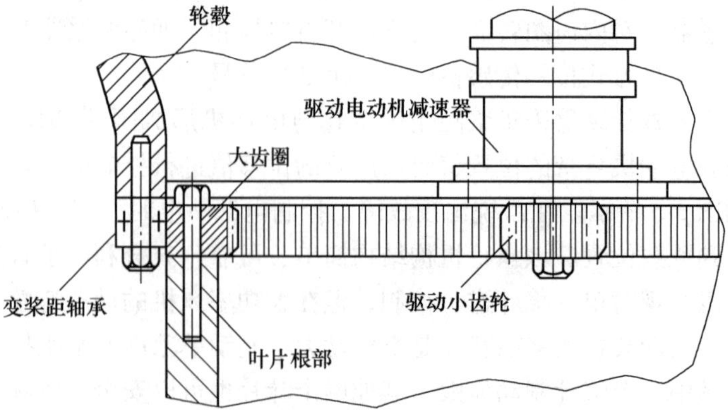

图 3-6　平行轴齿轮驱动的结构

减速器的输出轴上装有驱动内齿圈的直齿轮，从而实现变桨距控制。兆瓦级及以上大型风力发电机组多采用这种结构。

（2）垂直轴锥齿轮驱动　垂直轴锥齿轮驱动的结构如图3-7所示，用于集中控制电动变桨系统和液压变桨系统。这种结构的变桨距轴承内圈上加工有100°扇形角度的锥齿轮，轮毂前端面上安装有与各叶片变桨距轴承内圈上扇形锥齿轮相啮合的伞齿轮，驱动此锥齿轮即可实现叶片变桨距。

（3）机械摇杆驱动　机械摇杆驱动的结构如图3-8所示，用于集中控制电动变桨系统和液压变桨系统。机械摇杆驱动的变桨距轴承内圈上有一个轴销作为摇杆，一个圆盘在其外沿三等分线上有三个带长槽的摇臂，摇杆卡在摇臂中。当圆盘带动摇臂前后运动时，摇臂带动摇杆完成变桨距操作。

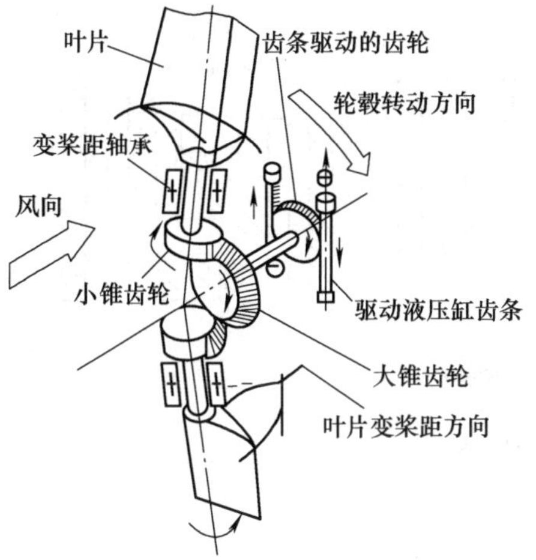

图3-7　垂直轴锥齿轮驱动的结构

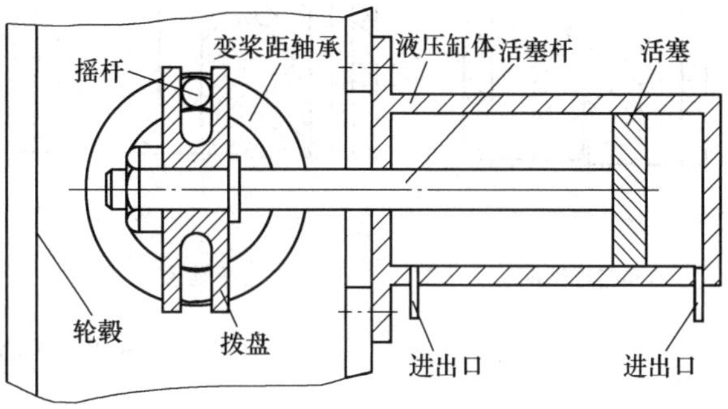

图3-8　机械摇杆驱动的结构

三、变桨机构的零部件

（一）变桨距轴承

变桨距轴承又称为回转支撑轴承。变桨距轴承安装在每个叶片的根部与轮毂的连接部位。每台风力发电机组需要用三套变桨距轴承。变桨距轴承的代号表示方法采用了《滚动轴承转盘轴承》（JB/T 10471—2017）中转盘轴承的代号表示方法，但是在风力发电机组变桨距轴承中出现了双排四点接触球转盘轴承，而此结构轴承的代号在JB/T 10471—2017中没有规定，因此，在新标准中增加了双排四点接触球转盘轴承的代号。由于单排四点接触球转盘轴承的结构形式代号用01表示，而结构形式代号02表示的是双排异径球转盘轴承结构，因此规定03表示双排四点接触球转盘轴承结构。

1. 变桨距轴承的结构

典型变桨距轴承的结构如图3-9所示，变桨距轴承的截面形状如图3-10所示。单排或双排球轴承滚道必须设计为可以双向传递轴向载荷，因此它们被称为四点接触球轴承。通过将沟槽的两边半径做得比滚珠半径略大些，就可以得到较低的接触压力。

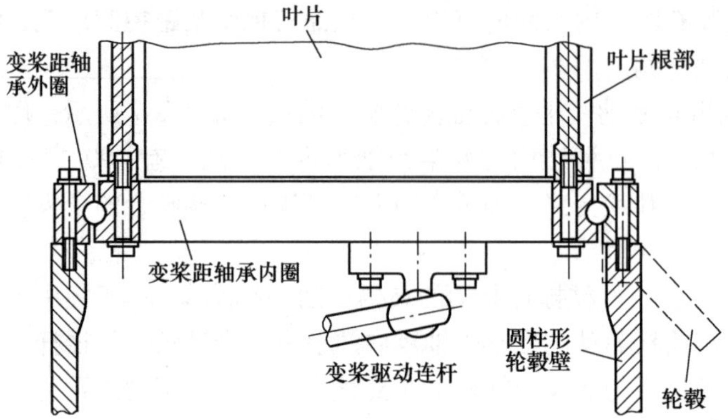

图 3-9　典型变桨距轴承的结构

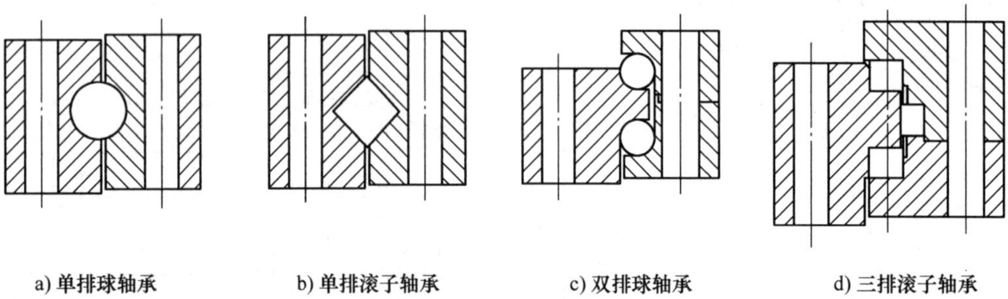

图 3-10　变桨距轴承的截面形状

2. 变桨距轴承的技术要求

变桨距轴承套圈的材料选用 42CrMo，热处理采用整体调质处理，调质后的硬度为 229～269HBW；滚道部分采用表面淬火，淬火硬度为 55～62HRC。由于风力发电机组变桨距轴承的受力情况比较复杂，而且轴承承受的冲击和振动也比较大，因此，要求轴承既能承受冲击，又能承受较大载荷。风力发电机主机寿命要求 20 年，轴承安装的成本较大，因此要求变桨距轴承寿命也要达到 20 年。这样轴承套圈基体硬度为 229～269HBW，能够承受冲击而不发生塑性变形，同时滚道部分表面淬火硬度达到 55～62HRC，可增加接触疲劳寿命，从而保证轴承长寿命的使用要求。

变桨距轴承套圈的结构比一般轴承复杂，轴承外套圈上有与轮毂连接的法兰；轴承内套圈的端面上是与叶片连接的法兰，内边是内齿圈。由于变桨距轴承的传动精度不高，而且齿圈直径比较大，齿轮模数比较大，因此，一般要求齿轮的精度等级按《圆柱齿轮　精度制　第 2 部分：径向综合偏差与径向跳动的定义和允许值》（GB/T 10095.2—2008）中的 9 级或者 10 级。但是，由于工作状态下小齿轮和轴承齿圈之间有冲击，因此，轴承齿圈的齿面要淬火，小齿轮齿面硬度一般在 60HRC，考虑到寿命设计，大齿轮的齿面淬火硬度规定为不低于 45HRC。

风力发电机组可能工作在极寒冷的地区，环境温度低至-40℃左右，轴承的工作温度在-20℃左右，轴承在低温条件下必须能够承受大的冲击载荷，因此，要求轴承套圈的材料在调质处理后必须做低温冲击试验，取轴承套圈上的一部分做成样件或者是与套圈同等性能和相同热处理条件下的样件，在-20℃环境下做冲击功试验。变桨距轴承套圈低温冲击吸收能量 *KV* 要求：-20℃不小于27J，冷态下该值可与用户协商确定。

变桨距轴承的内外套圈在热处理时，极易出现变形和开裂。因此，在热处理时必须采取可靠措施加以预防。热处理后应进行无损探伤以确保质量。

变桨距轴承在游隙方面有特殊的要求。变桨距轴承的冲击载荷比较大，风吹到叶片上振动也大，所以要求变桨距轴承的游隙应为零游隙或者稍微负的游隙值（即-5~0μm）。这样在振动的情况下可以减小轴承的微动磨损。由于风力发电机组变桨距轴承的转动都由驱动电动机或液压缸驱动，轴承在负游隙或小游隙状态下应保证驱动电动机能驱动，因此，轴承在装配后需要空载测量起动摩擦力矩，具体力矩数值根据主机驱动系统的不同要求也不相同。

风力发电机组在野外工作，而且变桨距轴承的一部分是裸露在外面的，因而会受到大气污染，高湿度的环境也会腐蚀轴承基体。因此，裸露在外面的变桨距轴承的部位要求进行表面防腐处理，一般采用镀锌处理。根据需要，在镀锌层外部进行刷漆保护处理。

（二）行星齿轮减速器

在电动机驱动变桨系统中，必须使用减速器把变桨速度控制在要求的范围内。变桨系统普遍采用体积小、重量轻、承载能力强的多级行星齿轮减速器。中小型行星齿轮减速器在我国已是比较成熟的产品，可以满足风力发电机行业的需要。

（三）驱动电动机

变桨距驱动电动机必须使用伺服电动机。伺服电动机是应用最广泛的一种控制电动机，它是自动控制系统中的执行部件。其最大特点是有控制信号时就旋转，无控制信号就停止，而且转速的大小与控制信号成正比。自动控制系统对伺服电动机的要求是：不允许有自转现象，灵敏度要高，只要有较小的信号就能起动，信号消失则立即停转。

常用的伺服驱动电动机有：异步电动机、无刷直流电动机和三相永磁同步电动机。它们各有特色，其性能对比见表3-3。变桨驱动因为需要蓄电池作为备用电源，普遍使用无刷直流电动机。检测电动机的转子旋转速度、磁极位置和系统的定位控制三个功能要采用绝对式光电编码器。

表3-3 常用变桨伺服驱动电动机性能对比

特性＼电动机	异步电动机	无刷直流电动机	三相永磁同步电动机
成本	软低	较高	较高
功率密度	最小	最大	较大
转动惯量	最小	一般	最大
速度范围	调速范围大	较小	较小
转矩/电流	较小	较大	较大
损耗	铜耗大	小	基速以上损耗大
制动	较难	容易	容易
转子位置传感器	增量编码器	绝对编码器	绝对编码器

（四）液压缸

液压缸是液压控制系统的执行机构，具有推力大、工作稳定可靠的特点。对液压缸的技术要求请参照第七章液压系统中的相关内容。

（五）后备电源

（1）铅酸蓄电池后备电源的特点

1）维护频率及成本高：每年进行一次日常维护，平均 2~3 年更换一次，寿命周期内需更换 8~10 次。

2）温度适应性不强：蓄电池的放电能力在不同温度环境下差异较大，25℃时为 100%，0℃时为 85%，需设计加热装置才能满足使用要求。

3）应用控制系统复杂，需考虑过充、过放、过热等复杂运行工况状态。

4）体积大、质量重，日常维护不方便，运行过程中存在漏液、鼓包等故障现象。

5）废旧蓄电池损坏产生的金属铅、液体等对环境造成污染，具有回收、处置废旧电池资质的企业较少，处理难度大。

（2）超级电容后备电源的特点

1）超级电容约有 100 万次循环寿命，10 年免维护，使维护寿命降低至电池的 1/10，而在变桨系统中应用，维护频率可降低至原来的 100%，即在风机寿命周期内免维护。

2）工作温度范围大，为 -40 ~ +65℃，在低温、高温环境下正常使用，充放电效率接近 100%。

3）超级电容功率密度为铅酸电池的 20 倍，在满足系统功率计能量要求下可将重量降低至原来的 1/4 以上。

4）超级电容所有状态与电压值成对应关系，自身管理及应用系统简单可靠，在很大程度上提高了变桨系统的可靠性。

5）超级电容充电器按系统要求充电时间小于 2min，系统能量为 17.5W·h，充电器功率 $P=E/t$，$P=17.5\text{W}\cdot\text{h}\times 60\text{min}/2$，充电器功率为 525W。根据充电器效率问题，选用实际功率为 700W 的隔离式 AC/DC 充电器。

每个电容箱体配备监测单元，采集并管理电容箱内部工作温度、电压状态、充放电电流，将信号进行转换，传输至变桨 PLC，同时控制充电器充电等工作。

第三节　电动变桨控制系统

一、概述

变桨机构控制系统是采用微型计算机构成的控制系统，它利用软件进行控制，因而具有很大的柔性。变桨机构控制系统必须具有快速反应能力，以满足叶片变桨距 5°/s ~ 10°/s 的跟踪速度要求。变桨控制器是由专门的生产厂商供应的，对于风机总装厂只要能熟悉其工作原理，按照接线图上的编号在接线端子板上正确接线就可以了。

主控制器与轮毂内的分控制箱通过现场总线通信，以达到控制变桨装置的目的。主控制器根据风速、发电机功率和转速等，把命令值发送到变桨控制系统，同时变桨系统把实际值和运行状况反馈到主控制器。变桨控制系统必须满足能够快速响应主控制器的命令、高性能的同步机制、安全可靠等的要求。

最大风能捕获是变桨控制系统的重要功能之一，它直接影响着风力发电机组的运行效率。对于提高风力发电机组的发电量，减小风电成本具有十分重要的意义。

实际的风力发电机组设计中，要将变桨距角在不同角度下的特性曲线进行细化，选取出其在不同风速下最优化的变桨距角度值。根据风力发电机组在不同桨距角时的特性，建立起变桨控制的数学模型。在设计风力发电机组变桨控制器的时候，应该注意以下 3 点：

①保护风力发电机组，防止过载。

②最小化风机的结构载荷。

③优化控制模拟的变桨区域。

1. 变桨控制模型

变桨控制的模式类型较多，我们不可能一一介绍。在此我们将以一个直驱型风力发电机组的变桨控制模型为例进行讲解。

这里我们采用闭环控制用于风机正常运行时控制叶片桨距角，即变速风力发电机组的风轮转速。在变速变桨距调节的控制器的类型中，变流器在使风轮转速通过控制发电机的反作用力矩（即转差率）改变的同时，把发电机与电网相分离。在高风速时，该力矩保持在额定水平，用桨距控制来调节叶轮的转速，来限制超过额定风速时的功率输出。变桨距调节控制器的组成如图 3-11 所示。

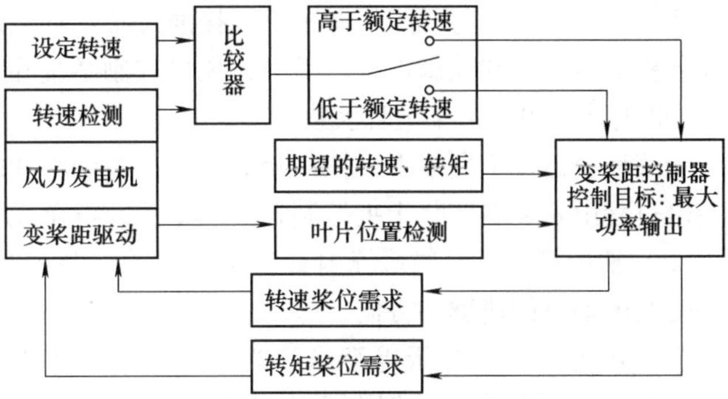

图 3-11　变桨距调节控制器的组成

本例中电动变桨距伺服系统使用三相永磁同步电动机驱动。这种电动机的结构简单，维护方便，只有定子线圈发热，容易实现高速，较容易实现快速制动，特别适宜周围环境恶劣复杂的风机使用。也可以使用异步电动机或无刷直流电动机。

三相永磁同步电动机交流伺服系统由 4 部分组成：三相永磁同步电动机、速度和位置传感器、变频器、控制器。

三相永磁同步电动机主要由转子和定子组成，在转子上装有特殊材料形状的永磁体，用以产生恒定磁场，没有励磁绕组。定子上有三相电枢绕组，用于连接可控制的变频电源。

对于三相永磁同步电动机，检测电动机的转子旋转速度、磁极位置和系统的定位控制三个功能要采用绝对式光电编码器。

变流器能够输出频率可调的交流电，输入到电枢绕组中。PWM 变频回路以一定的频率产生出触发功率器件的控制信号，使功率逆变器的输出频率和电压保持协调关系，并使流入电枢绕组中的交流电流保持严格正弦性。另外，电动变桨伺服系统的三个伺服驱动器必须在其内部实现精确的同步功能，要求它们之间的通信必须达到系统的整体精度要求。

在电动变桨伺服系统的控制电路中一共有 3 个控制环：位置环、速度环和转矩环。一般情况下，位置环采用比例控制规律，速度环采用比例积分控制规律，转矩环采用空间矢量控制。

位置控制主要是达到精确的位置控制，速度环要实现快速的跟踪，电流环实现快速的动态响应。主控制器给出位置命令值，与位置反馈值进行比较，位置调节器的输出就是速度调节器的输入，然后进行比例积分，速度调节器输出转矩命令值，与反馈值比较后，将差值送到转矩调节器中，输出就是转矩电流给定值，并且把电流指令矢量控制在与磁极所产生的磁通相正交的空间位置上，实现转矩控制。

变桨距控制系统中，发电机的功率信号由高速功率变送器以模拟量的形式（0~10V 对应功率零至满功率）输入到微处理器或 PLC，桨距角反馈信号（0~10V 对应桨距角 0°~90°）以模拟量的形式输入到微处理器或 PLC 的模拟输入单元。在这里选用了 4 路模拟量的输入单元，4 路模拟量输出单元，输出信号为-10~+10V，将信号输出到执行机构来控制进桨或退桨速度。为了测量发电机的转速，选用高速计数单元，发电机的转速是通过检测与发电机相连的光电码盘，每转输出 10 个脉冲，输入给计数单元。主控制器与轮毂内的分控制箱通过现场总线通信，达到控制三个独立的变桨距装置的目的。主控制器根据风速、发电机功率和转速等，把命令值发送到电动变桨距控制系统，而电动变桨控制系统把实际值和运行状况反馈到主控制器。

2. 变桨控制系统的主要组成部件

（1）中控箱　变桨中央控制箱执行轮毂内的轴控箱和位于机舱内的机舱控制柜之间的连接工作。

变桨中央控制箱与机舱控制柜的连接通过集电环实现。通过集电环机舱控制柜向变桨中央控制柜提供电能和控制信号。另外，风机控制系统和变桨控制器之间用于数据交换的 Profibus-DP 的连接也通过集电环实现。

变桨控制器位于变桨中央控制箱内，用于控制叶片的位置。另外，三个电池箱内电池组的充电过程由安装在变桨中央控制箱内的中央充电单元控制。

（2）轴控箱　在变桨系统内有三个轴控箱，每个叶片分配一个轴控箱。箱内的变流器控制变桨电动机的速度和方向。

（3）电池箱（或超级电容箱）当发生电网故障或紧急回桨情况时，驱动器停止工作，变桨控制器发出指令，此时制动和电枢励磁回路接触器相继吸合，由后备电池直接驱动电动机回桨，触发限位开关，电动机停止运行。此时风机桨叶处于顺桨状态，风机安全停机。

和轴控箱一样，每个叶片分配一个电池箱（或超级电容箱）。在供电故障或 EFC 信号（紧急顺桨控制信号）复位的情况下，电池供电控制每个叶片转动到顺桨位置。

每套电池箱由 18 节铅酸蓄电池串联组成（共 3 套），每节电池标称为 12V/7.2A · h，提供标称电压为 216V 直流后备电源。

（4）变桨电动机　变桨电动机是直流电动机，正常情况下电动机受轴控箱变流器控制转动，紧急顺桨时电池供电电动机动作。

在正常情况下驱动器与电动机均处于待机状态，当 PLC 给定驱动器的 RFC 起动信号有效时，将 3×400V 交流电源作为主电源，编码器将叶片运行位置反馈给变桨 PLC，测速电动机将电动机速度信号反馈给驱动器，驱动电动机运行，实现变桨控制。当发生电网故障或风机进入紧急停机状态时，通过主控制器发出动作指令，驱动器停止工作，由铅酸电池或超级电容作为后备电源直接驱动电动机回桨，停止风机运行。

（5）限位开关　每个叶片对应两个限位开关：91°限位开关和 96°限位开关。96°限位开关作为冗余开关使用。

（6）各部件间连接电缆　变桨中央控制箱、轴控箱、电池箱、变桨电动机、冗余编码器和限位开关之间通过电缆进行连接。为了防止连接电缆时产生混乱，电缆有各自的编号。

3. 变桨系统各部件的连接

变桨系统各部件的连接框图如图 3-12 所示。

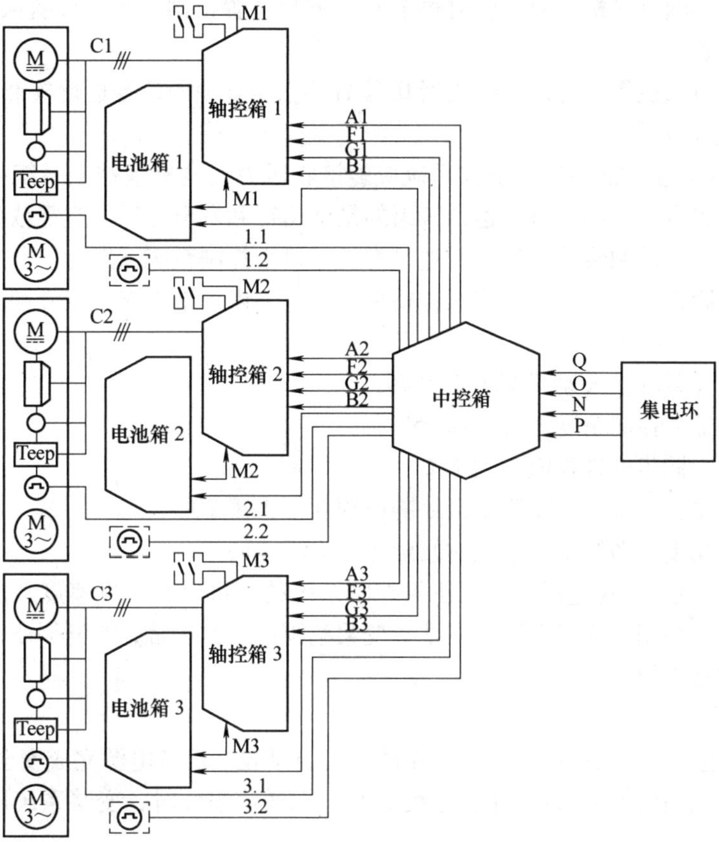

图 3-12　变桨系统各部件间的连接框图

二、变桨控制系统的技术要求

1. 功能要求

（1）结构及外观要求

1）柜体结构为不锈钢，电气柜的制造标准应符合 GB/T 20641—2014 的规定。

2）壳体、外观、表面应无划伤、无变形，应符合 GB/T 3797—2016 中的规定。

（2）电缆和导线的敷设和连接　这些操作应符合 GB 5226. 1—2008 中的规定。

（3）元器件要求　系统中所用的元器件应符合其自身的有关标准。

1）可编程序控制器应符合 GB/T 15969. 1—2007 和 GB/T 15969. 2—2008 的规定。

2）柜体的导线及电缆应符合 GB 5226. 1—2008 中的规定。

3）柜体连接件应符合 EN 175301-801—2007 的要求。

（4）服务操作功能

1）手动开关变桨功能：系统应具备手动变桨开关，可分别对每个桨叶进行点动控制。

2）人机服务操作功能：

①信息交互：变桨系统参数的查询、设置，系统状态查看及故障诊断。

②速度控制：通过人机界面可以对每个桨叶的变桨方向和变桨快率进行点动控制。

③位置控制：通过人机界面可以对每个桨叶进行位置控制。可以设置桨叶的变桨速度、加速度和给定位置。

④校准：通过人机界面可以对编码器 0°位置和限位开关的位置进行校准。

（5）同步变桨功能

1）自动变桨。正常运行时，变桨系统应能接收风力发电机组控制系统指令，实时调节桨距角，降低机组所承受的载荷，达到机组的最优运行和安全运行。应能依据主控要求自动起动、自动变桨、自动顺桨等，如：通过风力发电机组控制系统下发速度、加速度及变桨距角指令进行变桨距控制。变桨系统应能在整个变桨范围内正常工作，桨叶同步，变桨性能满足以下技术要求：

①三个桨叶变桨的最大速率不小于 6°/s。

②变桨驱动器的控制精度不大于 0.05°。

③三个桨叶不同步度推荐值不大于 2°。

④变桨接收主控系统下发变桨距指令响应周期不大于 20ns。

⑤三个桨叶角度反馈给主控系统时间延迟不大于 20ns。

2）远程手动变桨。通过风力发电机组控制系统的人机界面下发速度、加速度及变桨距角指令进行变桨距控制。变桨系统应在整个变桨范围内工作正常，桨叶同步，变桨性能满足自动变桨功能的技术要求。

（6）安全顺桨

1）电网掉电：在电网掉电时，变桨系统应能自动投入后备电源完成安全顺桨。

2）通信故障：在变桨系统与主控系统之间出现通信故障时，变桨系统应能自动完成安全顺桨。

3）安全链断开：安全链分为两部分，即变桨系统的安全链和主控系统到变桨系统的安全链。变桨系统的安全链可包括以下部分：紧急停机按钮按下、控制器故障（对包含控制器的变桨系统）、任一驱动器故障。当安全链断开发生时，变桨系统应能自动完成安全顺桨。

（7）故障诊断　变桨系统应具备自诊断及保护功能，能实时检测设备的故障或异常情况，并有良好的安全策略进行处理。有完善的事故记录信息便于故障诊断，信息能及时上送控制系统。诊断及保护应包括以下方面：

1）防雷保护动作。

2）熔断器或保护开关动作。

3）柜体温度异常。

4）通信超时或中断。

5）控制器故障（对包含控制器的变桨系统）。

6）驱动器故障，一般应包括：直流母线低电压、直流母线过电压、驱动器过电流、驱动器过温、功率开关故障、内部电源异常、制动电阻回路故障、电动机断相、内部风扇故障，以及速度和位置传感器短路、开路与数值异常。

7）电动机故障，一般应包括：电动机过热、电动机过电流、电动机失速保护、电动机制动异常、充电器故障、充电回路开路和后备电源电压异常（包括过电压、欠电压）。

（8）安全上电　变桨系统初始化上电时，当环境温度、湿度超出内部元器件工作范围时，系统应有预加热功能。只有条件达到要求时，才允许系统工作。

（9）后备电源

1）电池后备电源系统：

①容量。电池组的容量应满足在桨叶规定载荷情况下完成3次紧急顺桨动作的要求。按下式计算顺桨时间：

紧急顺桨时间=90°/最大变桨速率（°/s）

②充电时间。参考电池的充电要求，选择合适的充电电流使充电时间尽量减小。通常充电时间为6~10h。

③充电方式。一般为两种，根据系统要求确定：采用共用充电器轮循充电方式或电池组各自独立充电方式。

④监控功能：

a. 充电控制功能：按要求控制对电池的充电。在线监测电池及充电器故障，当发生故障时，能够停止充电，保护电池。

b. 温控功能：使电池工作在规定的温度范围内，保证电池的容量和寿命满足设计要求。

c. 系统监测：电池的状态监测功能包括过电压、欠电压、过热，以及充放电回路完好状态、充电器状态（过热、输出短路、过载、输入电压异常）。

推荐具备的监测功能是：单元电池的故障或电压不平衡；电池的容量监测功能。

2）超级电容后备电源系统：

①容量：电容组的容量应满足桨叶在规定载荷情况下完成1次以上顺桨动作的要求。

②充电时间：系统的充电时间应满足一次满载顺桨后充电时间小于2min。特殊情况，用户与制造商协商进行。

③充电方式：采用各自独立充电方式。

④监控功能：

a. 充电控制功能：能够控制充电器的启停，在线监测电容及充电器故障；故障情况下关断充电器保护电容。

b. 温控功能：使电容工作在规定的温度范围内，保证电容的容量和寿命满足设计要求。

c. 系统监测：电容的状态监测功能包括电容组过电压、欠电压，单体或模块过电压，单体或模块电压不平衡、过热，以及充放电回路完好状态、充电器状态（过热、输出短路、过载、输入电压异常）。

（10）通信

1）接口一般要求：

①变桨系统的通信接口，主要用于实现与主控系统的通信。接口可采用CAN、Profibus现场总线方式。

②通信信号线应采用屏蔽双绞铜缆，插接头应带屏蔽外壳，通信线两端屏蔽层应连接到

外壳并接地。

③在总线的两个末端应接终端电阻，阻止信号反射。

④通信电缆经过集电环接入变桨系统，应满足冗余要求。

2）CAN 接口要求：CAN 通信线应包括 CANH、CANL、GND（推荐），总线长度与波特率设置应满足表 3-4 的规定，其他要求应满足 ISO11898 的规定。

表 3-4 CAN 通信距离与速率关系

波特率	总线长度/m	波特率	总线长度/m
1Mbit/s	<20	50kbit/s	<1000
500kbit/s	<100	20kbit/s	<2500
250kbit/s	<250	10kbit/s	<5000
125kbit/s	<500		

3）Profibus 接口要求：Profibus 通信线应包括 A、B，总线长度与波特率设置应满足表 3-5 的规定，其他要求应满足 GB/T 20540—2006 的规定。

表 3-5 Profibus 通信距离与速率关系

波特率	总线长度/m	波特率	总线长度/m
12Mbit/s	<100	93.75kbit/s	<1200
1.5Mbit/s	<200	19.2kbit/s	<1200
500kbit/s	<400	9.6kbit/s	<1200
187.5kbit/s	<1000		

4）与控制系统交互信息要求：

①主控系统到变桨系统。变桨系统应能接受主控系统到变桨系统的以下信息：3 个桨叶的角度设定值；3 个桨叶的变桨速度；3 个桨叶的变桨加速度；主控系统的控制命令，包括故障复位、模式设定等。

②变桨系统到主控系统。主控系统应能接受变桨系统到主控系统的以下信息：3 个桨叶的当前角度值；3 个桨叶传感器的当前角度值；3 个桨叶的当前变桨速度；3 个桨叶的当前变桨加速度；3 个电动机的转矩/电流；电动机的温度；所有柜体的温度及轮毂温度；系统状态信息；通信规约，即产品的通信规约按产品标准的规定。

2. 性能要求

（1）过载能力　变桨系统的过载能力应达到在 2 倍额定电流下，持续运行时间不小于 3s。

（2）电网适应能力　变桨系统在以下电源条件下应工作正常：

1）符合使用的电源条件，超过此条件应与制造厂协商。

2）当电网电压跌至对低电压穿越要求的电压时，在规定的持续时间内，与机组主控制系统配合，保证风机不脱网运行。

（3）电磁兼容性能

1）脉冲群抗扰度：系统应能承受 GB/T 17626.12—2013 规定的严酷等级为 3 级的脉冲

群抗扰度试验。

2）静电放电抗扰度：系统应能承受 GB/T 17626.2—2006 规定的严酷等级为 3 级的静电放电抗扰度试验。

3）辐射电磁场抗扰度：系统应能承受 GB/T 17626.3—2016 规定的严酷等级为 3 级的辐射电磁场抗扰度试验。

4）电快速瞬变脉冲群抗扰度：系统应能承受 GB/T 17626.4—2008 规定的严酷等级为 3 级的电快速瞬变脉冲群抗扰度试验。

5）浪涌抗扰度：系统应能承受 GB/T 17626.5—2008 规定的严酷等级为 3 级的浪涌抗扰度试验。

6）射频场感应的传导骚扰的抗扰度：系统应能承受 GB/T 17626.6—2017 规定的严酷等级为 3 级的射频场感应的传导骚扰抗扰度试验。

（4）绝缘性能

1）绝缘电阻：各带电的导电电路分别对地（即外壳或外露的非带电金属零件）之间，以及无电气联系的各导电回路之间，额定绝缘电压高于 63V 时，用开路电压为 500V（额定绝缘电压小于或等于 63V 时，用开路电压为 250V）的测试仪器进行测定，其绝缘电阻值应不小于 10MΩ。

2）冲击电压：系统 24V 等弱电输出端子对地能承受 1kV（峰值）的标准雷电波冲击检验；其余各带电的导电电路分别对地（即外壳或外露的非带电金属零件）之间，以及无电气联系的各导电回路之间，能承受 5kV（峰值）的标准雷电波冲击检验。

3）介质强度：系统 24V 等弱电输出端子对地能承受 50Hz、500V（有效值）的交流电压，历时 1min 的检验，无击穿或闪络现象；其余各带电的导电电路分别对地（即外壳或外露的非带电金属零件）之间，以及无电气联系的各导电回路之间，能承受 50Hz、2kV（有效值）的交流电压，历时 1min 的检验，无击穿或闪络现象。

（5）机械性能

1）振动试验：

①振动响应：系统应能承受 GB/T 11287—2000 中规定的严酷等级为 Ⅰ 级的振动响应试验。

②振动耐久：系统应能承受 GB/T 11287—2000 中规定的严酷等级为 Ⅰ 级的振动耐久试验。

2）冲击试验：

①冲击响应：系统应能承受 GB/T 14537—1993 中规定的严酷等级为 Ⅰ 级的冲击响应试验。

②冲击耐久：系统应能承受 GB/T 14537—1993 中规定的严酷等级为 Ⅰ 级的冲击耐久试验。

③碰撞试验：系统应能承受 GB/T 14537—1993 中规定的严酷等级为 Ⅰ 级的碰撞试验。

（6）触电防护　参照 GB/T 3797—2016 中的规定。

（7）防护等级　防护等级的说明见 GB 4208—2017 的规定，具体要求如下：

1）柜体防护等级为 IP54。

2）外露的接插件防护等级为 IP65。

3）所有的外部传感器和开关防护等级为 IP65。

如用户有特殊要求，由制造商与用户协商确定。

（8）防雷要求　对从集电环接入到变桨系统的各类电缆（见表 3-6），应满足 GB/T 21714. 4—2015 中的防雷规定。

表 3-6　防雷要求

序号	1	2	3	4	5
类型	动力电源	UPS 电源	24V 电源	通信	24V 信号
防雷等级	C 级	C 级	C 级	C 级	C 级

（9）温升　在额定运行条件下，各部位的极限温升见表 3-7。

表 3-7　各部位的极限温升

部件和部位	极限温升	部件和部位	极限温升
电动机	参照 GB 755—2008 中的规定	电阻	参照标称绝缘等级
驱动器	参照驱动器技术规格书	电感	参照标称绝缘等级

（10）低温性能　在试验温度为故障温度下限且稳定后，产品通电正常运行后，持续时间为 16h。产品通电到起动时间一般不超过 2h。如用户有特殊要求，由制造商与用户协商确定。

（11）高温性能　在试验温度为故障温度上限且稳定后，产品通电后应能起动运行，持续运行时间为 16h。

（12）耐湿热性能　根据试验条件和使用环境，在以下两种方法中选择其中一种。

1）交变湿热：按 GB/T 2423. 4—2008 进行试验后，试验电压按照绝缘电阻的规定进行，测量其绝缘电阻不应小于 10MΩ。介质强度不应低于介质强度规定的试验电压值的 75%。

2）恒定湿热：按 GB/T 2423. 3—2016 进行试验后，试验电压按照绝缘电阻的规定进行，测量其绝缘电阻不应小于 10MΩ。介质强度不应低于介质强度规定的试验电压值的 75%。

（13）连续满载运行　在常温下，对变桨系统进行不小于 72h 的连续满载运行试验，变桨系统应工作正常，符合同步变桨功能的规定。

三、系统的软件设计

变桨控制系统的主要功能可以由微处理器或 PLC 来实现，当满足风力发电机起动条件时，微处理器或 PLC 发出指令使叶片桨距角从 90°匀速减小；当发电机并网后微处理器或 PLC 根据反馈的功率进行功率调节，在额定风速之下保持较高的风能吸收系数，在额定风速之上，通过调整桨距角使输出功率保持在额定功率上；在有故障停机或急停信号时，微处理器或 PLC 控制执行电动机，使得叶片迅速变到桨距角为 90°的位置。

现在我们以一个液压驱动的变桨系统控制软件为例进行讲述。

1. 风力发电机组起动控制程序

风力发电机起动时变桨控制程序流程如图 3-13 所示。当风速高于起动风速时，微处理器或 PLC 通过模拟输出单元输出 1.8V 电压，使叶片以 0.9°/s 的速度变化到 15°。此时，若发电机的转速大于 800r/s 或者转速持续 1min 大于 700r/s，则桨叶继续进桨到 3°的位置。PLC 检测到高速计数单元的转速信号大于 1000r/s 时发出并网指令。若桨距角在到达 3°后 2min 未并网，则由模拟输出单元给比例控制阀，使桨距角退到 15°的位置。

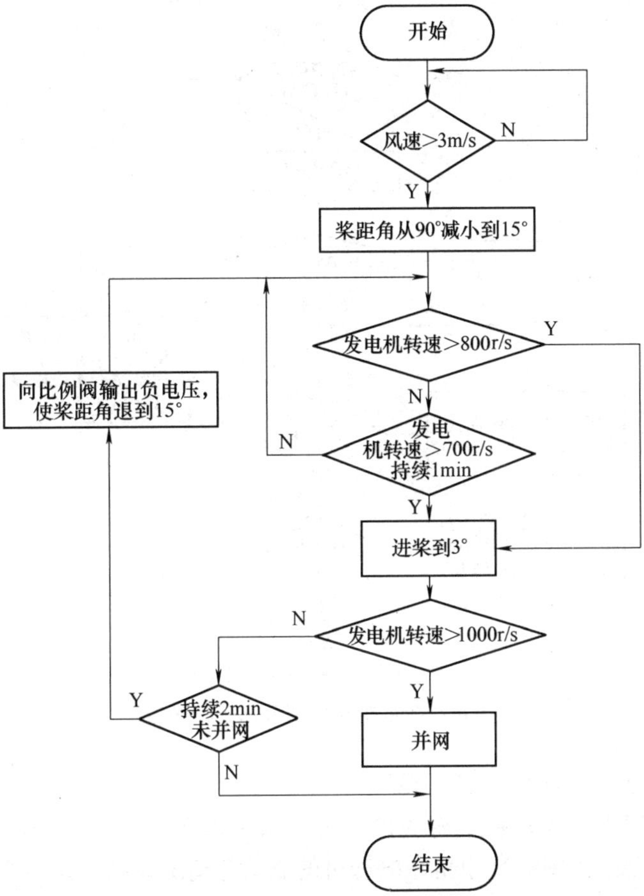

图 3-13　风力发电机起动时变桨控制程序流程

2. 风力发电机组功率调节变桨程序

在变桨距控制系统中，高风速段的变桨距调节功率是非常重要的部分。若退桨速度过慢则会出现过功率或过电流现象，甚至会烧毁发电机；若桨距调节速度过快，不但会出现过调节现象，使输出功率波动较大，而且会缩短变桨距液压缸、变桨距电动机和变桨距轴承的使用寿命，进而影响发电机的输出功率，使发电量降低。本程序中，在过功率退桨和欠功率进桨时采用不同的变桨速度。退桨速度比进桨速度大，这样可以防止在大的阵风时出现发电机功率过高现象。

发电机并网后通过调节桨距角来调节发电机输出功率，图 3-14 所示为变桨距功率调节部分程序流程。当实际功率大于额定功率时，微处理器或 PLC 的模拟输出单元输出与功率偏差成比例的电压信号，并采用指令使输出电压限制在-4.1V（对应变桨速度为4.6°/s）以内。当功率偏差小于零时需要进桨来增大功率，进桨时给比例阀输出的最大电压为1.8V（对应变桨速度为0.9°/s）。为了防止频繁地往复变桨，功率偏差在±10kW 时不进行变桨。

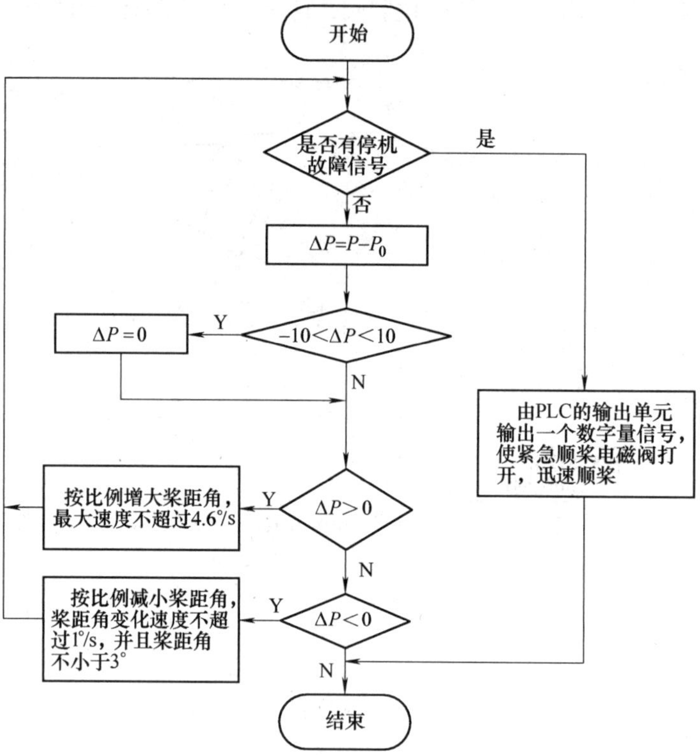

图 3-14 变桨距功率调节部分程序流程

3. 变桨系统与主控系统的通信实现

在风力发电机组中，变桨系统需要接收主控系统根据风机运行的需要随时发送来的指令，还要把每时每刻采集到的桨距角、电动机的驱动等情况及时发送给主控系统。另外，主控系统还要与变流系统等实时通信，这时就需要系统拥有一种快速的、多节点的、抗干扰性强的通信方式来保证这种实时通信。

4. 风力发电机组 Profibus-DP 控制系统设计

（1）Profibus-DP 控制系统构成　在风力发电机组 Profibus-DP 控制系统中，采用单主站，主-从方式传送。Profibus-DP 网络结构如图 3-15 所示，其中风力发电机组主控系统是主站，变桨系统和变流系统是两个从站。

在该 Profibus-DP 网络中，主控系统的 CPU 采用西门子可编程序控制器本身具有的 Profibus-DP 接口，所以无需另外的通信及转换接口单元，从而降低了工程造价。变桨系统采用从站模块，它可以将主站与变桨控制器连接起来，实现了主控与变桨系统的现场总线通信。

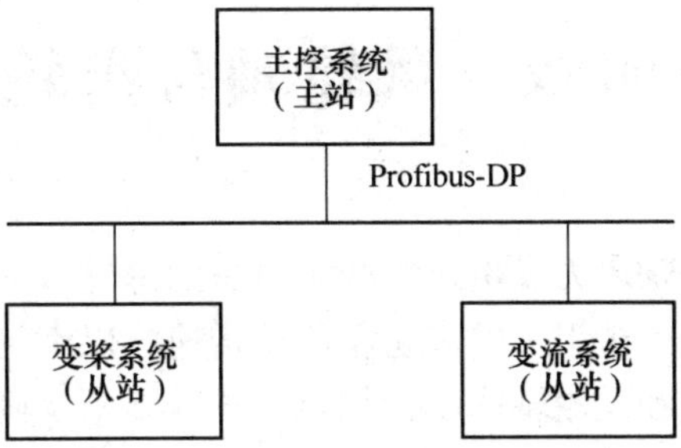

图 3-15　Profibus-DP 网络结构

（2）网络连接　Profibus-DP 采用的是 RS485 传输技术。RS485 接口采用的是 9 针 D 型插座，由于 RS485 采用平衡驱动和差分接收方式进行通信，因此在实际网络连接中，把 RXD/TXD-P 和 RXD/TXD-N 针一一对应接上即可。

复习思考题

1. 对风轮轮毂有哪些技术要求？
2. 影响风轮轮毂的结构三要素是什么？轮毂有哪两种类型？
3. 变桨距调节原理？
4. 变桨机组运行的三种状态？
5. 变桨距控制的特点？
6. 变桨距机构由哪些部分组成？
7. 画出变桨系统各部件的连接框图。
8. 变桨系统正常使用环境条件有哪些要求？
9. 变桨执行机构有几种？各有什么特点？
10. 变桨驱动装置如何分类？各有什么特点？
11. 典型的变桨系统有几种？
12. 电动变桨距控制系统的结构及特点？
13. 液压变桨距控制系统的结构及特点？
14. 变桨机构的主要零部件有几种？
15. 变桨距轴承的技术要求有哪些？
16. 对变桨驱动电动机有哪些技术要求？
17. 常用的变桨伺服驱动电动机有哪几种？各有什么特点？
18. 变桨距控制系统有哪些功能要求？
19. 变桨距控制系统人机服务有哪些操作功能？
20. 变桨距控制系统故障诊断内容有哪些？
21. 变桨距机构控制系统由哪些部分组成？叙述其工作原理。
22. 变桨距控制系统的软件由哪几部分构成？画出其工作流程图。

第四章　风轮轴与齿轮箱

齿轮箱是非直驱式水平轴风力发电机组必不可少的部件。一般情况下，使用齿轮箱的目的都是减速加力，而风力发电机组上的齿轮箱用于增速，以满足发电机对转速的要求。通过本章的学习，应了解齿轮箱和风轮轴的工作特点、技术要求及典型结构，了解风力发电机组的4种传动方式、齿轮箱的分类，掌握两种风力发电机组齿轮箱的结构，了解齿轮箱主要零部件的技术要求、结构和选用原则，对齿轮箱润滑、加热、冷却和监控系统，应了解其作用，掌握系统组成和工作原理。

第一节　风轮轴与齿轮箱的技术要求及典型结构

一、齿轮箱和风轮轴的工作特点

风力发电机组齿轮箱和风轮轴要承受无规律的变向变载荷的风力作用以及强阵风的冲击，常年受酷暑严寒和极端温差的影响。为了增加机组的制动能力，还要在齿轮箱的输入端或输出端上设置制动装置，配合空气动力制动对机组传动系统进行联合制动，其工作状态十分恶劣。而且机组多数安装在高山、荒野、海滩、海岛等风口处，所处环境交通不便。齿轮箱安装在塔顶的狭小空间内，一旦出现故障，修复非常困难，故对其可靠性和使用寿命都提出了比一般机械高得多的要求。大量的实践表明，在风力发电机组的传动链中齿轮箱是最薄弱的环节，加强对齿轮箱的研究，重视对其进行维护保养尤为重要。

由于并网型风力发电机组起停较为频繁，叶轮本身转动惯量又很大，风力发电机组的风轮转速一般都设计为每分钟几十转。机组容量越大，叶轮直径越长，转速相对就越低。为满足发电机的转速工作条件，在风轮和发电机之间就需要配置齿轮箱用于增速。由于受到机舱尺寸的限制，风力发电机组的机械传动系统一般都沿机舱轴线布置，齿轮箱采用结构紧凑的行星齿轮箱。随着大型风力发电机组采用的齿轮箱传递转矩增大，结构更加紧凑、复杂，对风力发电机组设计和制造的要求不断提高。

由于风轮轴和齿轮箱在结构上是相互影响的，而传动链的不同方案直接决定了齿轮箱和风轮轴的结构。风轮轴与齿轮箱轴是直接连接的部件，受力和工作状态基本相同，使用的材料和加工工艺也基本相同，所以把它们放在一起进行讲解。

二、风力发电机组的传动链

齿轮箱和风轮轴是直接连接的传动构件，它们的结构是由风力发电机组的传动链所决定的，因此必须先从风力发电机组的传动链说起。由于风力发电机的结构设计不同，目前风力发电机组的传动链有以下4种方式：

1. 风轮轴完全独立方式

完全独立是说风轮轴与齿轮箱在功能和结构上是完全独立的，风轮轴与齿轮箱间靠联轴器进行连接。这种形式的风轮轴安装在独立的前后两个轴承支架上，风轮轴独立地承受风轮自重产生的弯曲力矩和风轮的轴向推力，所以风轮轴部件必须配置推力轴承。风轮轴组件与齿轮箱分别安装在底盘上，然后由联轴器把它们连接起来。风轮轴完全独立结构如图 4-1 所示。

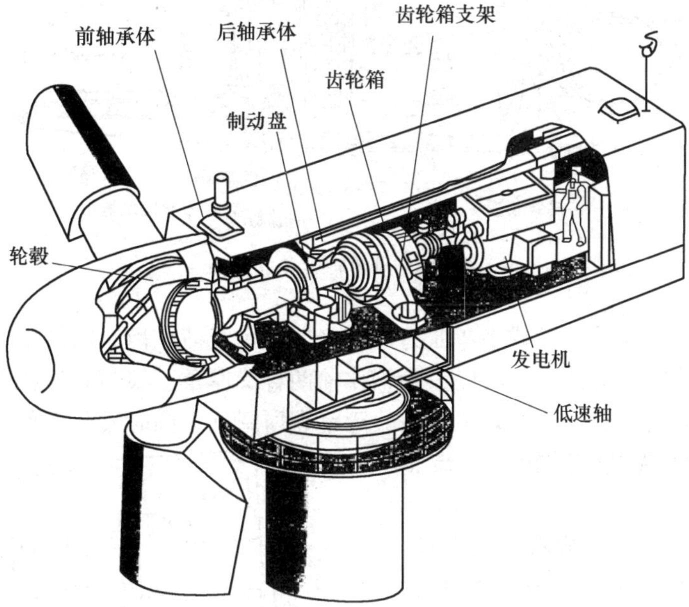

图 4-1　风轮轴完全独立结构

风轮轴的结构特点是一头大一头小，大头是安装轮毂的法兰盘，小头是安装联轴器的轴头。紧挨着法兰盘的是前轴颈，用于安装主轴前轴承。靠近安装联轴器轴头的是后轴颈，用于安装主轴后轴承。

独立齿轮箱结构的优点是：齿轮箱体积相对较小，齿轮油用量比同功率齿轮箱、风轮轴一体结构的机组低 50%左右，齿轮箱重量低 30%左右。独立齿轮箱结构制动过程较为平稳，齿轮箱承受的冲击载荷较小。

其缺点是：因为低速轴的存在，机舱结构相对拥挤，需要对低速轴轴承单独进行润滑。

2. 风轮轴半独立方式

风轮轴半独立结构只有一组前轴承托架，后轴承是与齿轮箱共用的。这种结构决定了风轮轴与齿轮箱共同承受风轮自重产生的弯曲力矩和风轮的轴向推力，所以齿轮箱的第一轴必须使用推力轴承，同时要求齿轮箱的箱体必须厚重些，以满足强度要求。这种结构的风轮轴与齿轮箱间采用半刚性的胀套连接或刚性的法兰连接，然后再将前轴承托架安装在底盘上。齿轮箱一般采用浮动托架安装。这种风轮轴是有锥度的，如此设计既反映了轴上弯矩的减小，又节省了材料并减轻了质量。风轮轴半独立结构如图 4-2 所示。

3. 风轮轴为齿轮箱轴的方式

风轮轴为齿轮箱轴的结构是将齿轮箱的第一轴直接作为风轮轴使用。这种方式省去了风轮轴组件，因此齿轮箱必须尽可能靠前安装。齿轮箱的第一轴完全承受风轮自重产生的弯曲力矩和风轮的轴向推力，齿轮箱的第一轴必须十分粗大，齿轮箱的厚度应大于其第一轴前轴

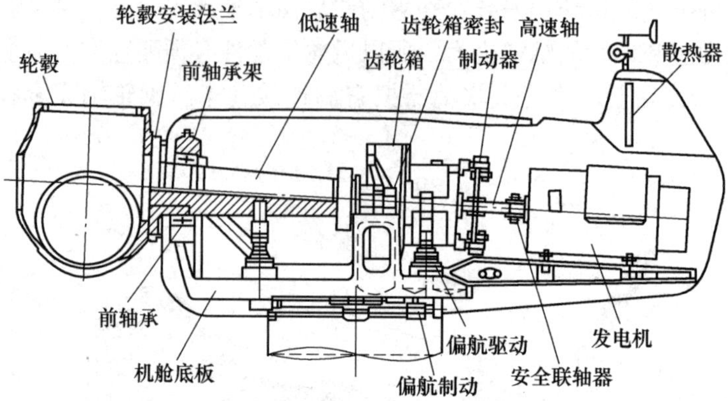

图 4-2　风轮轴半独立结构

承到风轮的距离，这样是为了减小弯曲力矩带来的轴承载荷。齿轮箱的第一轴必须使用推力轴承，以承受风轮的轴向推力。所以齿轮箱比前两种又厚重了很多。这种结构材料及重量减少不了多少，但是由于零部件的减少而使故障率有所降低，同时安装工作量大幅度降低，这是这种结构的突出优点。风轮轴为齿轮箱轴的结构如图 4-3 所示。

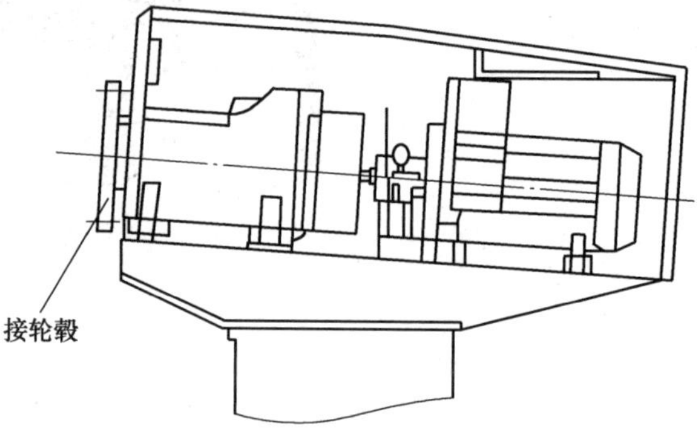

图 4-3　风轮轴为齿轮箱轴结构

齿轮箱、风轮轴一体结构的优点是：因将低速轴与齿轮箱合为一体，机舱结构相对宽敞，齿轮油直接对低速轴轴承进行润滑，免去运行人员的维护任务。其缺点是：体积大、重量高、结构相对复杂、造价较高。齿轮箱要直接承受来自叶轮的冲击载荷，在制动过程中齿轮箱也要承受较大的载荷，对齿轮箱自身质量要求较高。

4. 直驱无齿轮箱方式

直驱型风力发电机组不使用齿轮箱，采用风轮与发电机转子共用一个轴的方式。这种方式传动链最短，使用的零部件最少，所以故障率也最低。在维修困难的地方，使用直驱型风力发电机组是最佳的选择，例如在山顶或海上。直驱型机组是大型风力发电机组的发展方向。直驱型无齿轮箱结构如图 4-4 所示，它用一个铸造的 L 形心轴，短边的端面与偏航系统的转盘轴承固定连接，长边为心轴。心轴上安装有前后两组轴承，风轮发电机轴为一空心轴，其上套装发电机转子和风轮后，通过空心轴内两端的轴承组安装在心轴上。这种结构的风轮不是悬臂状态，动态

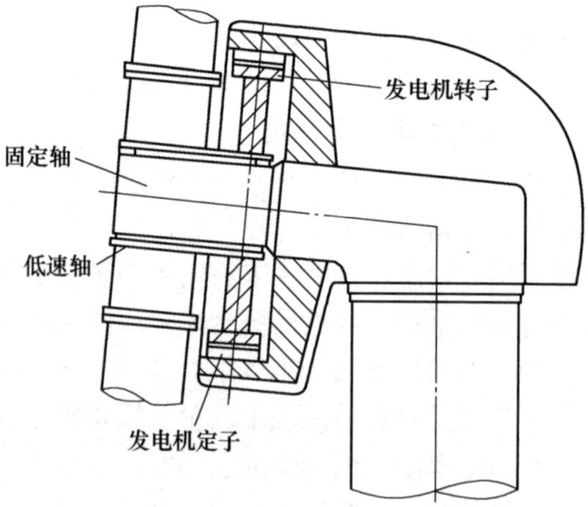

图 4-4　直驱型无齿轮箱结构

稳定性好、寿命长、可靠性高。

三、齿轮箱和风轮轴的技术要求

齿轮箱和风轮轴作为传递动力的部件，在运行期间同时承受动、静载荷。其动载荷部分取决于风轮、发电机的特性，传动轴、联轴器的质量、刚度、阻尼值，以及发电机的外部工作条件。在如此复杂工况下工作的齿轮箱和风轮轴，在方案设计之初必须进行可靠性分析。设计完成后，再次进行详细的可靠性分析计算，其中包括精心选取可靠性好的结构和对重要零部件以及整机进行可靠性估算。

设计必须保证在满足可靠性和预期寿命的前提下，使结构简化并且重量最轻。通常应采用CAD优化设计，确定最佳传动方案，选用合理的设计参数，选择稳定可靠的构件和具有良好力学特性以及在极端环境（温差）下仍然保持稳定的材料。具体要求如下：

1. 用户应提供的最低限度技术条件

（1）运行环境　风力发电机组运行环境包括：风况、环境要求、接口要求。

（2）载荷　载荷包括：风力发电机组载荷；风力发电机组动力轴系的布置形式和承载细节；作用在齿轮箱上的所有载荷；极限负载；风力发电机处于起动、运转、瞬间运转、空转、制动等工况下的动态载荷。

（3）技术接口和监控要求　这一要求包括：齿轮箱结构、安装位置、运行模式、润滑方法、传动系统连接方式和接口情况；叶轮和发电机及轴系连接部件的相关技术规格、结构尺寸和配套要求；运行状况监控要求；验收程序和要求；认证要求；质量和其他要求。

2. 通用技术要求

（1）旋向　除有特殊要求外，宜选择顺时针方向，即面对低速轴输入端看，低速轴的旋向为右旋。

（2）机械效率　在额定工况下，对于三级平行轴或一级行星+两级平行轴齿轮传动的齿轮箱，机械效率应不小于97%。

（3）环境温度　齿轮箱的环境温度为-30～+40℃，生存环境温度范围不超过-40～+50℃。

（4）工作温度　齿轮箱油池最高温度不得高于85℃。在连续运转时轴承外圈温度不得超过95℃。当轴承外圈温度连续超过105℃达10min，或油池温度在1h连续运行中超过85℃达到10min时，应停机检查。

（5）噪声　齿轮箱应运转平稳，不允许出现异常噪声。按照GB/T 6404.1—2005的规定测定齿轮箱的噪声，额定功率在1MW以下的齿轮箱应不大于90dB(A)，额定功率大于或等于1MW的齿轮箱应不大于100dB(A)。

（6）机械振动　在齿轮箱工作转速范围内，传动轮系、轴系应不发生共振。在试验台架上齿轮箱在额定功率下运转时，按照GB/T 6404.2—2005的规定测定齿轮箱的机械振动，频率在0~200Hz范围内，齿轮箱连接面（弹性支撑处）的最大振动速度不应超过1.5mm/s，更高频率时不要超过0.8mm/s。

（7）设计寿命　齿轮箱的设计寿命应不少于20年。

（8）保用期　在按规定正确安装、维修保养和正常使用的情况下，保用期为2年。

3. 主要零部件的设计要求

1）齿轮箱的重要零部件，如齿轮、轴、键、花键、轴承、箱体及其紧固件，应能承受风力发电机组的极限载荷而不会产生永久变形，并且能满足预定寿命要求。供需双方应依据主机的实际需要进行协商，确定相关零件的几何尺寸和强度计算标准。齿轮箱的设计应结构简单、易加工且便于使用和维护。

2）齿轮箱主要零部件的确定与评定应按 GB/T 19073—2018 附录 A 进行。

3）齿轮箱应具有良好的密封性能，不应有渗、漏现象，并能避免水分、尘埃及其他杂质进入箱体内部。传动轴轴伸处宜使用非接触式的迷宫式密封。

4）齿轮箱清洁度一般用油池内润滑油的清洁度来表示。齿轮箱清洁度水平应不低于 GB/T 14039—2002 规定的代号为 17/15/12 等级要求。

5）齿轮箱的全部外露表面应作防护处理，机械加工表面以外应涂防护漆，涂层应厚薄均匀，表面平整、光滑，颜色均匀一致。对油漆的防腐要求和颜色由供需双方在技术协议中规定。

6）齿轮箱上应设有观察窗口、内窥镜检查孔、油标和油位报警装置、油压表和报警装置、滤消器、透气塞、带磁性垫的放油螺塞（放油间）以及起重用的吊钩等。

四、齿轮箱的结构

齿轮箱按内部传动链结构可分为以下 3 种。

1. 平行轴结构齿轮箱

平行轴结构齿轮箱一级的传动比比较小，多级可获得大的传动比，但体积较大。平行轴结构齿轮箱的输入轴和输出轴是平行轴，不在同一条直线上。平行轴结构齿轮箱的噪声较大。人们通过研究发现，圆柱齿轮传动比为 2. 9 时齿轮箱的体积最小，但当传动比上升到 4. 3 或下降到 2. 1 时，体积只增加 10%。这对选定齿轮箱的结构具有指导意义。

2. 行星结构齿轮箱

行星齿轮箱由一圈安装在行星架上的行星轮，与内侧的太阳轮和外侧与其啮合的齿圈组成，其输入轴和输出轴在同一条轴线上。太阳轮和行星轮是外齿轮，而齿圈是内侧齿轮，它的齿开在里面。一般情况下，不是内齿圈被固定就是太阳轮被固定，但是如果内齿圈被固定，那么齿轮系的传动比就比较大。

行星齿轮箱结构比较复杂，但是由于载荷被行星轮平均分担而减小了每一个齿轮的载荷，所以传递相同功率时行星齿轮箱比平行轴齿轮箱的体积要小得多。内齿圈与行星齿轮之间减少了滑动，使其传动效率高于平行轴齿轮箱。同时，行星齿轮箱的噪声也比较小。

3. 平行轴与行星混合结构齿轮箱

平行轴与行星混合结构齿轮箱是综合平行轴齿轮与行星齿轮传动的优点而制造的多级齿轮箱。风力发电机组使用它的目的是缩小体积、减轻重量、提高承载能力和降低成本。

五、风力发电机组专用齿轮箱

对于功率在 300~2000kW 的风力发电机组，风轮的最高旋转速度在 17~48r/min，驱动转速为 1500r/min 的发电机，齿轮箱的增速比在 1∶31~1∶88。为了使大齿轮与小齿轮的使用寿命比较相近，一般每级齿轮传动的传动比应在 1∶3~1∶5，就是说应用 2~3 级齿轮传动来实现。

风力发电机组主传动专用齿轮箱的主要结构形式有 3 种：三级平行轴、一级行星轮系加两级平行轴、两级行星轮系加一级平行轴。在大功率的风电齿轮箱中主要是第 1、2 种结构。下面我们介绍一下风力发电机组中常用增速齿轮箱的传动关系。

三级平行轴传动齿轮箱的结构如图 4-5 所示；一级行星轮系加二级平行轴的结构如图 4-6 所示。

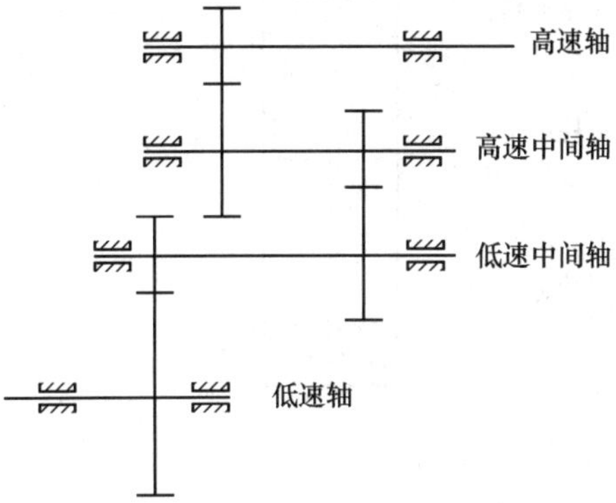

图 4-5　三级平行轴传动齿轮箱

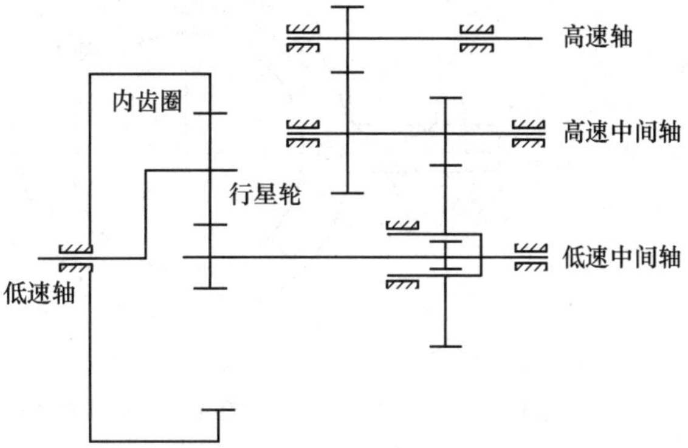

图 4-6　一级行星二级平行轴轮组合齿轮箱

第二节　齿轮箱的主要零部件

根据国家标准《风力发电机组　齿轮箱》（GB/T 19073—2018），齿轮箱主要零部件的设计要求如下：

1）齿轮箱主要零部件的设计载荷和强度计算按相关标准及订货技术协议的规定。

2）齿轮箱机械零部件应进行防腐设计。

3）齿轮箱的紧固件应尽量采用标准件，其零部件的种类要限制在最小范围内。齿轮箱的设计应使其结构简单，易加工且应保证使用维修方便。

4）齿轮箱主轴上的推力轴承应按风轮在运行中所承受的最大气动推力来选取。

一、齿轮箱体和风轮轴轴承支架

1. 齿轮箱体和风轮轴轴承支架的主要作用

1）首先固定轴承的空间位置，再通过轴承固定轴的空间位置。

2）将轴上的力通过轴承在齿轮箱体和风轮轴托架上得到平衡。

3）通过轴承使轴能够转动以传递转矩。

4）用于安装轴承及齿轮的润滑系统及安全监测系统。

2. 齿轮箱体和风轮轴轴承支架的基本结构

齿轮箱体和风轮轴轴承支架是风力发电机组的重要部件，它们承受来自风轮的作用力和齿轮传动时产生的反作用力，因此它们必须具有足够的刚度去承受力和力矩的作用，以防止变形，保证传动质量。箱体的设计应按照风力发电机组动力传动的布局安排、加工和装配条件、便于检查和维护等要求来进行。应注意轴承支承和机座支承的不同方向的反作用力及其相对值，选取合适的支撑结构和壁厚，增设必要的加强肋。加强肋的位置必须与引起箱体变形的作用力的方向相一致。

由于传动方式不同，齿轮箱体和风轮轴轴承支架的结构也不相同。采用完全独立方式的风轮轴需要前、后两个轴承支架，分别安装在底盘上。风轮轴轴承支架的结构如图 4-7 所示。采用半独立方式的风轮轴只使用一个前轴承支架。

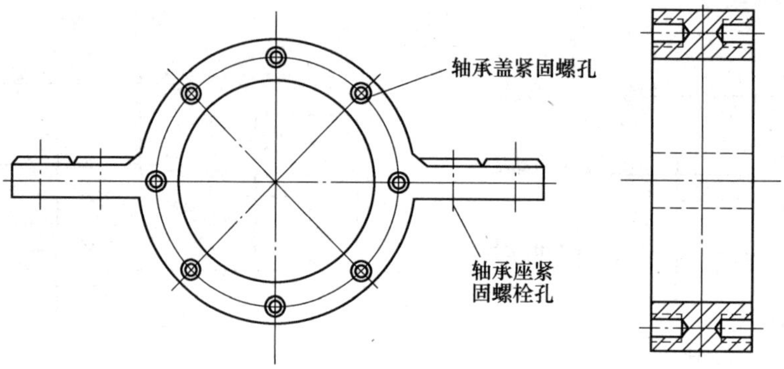

图 4-7 风轮轴轴承支架的结构

箱体支座的凸缘和横梁应具有足够的刚度，尤其是作为支撑座的耳孔结构，其支撑刚度要进行仔细的核算。为了减小齿轮箱传递到机舱机座的振动，齿轮箱可以安装在弹性减振器上，这种安装方法习惯上称为浮动支撑。最简单的弹性减振器是用高强度橡胶和钢垫做成的弹性支座块和弹簧，合理使用可取得较好的效果。

为了降低齿轮箱噪声并使主轴、齿轮箱、发电机三者易于保证同轴度，多数齿轮箱采用浮动安装结构，齿轮箱的左右两侧有对称的托架梁，或齿轮箱两侧各有一个大耳朵孔，用于浮动安装。不浮动安装的齿轮箱箱体底面有安装用法兰，直接安装在底盘上。

齿轮箱耳环滚轴式浮动支撑的结构特点是：齿轮箱体两侧铸造有支撑耳环，经机械加工后在孔内穿入支撑轴，支撑轴两端安装有圆形支座。底盘两侧铸造有双柱支撑架，支撑架上有经过加工的剖分式支撑孔，将橡胶缓冲减振套套装在圆形支座上，然后把齿轮箱安放在双柱支撑架上，最后安装好支撑架上盖。这种结构机械加工工作量较大，成本比梁式结构可能会高一些，但可以实现 3 个自由度的浮动。

为了便于装配和定期检查齿轮的啮合情况，在箱体上应设有观察窗。箱盖上还应设有透气罩、油标或油位指示器。在相应部位应设有注油器和放油孔。放油孔周围应留有足够的放油空间。对于采用强制润滑和冷却的齿轮箱，在箱体的合适部位应设置进出油口和相关液压件的安装位置。箱体上一般设有连体吊钩，供起吊整台齿轮箱时使用。

二、齿轮

（1）齿轮的作用　它的作用是传递转矩，轮系还可以改变转速和转矩。为了很好地实现上述功能，要求齿轮心部韧性大、齿面硬度高，传动噪声小。因此对齿轮的材料、结构、加工工艺都有着很严格的要求。

（2）齿轮的结构　对齿轮类零件而言，由于对其传递动力的作用要求极为严格，一般情况下不推荐采用装配式拼装结构或焊接结构，齿轮毛坯只要在锻造条件允许的范围内，都采用轮辐轮缘整体锻件的形式。当齿轮顶圆直径在两倍轴径以下时，由于齿轮与轴之间的连接困难，常制成轴齿轮的形式。

风力发电机组齿轮箱中的齿轮，应优先选用斜齿轮、弧齿锥齿轮及人字齿轮。这几种齿轮的几个齿同时啮合，具有传动噪声小、承载能力强的优点。

三、齿轮箱轴和风轮轴

轴的主要功能是承受弯矩和传递转矩。为实现以上功能并保证使用寿命，要求轴的滑动表面及配合表面硬度高，而心部韧性好。

（1）齿轮箱轴　图 4-5 所示是三级平行轴传动的齿轮箱示意图，而图 4-6 则是一级行星轮二级平行轴组合传动齿轮箱示意图。在图 4-5 和图 4-6 中，各平行轴的命名分别为低速轴、低速中间轴、高速轴和高速中间轴。若是四级传动齿轮箱，三根中间轴则分别称为低速中间轴、中速中间轴和高速中间轴。

行星轮系中，除太阳轮外，小齿轮应当安装在轴承之间，不得采用悬臂结构。太阳轮的结构应不带轴承以实现载荷在诸行星轮之间的均匀分配。带两级或多级行星齿轮传动的齿轮箱不在此论述。

（2）风轮轴　风轮轴的结构特点是尺寸大，长度在 2~3m 甚至 3m 以上，法兰盘直径一般约为轴长度的 1/2，前轴径约为法兰盘直径的 1/3，后轴径约为法兰盘直径的 1/5。风轮轴轴向设计出一个较大的锥度，这样既符合承受弯矩的需要，同时又可以节省材料、减轻重量。大尺寸轴的特点是空心轴多，空心轴抗疲劳性能好，轴孔中可用来安装其他设备。风轮轴的结构如图 4-8 所示。

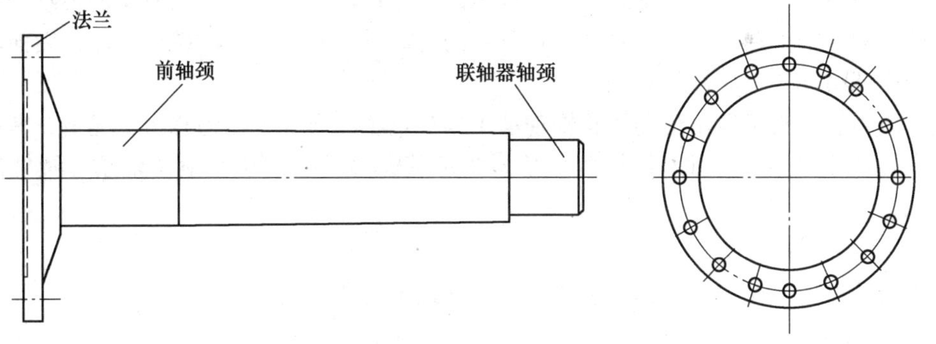

图 4-8　风轮轴的结构

齿轮箱轴按其主动和被动关系可分为主动轴、从动轴和中间轴。齿轮箱首级主动轴和末级从动轴的外伸部分用于安装半联轴器，与主轴和发电机轴相连。为了提高可靠性和减小外形尺寸，有时将半联轴器（法兰）与轴制成一体。

四、轴承

（一）齿轮箱和风轮轴轴承的工作要求

轴承是齿轮箱和风轮轴中的重要零件，齿轮箱的很多故障是由轴承而引起的，所以轴承的合理选用直接决定了齿轮箱的质量和寿命。齿轮箱和风轮轴中轴承的尺寸很大、精度很高、价格较高。除风轮轴本身带有制动盘的情况下使用滑动轴承外，一般均使用滚动轴承。一台齿轮箱需要15~16盘轴承。

风轮主轴由两个调心滚子轴承支承。由于风轮主轴承受的载荷非常大，而且轴很长，容易变形，因此，要求轴承必须有良好的调心性能。设计时应确定轴承内部结构参数和保持架的结构，使轴承具有良好的性能和较长的使用寿命。

齿轮箱中的轴承种类很多，主要是靠齿轮箱中的齿轮油润滑。润滑油中金属颗粒比较多，使轴承寿命大大缩短，因此需要采用特殊的热处理工艺，使滚道表面存在压应力，以降低滚道对颗粒杂质的敏感程度，进而提高轴承的使用寿命。同时，根据轴承的工作条件，对轴承结构进行优化设计，改进轴承加工工艺方法，进一步提高轴承的性能指标。

（二）齿轮箱和风轮轴中轴承的工作特点

风力发电机组齿轮箱和风轮轴轴承的工作特点是，重载和不规则的循环应力。在齿轮箱和风轮轴的支承中，大量应用滚动轴承，其特点是静摩擦力矩和动摩擦力矩都很小，即使载荷和速度在很宽范围内变化时也是如此。滚动轴承的安装和使用都很方便，但是，当轴的转速接近极限转速时，轴承的承载能力和使用寿命急剧下降，高速工作时的噪声和振动都比较大。齿轮传动时轴和轴承的变形会引起齿轮和轴承内外圈轴线的偏斜，使轮齿上载荷分布不均匀，这样会降低传动件的承载能力。由于轴承的质量和其他因素，如剧烈的过载或载荷不均匀性，会使轮齿经常发生断齿的现象。因此，选用轴承时，不仅要根据载荷的性质，还应根据部件的结构要求来确定。

齿轮箱轴承计算的使用寿命应不小于13万h。在轴承安装、润滑、维护都正常的运转过程中，由于套圈与滚动体的接触表面经常受到交变负荷的反复作用而产生疲劳剥落。若疲劳剥落发生在寿命期限之外，则属于滚动轴承的正常损坏。因此，一般所说的轴承寿命指的是其疲劳寿命。一批轴承的疲劳寿命总是分散的，但总是服从一定的统计规律，因而轴承寿命总是与损坏概率或可靠性相联系的。

由于风力发电机组齿轮箱和风轮轴轴承工作在重载和交变应力的恶劣工况下，考虑可靠性、安全性及使用寿命，目前使用的轴承多为承载能力较强的调心滚子轴承、圆柱滚子轴承、圆锥滚子轴承等。

（三）轴承的选型原则

轴承的选型应该充分考虑其使用要求，包括以下几个要素：

（1）可用空间

1）对于小直径的轴可采用球轴承，对于大直径的轴可采用圆柱滚子轴承、球面滚子轴承、圆锥滚子轴承。

2）当径向空间有限时，需要采用横截面积较小的轴承，如滚针轴承。当轴向空间有限时，可采用短圆柱滚子轴承或承受复合负荷的深沟球轴承。

（2）负荷选择原则　对于一般性负荷，高转速时选择球轴承；而重负荷低转速时应选用滚子轴承；轴向载荷时应使用推力轴承；轴向及径向复合负载时应使用向心推力轴承。

（3）精度　轴承的间隙、表面粗糙度等决定精度。精度决定噪声，精度高噪声低。

（4）转速　由相关样本可查知；与其所处润滑条件和轴承的径向游隙有关。

（5）刚性　重载系列的轴承刚性好。

（6）对中性和轴向位移　对中性不易保证时，应选用调心轴承；轴向位移较大时，应选用圆柱滚子轴承加推力轴承。

（7）安装与拆卸　应采用内外圈可分离的轴承，这样安装与拆卸均方便。

（四）轴承与轴和箱体的配合

用于风力发电机组齿轮箱的轴承与轴和箱体的配合应能防止轴承或箱体的损伤，要采取适当措施防止内圈或外圈打转。行星轮的轴承应将外圈装于齿轮的孔内，其配合公差一般定为 R6；其他的配合必须依据工作条件及行星齿轮的结构而定。除球面滚子轴承以外，行星轮的轴承内圈应在轴上紧固，以防打转。

（1）轴承保持架　对滚动体既起导向作用又起分隔作用的轴承保持架（如球面滚子轴承的保持架），应当用钢或黄铜制造。对于仅起分隔滚动体作用的轴承保持架，可考虑采用其他材料，但要经过试验验证并以全面评估为依据。

（2）轴承内部游隙　所设计的轴承内部游隙应能补偿较大的过盈和温度差引起的变形，内部游隙选用合适与否应通过检验确认。选用时，必须注意径向游隙对齿轮啮合不对中的影响。

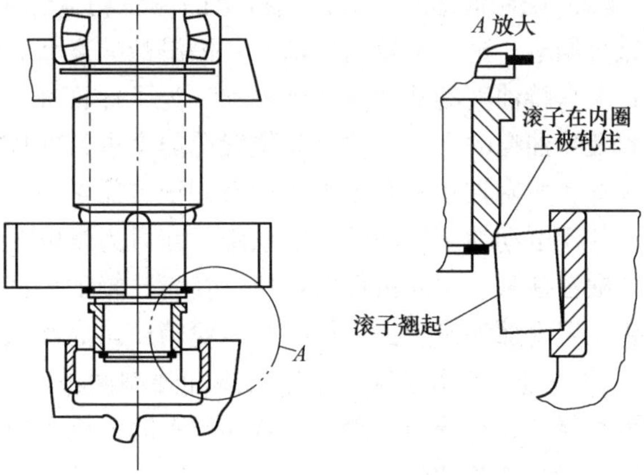

图 4-9　不适当的装配使轴承损伤

（3）轴承装配　轴承在安装过程中很容易受损。如图 4-9 所示，盲目安装圆柱滚子轴承的危险性显而易见。因此，齿轮箱制造厂应采用适当的轴承装配技术和工具，避免盲目安装，以降低装配损伤风险。

第三节　齿轮箱的润滑与监控

一、齿轮箱的润滑要求

润滑系统的功能是在齿轮和轴承的相对运动部位保持一层油膜，使零件表面产生的点蚀、磨损、粘连和胶合等破坏最小。润滑系统的设计与工作的优劣直接关系到齿轮箱的可靠性和使用寿命。

1. 润滑的作用

齿轮箱的润滑十分重要，良好的润滑能够对齿轮和轴承起到足够的保护作用。润滑的作用是：用润滑油润滑齿轮及轴承的运动表面，达到减少摩擦、降低接触应力、减少磨损、降低运动表面温度的目的。为此，必须高度重视齿轮箱的润滑问题，严格按照规范保持润滑系统长期处于最佳状态。因此，配备可靠的润滑系统尤为重要。

2. 齿轮箱的润滑方式

（1）飞溅润滑　飞溅润滑是齿轮箱最简单的润滑方式。低速轴上的齿轮必须浸没在油池中至少两倍于轮齿高度，才能向齿轮和轴承提供充分的飞溅润滑油。在保证向所有轴承及齿轮提供充分润滑的前提下设计最低油位。齿轮箱箱体内应设置油池，沿箱壁流下的油液应尽可能收集并送至轴承润滑。飞溅润滑系统应使用外置滤清系统，外置滤清系统可控制污染并防止微粒进入齿轮和轴承的临界表面。外置滤清系统应使油液清洁度比轴承寿命计算时的设定值高一个等级。

飞溅润滑方式的结构简单，箱体内无压力，渗漏现象较少。但是个别润滑点可能会因为油位偏低或冬季低温润滑油黏度增大，使飞溅效果减弱而发生润滑不良现象。

要注意，在风力发电机组切出或切入前如设置了停机制动，则飞溅润滑有可能防止不了齿轮和轴承间金属对金属的直接接触。这在使用高速轴停机制动时尤为明显。

（2）强制润滑　风力发电机组的齿轮箱应当采用强制润滑系统以确保所有转动部件得到充分润滑，延长齿轮箱零部件和润滑油的寿命。该系统可以通过采用内置或外置滤清器的方式来保持油液的清洁度达到要求。为了保证充分润滑和控制油温，必须考虑黏度、流速、压力及喷油嘴的大小、数量和位置等因素进行合理的设计。除了浸没在油池工作油位以下的轴承外，所有轴承都必须由该润滑系统可靠供油。

使用电动油泵供油的润滑系统，在风力发电机组制动过程中或意外停电时有可能产生短暂的缺油现象，引起机件的损伤，在齿轮箱的中间轴端设置附加油泵，有利于解决此问题。是否设置附加油泵，由主机厂和齿轮箱厂协商确定。

（3）组合润滑系统　采用飞溅和强制两种润滑方式的组合润滑系统应确保所有齿轮和轴承都能得到充分的润滑。组合润滑系统只用于规格较小的油泵和油路，可根据需要配备滤油器、冷却器和加热器。

齿轮箱生产厂应与主机厂商定润滑用途和润滑方式，并根据系统要求指定油泵位置、管路类型、管接头、滤油器类型、滤芯更换间隔及流量等技术要求。

3. 对润滑油的要求

合理选用润滑油并进行监控和维护，对风力发电机组正常运转和延长使用寿命至关重要。润滑油类型、黏度以及润滑方式、工况和系统维护等，由主机厂和齿轮箱生产厂、油品供应商共同商定，并应取得轴承生产商的认可。除了轴承和齿轮外，还有许多零部件，如密封件、涂料、油泵、热交换器及滤清器等，会接触到齿轮箱润滑油，在选用齿轮箱润滑油时也应考虑这些零部件的特殊要求。

润滑油的牌号、质量，主要是理化性能指标必须满足齿轮箱的设计要求。实际使用的润滑油应满足的要求是：减小摩擦和磨损，具有高的承载能力，防止胶合；吸收冲击和振动；防止疲劳点蚀；冷却，防锈，耐蚀。

不同类型的传动方式对润滑油有不同的要求。风力发电机组的齿轮箱属于闭式齿轮传动类型，其主要失效形式是胶合与点蚀，所以在选择润滑油时，重点要保证有足够的油膜厚度和边界膜强度。因为是在较大的温差下工作，所以要求黏度指数相对较高。为提高齿轮的承载能力和抗冲击能力，适当添加一些极压添加剂也有必要；但添加剂有一些副作用，在选择时必须慎重。一般齿轮箱制造厂会根据自己的经验或实验研究来推荐各种不同的润滑油。

4. 齿轮箱润滑油的选择

齿轮箱润滑油应具有合适的黏度并含有适量的功能添加剂，其性能应满足齿轮箱各种工况的使用要求。润滑油黏度的选择应根据风力发电机组的运转工况确定，而不能只考虑起动工况。润滑油类型（矿物油或合成油）应根据终端用户的冬季冷起动要求进行选择。油品供应商应提供相关的油品测试数据，如承载性能、抗微点蚀性能、轴承磨损性能等。

（1）润滑油的类型　润滑油类型的选择取决于黏度、黏度指数、倾点、添加剂及系统运行成本等多种因素。为了适应现场特殊工况，充分发挥风力发电机组的性能，要求齿轮箱所用的润滑油含有耐磨添加剂并具有合适的黏度。润滑油必须是高度精制的矿物油、全合成油或半合成混合油，在正常工作温度下除了要保持适当的黏度外，还应具有较强的抗微点蚀和极压性能，油品供应商应提供相关的测试数据，如 FZG 承载性能、微点蚀性能、FE8 轴承抗磨性能等。

（2）润滑油的黏度　黏度是润滑油最重要的物理性能。在低温环境下，冷起动时油液应具有适当的黏度，以保证在各临界表面上具有足够的润滑油膜，从而减少金属与金属间的摩擦，不会产生过多的齿轮搅油损失或轴承内油液摩擦阻滞等附加损失。

在齿轮箱轴承运转时，润滑油也应保持适当的黏度，以降低附加损失和避免空气混入后产生的发泡现象。润滑油的附加损失会使齿轮箱的运行温度升高，导致油的氧化，从而缩短润滑油的使用寿命。油液氧化所形成的油泥还会堵塞滤清器和油道，并在临界表面上产生沉积。

通常，齿轮箱润滑油的黏度等级是根据风力发电机组的运行工况而非起动工况选择的，由此可能出现工作温度下适合的油液在冷起动时黏度过高的情况。这就要求润滑油生产商提供的润滑油具有较高的低温适应性能，如低倾点、高黏度指数以及低温动力黏度等。或者在齿轮箱油池内装入一个低功率密度的加热器或是在机舱中增设一个空间加热器，用于提高润滑油的温度来得到适当的起动黏度。

各个风场风力发电机组的工作条件都不尽相同。作为采购商的主机厂应向齿轮箱生产厂和润滑油生产商说明风力发电机组的工作环境和工况要求。齿轮箱生产厂应在齿轮箱使用维护说明书中说明润滑油在正常工作温度下的黏度范围。润滑油生产商则应提供所选润滑油在最低冷起动到最高工作温度范围内的技术参数等技术资料。

（3）润滑油的清洁度　为了延长齿轮及轴承寿命，必须保持润滑油清洁。保持清洁度的方法有：工厂试验后确定油的清洁度等级；在新润滑油加入齿轮箱前先进行过滤；在运行过程中对油进行过滤，保持所要求的清洁度等级；在运行过程中进行监控，按要求检测润滑油污染情况或其他不良变化；定期更换滤清器滤芯。

齿轮箱的清洁度用油池内润滑油的清洁度表示。齿轮箱清洁度水平应不低于 GB/T 14039—2002 规定的代号为 17/15/12 的等级要求。

表 4-1 给出了润滑油清洁度的标准。齿轮箱生产厂应通过试验结果证明在生产及验收试验中所采用的润滑油满足清洁度要求，主机厂则应通过试运行证明齿轮箱满足清洁度要求。在整个齿轮箱使用寿命期间内，最终用户则应以同样方式继续监控并记录润滑油的清洁度。

表 4-1　润滑油清洁度的标准

样品油来源	按 GB/T 14039—2002 要求的清洁度等级
齿轮箱加入的油	-/14/11
齿轮箱台架试验后取出的油	-/15/12
风力发电机组试运行 24~72h 后从齿轮箱内取出的油（用于强制润滑系统）	-/15/12
按操作和维护说明书规定取样的齿轮箱内的油（仅用于强制润滑系统）	-/16/13

（4）润滑油的更换　应根据齿轮箱使用维护说明书定期更换润滑油及过滤器芯。

二、齿轮箱的润滑系统

1. 齿轮箱润滑系统配置

采用强制润滑时应配置必要的电动或机动泵站、配油器、滤油器等装置，还应配备一个热交换器。润滑油供油装置可以设置在齿轮箱上，也可以利用风力发电机组配备的主油站供油。风电机组齿轮箱的润滑系统多为强制润滑系统，设置有油泵、过滤器，下箱体作为油箱使用，油泵从箱体吸油口抽油后，经过过滤器输送到齿轮箱的润滑管路，通过管路将油送往齿轮箱的轴承、齿轮等各个润滑部位。管路上装有各种监控装置，确保齿轮箱在运转当中不会出现断油。还应配备电加热器和强制循环或制冷降温系统。

在齿轮箱具有循环润滑系统的情况下，应在散热器后和进入齿轮箱前设置润滑油温度和油压力监控装置。在油池和重要轴承的外圈应设置温度传感器。温度控制按照工作温度的要求执行。箱体内的喷油嘴和油管应安装牢固，紧固螺栓应有可靠的防松措施。喷油嘴上宜设置一个内置滤网来防止污物阻塞。

2. 润滑油的加热与冷却系统

齿轮箱润滑系统应设置高效油冷却器，并视工作环境的需要设置油加热器。在油池的合适部位设置油位计和油位监控装置。

（1）润滑油加热系统　高寒地区运行的风力发电机组可能会长期工作在-30℃以下，这样低的温度将会使润滑油黏度增大，使润滑泵效率降低，管道阻力增大，导致齿轮箱内各润滑点的润滑状态恶化，可能使齿轮箱寿命缩短甚至破坏。

为了保障在高寒地区运行的风电机组正常运行，风电机组在齿轮箱润滑系统中专门设置了加热装置，机组起动前，检测系统根据检测到的润滑油温度决定机组是否可以起动。当油温低于设定值时，首先起动润滑油加热系统，待油温达到设定值后才允许机组起动。

对齿轮箱及外部组件进行加热的方法有：用机舱内的热风加热；使用润滑系统中的热交换器加热；使风力发电机组在受控转速下运转，逐步升高轴承和齿轮啮合处的温度；电阻加热装置将外部润滑油路包裹起来加热；连续泵油循环保持流动性升高温度。

不论采用何种方法，都应确保润滑系统能够在天气寒冷时向临界部件（如齿轮、轴承、花键、过滤装置和外部油箱）供应充足的润滑油。

（2）润滑油的冷却系统　在热带或沙漠地区运行的风力发电机组可能会长期工作在50℃以上，这样高的温度将会使润滑油黏度变稀，使油膜变薄承载能力降低，导致齿轮箱内各润滑点的润滑状态恶化，可能使齿轮箱寿命缩短甚至破坏。

为了保障在热带或沙漠地区运行的风力发电机组正常运行，机组在齿轮箱润滑系统中专门设置了强制风冷却器或制冷型冷却器。在机组起动前，当检测系统检测到环境温度高于规定的环境温度时，或在运行中检测系统检测到润滑油的温度达到润滑油的允许上限温度时，起动齿轮箱的冷却系统，以保证齿轮箱可靠润滑。

三、润滑系统的监控

在齿轮箱运转前先起动润滑油泵，待各个润滑部位都得到润滑后，间隔一段时间方可起动风力发电机组。当环境温度较低时，例如小于10℃时，必须先接通电热器加热机油，达到预定温度后再投入运行。若油温高于设定温度（一般为65℃），机组控制系统将使润滑油进入系统的冷却管路，经冷却器冷却降温后再进入齿轮箱。管路中还装有压力传感器和油位传感器，以监控润滑油的正常供应。

在油池和重要轴承的外圈处应设置温度传感器。齿轮箱润滑系统应设置高效油冷却器，并视工作环境的需要设置油加热器。在油池的合适部位设置油位计和油位监控装置。

（1）齿轮箱润滑系统温度控制　在风力发电机组整个运行过程中应控制齿轮箱的工作温度，必要时可采用加热器或冷却器来控制齿轮箱的温度。控制要求按照以下所述执行。

在齿轮箱具有循环润滑系统的情况下，应在散热器后和进入齿轮箱前设置润滑油温度和油压力监控装置。在油池和重要轴承的外圈应设置温度传感器。

齿轮箱油池最高温度不得高于85℃。在连续运转时轴承外圈温度不得超过95℃。当轴承外圈温度连续超过105℃并达到10min，或油池温度在1h连续运行中超过85℃并达到10min后，应停机检查。

齿轮箱内部各个部位的润滑油温度是不同的，因此必须在供需双方签订的技术协议中明确规定测量点的位置。主要应考虑三个部位的工作温度：系统、齿轮啮合及轴承处的温度。

1）系统油温：是指润滑系统油液的温度。对于飞溅润滑或组合润滑的齿轮箱，系统油温在齿轮箱油池的中心区域测量。如为强制润滑系统，系统油温则是指系统工作期间油泵至滤清器组件之间油路内的油温。

应限制最高油池温度和油池最高绝对温度，所规定的限制值应与轴承和齿轮标定计算中所使用的数值相对应。当风力发电机组连续运行1h，油池油温超过85℃并达到10min时，系统中的温度控制装置应能自动关停风力发电机组。在寒冷状况下起动时，油池油温必须高出润滑油倾点5℃以上才能使油液自由循环。为此，齿轮箱必须配备加热装置。

2）齿轮啮合温度：是指经过齿轮轮齿啮合后从出口处所测的油温。它与轮齿表面温度十分近似，是抗胶合能力计算的重要参数。为了提高轮齿表面温度测量的准确度，齿轮啮合温度应尽可能靠近啮合出口处测量。

3）轴承油温：是指滚动轴承附近所测的油温。它与在轴承外围上测量的轴承温度不同，在测量时应尽可能靠近轴承滚动件以提高油温测量的准确度。

应限制轴承最高温度和最高绝对温度，所规定的限制值应与齿轮和轴承标定计算中所使用的数值相对应。当风力发电机组连续运行1h，轴承外圈温度超过105℃并达到10min时，系统中的温度控制装置应能自动关停风力发电机组。连续运转时，所测得的允许最高轴承温度不得超过95℃。

4）油量：润滑系统最小油量为

$$Q_{ty} = 0.15P_t + 20$$

式中　Q_{ty}——建议油量（L）；

P_t——风力发电机组额定功率（kW）。

通常，上述建议油量是以箱体为油池的多级齿轮箱应用的经验值。对于非多级齿轮箱或采用独立油箱的情况，上述公式不适用。

（2）润滑油工况监控　齿轮箱使用和维护说明书中必须说明润滑油工况监控及其检测要求。润滑油性能的测试应包括润滑油生产商所建议的内容，并按照规定进行润滑油取样。

检测项目包括：油的清洁度、黏度、水含量、元素含量、总酸值和机械杂质。

风力发电机组生产商也应在主机的使用及维护说明书中按照齿轮箱生产厂的建议写明这些监控和检测要求。

四、齿轮箱的监控系统

风力发电机组齿轮箱在传动系统中的作用是等功率地将风轮获得的低转速的机械能转变成高转速的机械能，传动系统中的齿轮箱是载荷和转速匹配的中心部件。因此齿轮箱的运行状态和技术参数直接影响到整个机组运行的技术状态。考虑到风力发电机组齿轮箱的工作特点，齿轮箱一般都设计有相应的监控系统。监控系统可以实时地监控齿轮箱中的轴承温度、润滑油温度、润滑系统的油压、润滑油位、润滑油的加热和散热装置的工作状态，控制系统可以根据监控系统检测到的润滑油温度，自动地起动并切除散热装置和加热装置，以使齿轮箱可靠地工作于最佳状态。

（1）齿轮箱监控系统的主要组成　齿轮箱的监控系统主要由润滑油温度传感器、油位传感器、油压传感器、油流量传感器、压力表、加热器温度传感器、冷却器温度传感器、控制用微处理器等部分组成，这样可以方便地实现远程监控。一旦发生故障，监控系统将立即发出报警信号，使操作者能够迅速地判定故障并加以排除。齿轮箱监控系统的组成如图4-10所示。

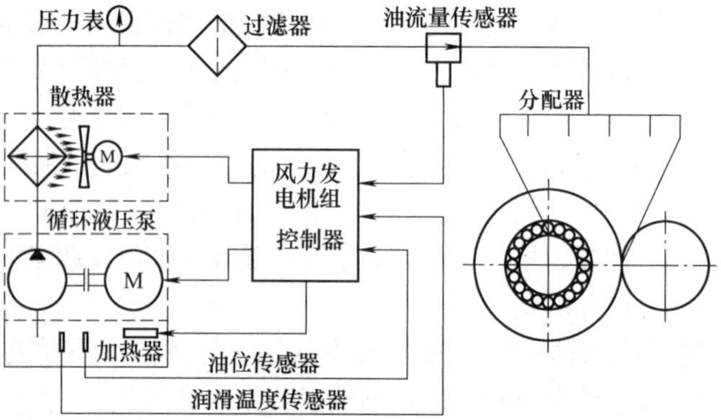

图4-10　齿轮箱监控系统的组成

（2）齿轮箱监控系统与主控系统的关系　齿轮箱的润滑油温度信号、油位信号、油流量信号都是控制系统的输入信号，控制计算机根据不同的信号触发不同的控制程序，控制程序驱动相关的执行元件执行相关的操作，确保了齿轮箱工作于良好状态下。

温度传感器将箱体内的润滑油温度以模拟电压信号的形式发送到控制计算机中，控制计算机首先将润滑油温信号和环境温度信号进行处理形成数字控制信号。根据控制信号的不同，计算机将触发不同的控制逻辑，控制逻辑输出相应的控制信号驱动继电器或发出报警信号，继电器的状态决定相应接触器的断开和闭合，接触器的状态直接控制相应执行元件的动作，如散热风扇的起动和停止、加热电热器的接通和断开、自动停机等。

油位传感器根据润滑油位的高低发出一个开关信号，开关信号输入到控制计算机后触发相应的逻辑模块，判断逻辑根据信号的状态发出报警信号，控制机组自动停机或正常运行。

油流量传感器发出的也是一个开关信号，开关信号输入到控制计算机后触发相应的逻辑模块，判断逻辑根据信号的状态发出报警信号，控制机组自动停机或正常运行。

五、齿轮箱的附件

齿轮箱的附件是齿轮箱在使用和维护过程中必需设施，主要包括：

（1）润滑油过滤器　系统的过滤能力应保证润滑油满足最低清洁度要求。部件的选用、过滤元件的规格、过滤介质孔隙大小以及过滤介质的额定效率应由主机厂、齿轮箱生产厂和滤清器生产厂商共同商定。

（2）接口　主机厂和齿轮箱生产厂应共同确定齿轮箱上的接口类型和尺寸要求。接口类型包括排油口、油位接口、压力油接口、滤油器接口、油取样口以及透气口等。

加油孔应位于易于接近和便于操作的部位，孔口应采用密封可靠的端盖或螺塞。放油螺塞应接近箱体底部，以保证油液彻底排放。

（3）油位指示器　应在易于观察的位置配备油位检查装置。如配备金属油标尺，其设计应能正确表示油位状况。油标尺上的油位线标记必须保持清晰。

（4）磁性螺塞　磁性螺塞应安装于油循环区域易于触及的位置。从磁性螺塞上也可以反映油液中所含杂质情况，每次换油都必须对螺塞进行清洁或更换。采用内置油液微粒计数器来监控污染情况的系统不宜使用磁性螺塞。

（5）气孔帽　建议设置带有过滤装置的气孔帽，其结构及安装位置应能有效排出空气以及防止大气中的灰尘、水分和其他污染物进入箱体。气孔帽应具有在低流阻的条件下小于或等于5μm的过滤精度并根据环境和使用条件，使用干燥剂减少齿轮箱内水分凝结。

（6）取样口　为了便于进行油液清洁度检查，建议在齿轮箱两侧工作油位高度中部设置取油样口。两个孔口中的一个设在油泵和滤清器之间，另一个在滤清器后面。油品性能以滤清器后的取样分析结果为准。

复习思考题

1. 简述风力发电机组齿轮箱和风轮轴的工作特点。
2. 齿轮箱和风轮轴的正常工作条件是什么？
3. 齿轮箱和风轮轴的设计技术要求有哪些？齿轮箱分为哪几类？风力发电机组专用齿轮箱有哪两种结构形式？
4. 风力发电机组的传动链方式有几种？
5. 齿轮箱主要零部件的设计要求有哪些？齿轮箱体和风轮轴轴承支架的作用和结构特点是什么？
6. 风力发电机组齿轮箱齿轮的结构要求有哪些？风力发电机组齿轮箱行星架的技术要求有哪些？
7. 齿轮箱轴与风轮轴的主要功能和要求有哪些？风轮轴的结构特点有哪些？
8. 齿轮箱和风轮轴轴承的工作要求及工作特点是什么？齿轮箱和风轮轴轴承的选型原则是什么？
9. 齿轮箱和风轮轴轴承的寿命确认方法和报废判定标准是怎样的？
10. 齿轮箱和风轮轴的润滑系统的作用及组成部分是什么？齿轮箱有哪些附件？
11. 齿轮箱润滑系统对润滑油的要求有哪些？齿轮箱换油周期如何确定？
12. 润滑油的加热与冷却系统的工作原理是什么？
13. 齿轮箱的监控系统是如何组成的？监控系统与主控系统的关系怎样？

第五章　发　电　机

风力发电机组的主要功能就是发电，因此发电机必然是机组的主要部件。通过本章的学习，应了解风力发电机组发电机的特殊工作条件，熟悉风力发电机组发电机的技术要求，掌握风力发电机组发电机的结构特点。

第一节　发电机概述

发电机制造行业在我国是一个发展十分成熟的装备制造行业，目前我国已经能够独立地制造小到直径只有几毫米的微型发电机和大到直径十几米、功率达到上百万千瓦的超临界发电机组。并网型风力发电机组的功率从几百千瓦到几千千瓦（几兆瓦），在发电机的大家族中仅处于中间位置，因此从加工能力来讲，我国生产风力发电机组发电机不存在任何问题。但是，长期以来由于我们对可再生能源利用问题的认识不足，导致我国风力发电机的产业发展水平远远落后于美日等一些经济发达国家。近十几年来，随着我们对可再生能源利用问题的认识的提高，一方面通过引进技术、合作生产、消化吸收先进技术，一方面组织科研、生产企业进行科技攻关，开发出了具有自主知识产权的风力发电设备。目前，我国电机行业已经具备了大批量生产风力发电机组常用发电机机型的能力，可以满足风力发电机组生产企业的配套需要。

一、发电机的结构和工作原理

发电机是将其他形式的能源转换成电能的机械设备，它由动力机械驱动。发电机的功能是将水流、气流、燃料燃烧或原子核裂变产生的能量，由机械能转换为电能。发电机在工农业生产、国防、科技及日常生活中有广泛的用途。

发电机的种类很多，其工作原理都是基于电磁感应定律和电磁学及力学定律。其构造原理是：用适当的导磁和导电材料构成互相进行电磁感应的磁路和电路，以产生电磁功率，达到能量转换的目的。

发电机通常由定子、转子、外壳（机座）、端盖及轴承等部件构成。

定子由定子铁心、定子绕组、机座、接线盒以及固定这些部件的其他结构件组成。

转子由转子轴、转子铁心（或磁极、磁轭）、转子绕组、护环、中心环、集电环（笼型异步发电机无集电环）、永磁体（永磁发电机有此项）及冷却系统和风扇等部件组成。

轴承及端盖将发电机的定子、转子连接组装起来，使转子能在定子中旋转，做切割磁力线的运动，从而产生感应电动势，通过接线端子引出，接在回路中便产生了交流电流。直流发电机实质上是带有换向器的交流发电机。

从电磁情况分析，一台直流电机原则上既可作为电动机运行，也可以作为发电机运行，只是约束的条件不同而已。在直流电机的两电刷端加上直流电压，将电能输入电枢绕组中，机械能从电机轴上输出，拖动生产机械，将电能转换成机械能时称为电动机。如果用动力机械拖动直流电机的电枢绕组，而电刷上不加直流电压，则电刷端可以引出直流电动势作为直流电源输出电能，电机将机械能转换成电能时称为发电机。同一台直流电机，既能作电动机又能作发电机运行的这种原理，在电机理论中称为可逆原理。我们就是利用电机的可逆原理在风力发电机总装调试时将发电机接成电动机驱动传动系统进行台架调试的。

二、风力发电用发电机的特殊性

（一）风的随机性

风力发电用发电机必须面对的首要问题就是风的随机性。这种特殊性体现在以下几方面：

1）普通发电机都必须稳定地运行在同步转速（同步发电机）或同步转速附近（异步发电机），以常规能源作为驱动力的水轮机和蒸汽轮机将转速调节到发电机要求的同步转速很容易实现。由于风速是时刻变化的，因此风力发电机组的风轮的转速也是随时变化的。要想使风轮的转速稳定在同步转速附近比较困难，除在发电机本身设计上采取一些措施外，还需要在发电机的运行控制上采取相应的措施。

2）由于风力发电机组风轮的转速随风速瞬时变化，发电机的输出功率也随之波动，而且幅值较大。当风速过大时，发电机将会过载，所以风力发电用发电机在设计时对其过热、过载能力以及机械结构等方面与普通的发电机大不相同，其过载能力及时间应远大于普通的发电机，同时其导线要有足够的载流量和过电流能力，以免出现引出线熔断事故。

3）由于风速具有不可控性，风力发电机组多数时间运行于额定功率以下，发电机经常在半载或轻载下运行。为保证定桨距失速调节发电机在额定功率以下运行时具有较高的效率并改善发电机的性能，应尽量使风力发电机的效率曲线比较平缓。但是，由于发电机的效率曲线一般在20%左右的额定负荷下下降较大，因而异步风力发电机多采用变极（双速）结构，发电机输出在大发电机额定功率的20%左右时切换为小额定功率运行，大大改善了20%额定负荷以下发电机的运行效率。这样不仅增大了风力发电机组年发电量，而且有效地减少了发电机发热问题。

4）由于风速的不确定性，当风速太低或机组发生故障时，发电机的输出必须脱离电网。而风力发电机组脱网相当于发电机甩负荷，发电机甩负荷后转速上升极易出现“飞车”现象，造成发电机机械和电气结构损坏。因为风力发电机组的脱、并网操作比较频繁，所以必须依靠超速保护系统使风力发电机组停机。如果超速保护系统发生故障，由于发电机被封闭的外壳罩住，不易观察，风力发电机组重新投入运行可能使发电机损坏或恶化，而且损坏后难以修复。因此，要求在设计时应保证风力发电机转子的飞逸转速为1.8~2倍的额定转速，而一般异步电机的飞逸转速仅为额定转速的1.2倍。

（二）工作环境的特殊性

这种特殊性主要体现在以下几方面：

1）一般发电机多处于宽敞的空间运行，散热条件较好，进行水冷却也比较方便。而风力发电机组位于室外高空，在较小且封闭的机舱内工作，由于通风条件较差，机舱内产生和积聚的热量不易较快而通畅地散发出来。太阳直晒机舱，会使机舱内的空气温度更高，也使发电机工作环境变得更加恶劣。若机舱内温度过高，会使发电机组工作时产生的热量难以散出，造成机组过热输出功率下降。虽然发电机采用强制风冷却，但只能靠发电机的外壳散热，因此风力发电机组的散热条件比一般情况下使用的发电机要差得多，这就要求风力发电机具有耐较高温度的绝缘等级。一般风力发电机选用 155（F）级的绝缘材料。

2）一般发电机都安装在稳固的基础上且运转平稳；而风力发电机组的发电机工作在不断运动的高空机舱之中，运转在具有较强振动的环境下。产生振动的原因有以下几个方面：

①风力发电机正常运行时始终要找主风向，经常偏航，机舱本身就是活动的部件。

②在风压的作用下，机舱有可能会朝各个方向摆动。

③风轮每旋转 1 圈会产生 3 次脉动，也会导致发电机振动。

④主传动系统和偏航系统都是运动的部件，运动的部件之间必须有间隙，这些间隙会将局部振动扩展放大。

⑤风力发电机组的各个部件相互之间可能产生共振，而进一步使局部振动扩展放大。

3）一般发电机都安装在室内，并具备较合适的环境温度、湿度和较好的防尘条件。风力发电机组机舱内由于通风散热的需要不可能完全密封，潮湿和空气污染物（粉尘、灰尘、腐蚀性气体等）是引起发电机故障的最常见因素。粉尘、灰尘和其他空气污染物的积累会引起绝缘层的性能变坏，不仅容易形成对地的导电通路，还会使转子轴承部分的摩擦力增大而发热。各种湿气极易在发电机内形成对地的漏电通路，引起发电机故障。

三、风力发电用发电机的选型

1. 笼型异步发电机

离网型风力发电机普遍使用同步发电机，到生产大型并网风力发电机时，开始使用采用增速齿轮箱的恒速笼型异步发电机。笼型异步发电机结构简单、维护方便、价格便宜、容易并网，采用齿轮箱提高风轮机的转速配合体轻价廉的高速笼型异步发电机，经济合理，具有比较高的性价比。由于技术简单、经济性好，我国早期建成运行中的大型风电场所用的发电机，绝大多数属于这一机型。

恒速笼型异步发电机存在如下问题：

第一，恒速型风力发电机组在不同的风速下难以获得合适的叶尖速比，导致获取风能的效率降低。

第二，齿轮箱在风况和环境变化中承受变载荷冲击、温差悬殊、工况恶劣、维修保养的成本很高，成为风力发电机组中的薄弱环节。

第三，笼型异步发电机的效率不高，转差功率无法利用，转差率稍高就严重发热。

第四，笼型异步发电机必须从电网中吸收励磁功率（无功功率），功率因数低，导致电网网损增大。

针对恒速笼型异步发电机的缺点，开始采用变速双馈型风力发电机的技术方案。变速双馈型风力发电机，同样属于异步发电机。它与恒速型笼型异步发电机相同的是，发电机定子都直接并网，能将大部分电能送入电网，同时从电网吸收励磁功率。它们不同的是，随着风轮转速的变化，双馈型发电机转子绕组能将转子所产生的转差功率，通过变流器转化为工频电流，回输到电网；同时，这部分工频电流也可以调节功率因数，从而使机组的总功率因数得到改善。目前，变速双馈型风力发电机组产品已被广泛采用。

异步发电机要求转子表面到定子铁心内圆的距离（即气隙）非常小，这是由于所有的励磁都是由定子提供的，只有这样才能确保有足够的气隙磁通密度。而大直径发电机的小气隙加工工艺目前还是一个未能攻克的技术难题，这就是异步发电机只能工作在高速工况下的根本原因。适合直驱的低速双馈无齿轮箱风力发电机的制造成本，要比目前同功率的无齿轮箱永磁发电机高得多，所以目前没有可行性。

2. 双馈型发电机

它应用于风力发电中，可以解决风力发电机转速不可调、机组效率低等问题。另外，由于双馈型发电机对无功功率、有功功率均可调，对电网可起到稳压、稳频的作用，提高了发电质量。与同步发电机变流器相比，具有变流器容量小（一般为发电机额定容量的 25%）、重量轻的优点，更适合于风力发电机组使用，同时也降低了造价。但当风力发生变化发电机组突然切除时，会对电网造成较大的冲击。另外，有电刷双馈型发电机存在集电环和变速箱的问题，运行可靠性差，需要经常维护，其维护保养费用远高于无齿轮箱变速永磁同步风力发电机，因此这种结构不适合运行在环境比较恶劣的海上风力发电系统中。

3. 永磁直驱型发电机

目前，国内外兆瓦级以上技术较先进的、有发展前景的风力发电机组主要采用变速双馈型风力发电机组和无齿轮箱永磁直驱型风力发电机组，两者综合比较各有优劣。单从控制系统本身来讲，永磁直驱型同步发电机组控制电路少、控制简单，但要求变流器容量大。而双馈型风力发电机组控制电路多、控制系统复杂些，但变流器容量小、控制灵活，可实现对有功、无功的控制。双馈型风力发电机组与永磁直驱型风力发电机组的综合比较见表 5-1。

表 5-1 双馈型风力发电机组与永磁直驱型风力发电机组的综合比较

比较项目	双馈型风力发电机组	永磁直驱型风力发电机组
发电机造价	低	高
发电机尺寸	小	大
发电机重量	轻	重
发电机电刷和集电环	需每半年更换电刷，两年更换集电环	无电刷和集电环
发电机电缆的电磁释放	有，需要屏蔽线	无电磁释放
塔架内电缆工作电流类型	高频非正弦波，具有较大谐波分量，必须使用屏蔽电缆	正弦波
变流单元	IGBT，单管额定电流小，技术难度小	IGBT，单管额定电流大，技术难度大
变流容量	仅需要全功率的 1/4	全功率逆变
变流系统稳定性	中	高
电网电压突然降低的影响	发电机端电流迅速升高，发电机转矩迅速增大	电流维持稳定，转矩保持不变
谐波畸变	难以控制，因为要随着发电机转速的变化进行变频	容易控制，因为谐波频率稳定
可承受瞬间电压变化范围	±10%	-85%～+10%
50Hz/60Hz 之间的配置变化	变流滤波参数要调整，齿轮箱要改变传动比	变流滤波参数要调整
电压变化率	电压变化率高时需要进行电压调节	无高电压变化
电控单元价格	中	高
电控单元维护成本	较高	低
电控单元体积	中	大
电控单元平均效率	较高	高

第二节　风力发电专用发电机

一、异步发电机

（一）异步发电机的工作原理

异步发电机的特点是转子旋转磁场与定子旋转磁场不同步，因此称为异步发电机。异步发电机是一种利用定子与转子间气隙旋转磁场与转子绕组中感生电流相互作用的交流发电机，又称为“感应发电机”，其功能是可逆的。其转子的转向和旋转磁场的转向相同，当转速略高于旋转磁场的同步转速时，工作于发电状态，常用于风力发电。当其转速低于旋转磁场的同步转速时，工作于电动机状态。

随着电力系统输电电压的提高，输电线路的延长，当输电线路的传输功率低于自然功率时，输电线路和风力发电机组将出现持续的工频过电压。为改善电力系统的运行特性，人们开始研究异步发电机在电力系统中的应用问题，并认为电力系统采用异步发电机后，可提高系统的稳定性、可靠性和运行的经济性。

早期并网型风力发电机基本上都选用异步发电机。异步发电机的定子绕组接交流电网，转速被电网频率强制同步，转子绕组不需要与其他电源连接，具有结构简单，制造容易、使用和维护方便，运行可靠、重量较轻。成本较低等优点。

笼型转子异步发电机无集电环和电刷，结构简单、安装牢固，特别适合于高转速、可靠性高、不受使用场所限制等工作环境下。由于转子不需要单独励磁，也不需要同步及电压调节装置，从而使设备简化。由于负荷控制十分简单，多数情况下可以使风力发电机全速运行或在改变叶片桨距角的情况下在一定转速范围内变速运行。尽管异步发电机可能出现功率摇摆现象，但没有同步发电机类似的振荡和失步问题，因而并网操作十分简便。

异步发电机是电网的无功负载，其本身不能提供励磁电流，必须从电网吸取无功励磁功率以建立磁场，使电网的功率因数变差。所以异步发电机组必须采用电容补偿器供给发电机的无功功率。为了减少电容补偿器的容量，降低风力发电机组电控设备的造价和体积，应努力提高风力发电机的功率因数。虽然异步发电机不能提供自身和负载所需的无功功率，可能是一个缺陷，但是，当恰当使用时，它也可作为电网无功优化的一种手段，并将会对风电场和电网带来明显的技术经济效益。

（二）异步发电机的经济性

（1）结构简单、成本低　使用异步发电机作为风力发电机，由于没有集电环、电刷、转子励磁绕组和同步装置，使得其结构简单、成本低、维护及运行费用低，风电场投资费用低。

（2）相同的冷却条件出力大　异步发电机转子为隐极，用铸造笼型转子绕组替代绕线式转子绕组，一般效率高于同功率同转速的同步发电机。在相同的冷却条件下，采用异步发电机可多发电。

（3）需要无功补偿　异步发电机的部分经济性优势将会由于异步发电机所需励磁无功补偿被部分抵消。

（4）不适宜低速工作　异步发电机所需励磁无功补偿的大小与发电机的额定转速成反

比（即与发电机的极对数成正比），转速越高，励磁标幺值越低。所以异步发电机不适宜在低速状态下工作。

（5）体积小 异步发电机的体积小，在机舱内所占容积比同步发电机小。

（三）异步发电机的形式、基本参数及尺寸要求

1）发电机轴伸、键的尺寸及其公差应符合表5-2的规定（如用户有特殊要求，可与制造厂协商）。

表5-2 发电机轴伸、键的尺寸及其公差

轴伸直径/mm	$90^{+0.035}_{+0.013}$	$100^{+0.035}_{+0.013}$	$110^{+0.035}_{+0.013}$	$130^{+0.040}_{+0.015}$	$160^{+0.040}_{+0.015}$	$200^{+0.045}_{+0.017}$	$250^{+0.045}_{+0.017}$	$300^{+0.045}_{+0.017}$
键宽/mm	$25^{\ 0}_{-0.052}$	$28^{\ 0}_{-0.052}$	$32^{\ 0}_{-0.062}$	$36^{\ 0}_{-0.062}$	$40^{\ 0}_{-0.062}$	$45^{\ 0}_{-0.062}$	$55^{\ 0}_{-0.074}$	$70^{\ 0}_{-0.074}$
键高/mm	$14^{\ 0}_{-0.110}$	$16^{\ 0}_{-0.110}$	$18^{\ 0}_{-0.110}$	$20^{\ 0}_{-0.130}$	$22^{\ 0}_{-0.130}$	$25^{\ 0}_{-0.130}$	$30^{\ 0}_{-0.160}$	$36^{\ 0}_{-0.160}$

2）异步发电机的结构及安装形式应符合《旋转电机结构型式、安装型式及接线盒位置的分类（IM代码）》（GB/T 997—2008）中IMB3的规定。

3）单速发电机的额定功率系列：150kW、200kW、250kW、300kW、400kW、500kW、600kW、750kW、1000kW、1200kW、1500kW、2000kW、2500kW和3000kW。

4）单速发电机的额定频率为50Hz，同步转速为1500r/min，额定电压为400V、690V、1000V和1500V（如用户有特殊要求，可与制造厂协商）。

5）双速发电机应按下列的额定功率制造：600kW/125kW、660kW/180kW和750kW/220kW（如用户有特殊要求，可与制造厂协商）。

6）双速发电机的额定频率为50Hz，同步转速为1500r/min和1000r/min，额定电压为690V/690V（如用户有特殊要求，可与制造厂协商）。

7）单速、双速发电机的转差率大于或等于1.0%。

8）异步发电机额定运行时，其效率和功率因数的保证值及其容差应符合表5-3的规定。效率可用间接法测定，杂散损耗按额定输出的0.5%计算。

表5-3 异步发电机额定运行时输出额定效率和功率因数的保证值及其容差

项 目	保证值		容 差
	4极	6极	
效率(η)	0.96	0.93	$-0.01(1-\eta)$
功率因数($\cos\varphi$)	0.88	0.83	$-(1-\cos\varphi)/6$

（四）风力发电机组异步发电机的结构特点

并网型风力发电机组中发电机是非常重要的关键部件。风速的变化使发电机处于交变载荷中，瞬时超速引起的过载荷以及频繁地脱、并网操作，均会对发电机造成剧烈冲击，无法避免的机组振动同样使风电机组中的发电机工作在十分恶劣的环境条件下。为了应对上述情况，风力发电机组用发电机在设计时就在结构上采取了以下措施，以提高发电机的性能。

1）为提高效率，采用单速或双速电机结构，以改善轻载时风力发电机的性能。

2）为降低发电机的温升，定、转子硅钢片的性能比普通异步发电机的硅钢片性能提高1~2个等级。定子线圈具有较高的槽满率，一般为75%以上。

3）为保证发电机绕组可靠地抵御机械和电气的冲击及振动而不致破坏，定子线圈采用

成形线圈，发电机绕组端部需要特殊方法捆绑固定，使其更加结实、更加牢固。

4）为了应对风力发电机的短时过载及频繁起停，需要保证绕组引线不致烧断或变形，可适当加大绕组到发电机接线端子的引线截面积。

5）为了使发电机具有较高的效率及较高的功率因数，绕组可以采用多线并绕。

6）为了提高发电机的效率，转子笼条采用铜材浇铸以减小转子损耗。

7）为了使发电机外壳的外形有利于散热，空气冷却时采用铸造型式的带有散热片的外壳，水冷却时采用焊接型式的带有散热管的外壳。

8）为了减小发电机的振动，其与机舱底盘连接时应使用柔性连接。

9）为了防止发电机飞车，在发电机轴伸端可增设安全离合器。

10）为了利于发电机的散热，在机舱设置防尘、防潮湿的通风道或通风罩。

11）根据风电机组发电机的轴承需要承受比普通发电机更大的冲击和振动载荷，并要求发电机轴承的寿命不少于20年，且在高空的机舱中更换轴承十分不方便的工作特点，目前普遍采用重型汽车专用的宽系列轴承，能适应极端恶劣的环境条件并可靠地使用。

风电机组发电机轴承采用双列圆柱滚子轴承和双列深沟球轴承两种型式。通过对这两种轴承的结构设计、加工工艺方法的改进、生产过程清洁度的控制及相关组件的优选来降低轴承振动时产生的噪声，使轴承具有良好的低噪声性能。

（五）水冷式交流发电机的特点

风电机组中发电机的散热冷却方式主要采用强制风冷和水冷两种。强制风冷发电机体积庞大，使机舱内更加拥挤，强制风冷发电机的气流噪声很大，同时将相当一部分热量散发在机舱中，使机舱内温度升高，不利于机组安全工作。

水冷式交流发电机的冷却效果明显优于空气强制冷却。水冷式交流发电机与风冷式交流发电机相比，内部构造复杂，防漏密封要求很高，成本也会增加，同时因水管的连接问题，安装布置也受到很多限制。但是，水冷式交流发电机的发电及低噪声性能，是风冷式交流发电机无法比拟的。

第一，水冷式交流发电机具有良好的低速发电特性。我们知道，在交流发电机的电流特性曲线上有一个“拐点”，即超过所谓“0A速度”之后才会有电流产生，电流上升到一定程度才能发电。在哪个转速以上才出现“拐点”和达到可发电电流与励磁电流的大小相关。

由于水冷式交流发电机大幅度抑制了定子、转子及调节器的温升，可以相应提高励磁电流，励磁电流越大输出电压也越高，因此当水冷式交流发电机低速转动时也会有良好的发电表现，这种低速发电性能对风力发电机相当重要。

第二，水冷式交流发电机噪声低。由于省去风扇，所以不存在发电机风扇发出的噪声。一般在3500r/min时，水冷式交流发电机与风冷式交流发电机相比，其噪声要低15dB。

交流发电机主要的发热部位是定子，水冷式交流发电机重点冷却部分就是定子绕组。发电机的前端盖和后端盖用铝材制造，开有水道槽。定子及其绕组用合成树脂固定密封，定子与转子之间由铝质围板与水道槽隔离。水道与进水管和出水管连通，进水管和出水管分别与发电机冷却水系统连通。当发电机运转时，冷却水在水泵的带动下循环流动，通过发电机壳体，可以有效地冷却定子绕组和铁心，同时也冷却转子、内藏式调节器和轴承等其他发热零部件。

（六）风力发电对笼型异步发电机的技术要求

1）发电机应按照规定程序批准的图样及技术文件制造。

2）发电机外壳防护等级不低于《旋转电机整体结构的防护等级（IP 代码）分级》（GB/T 4942.1—2006）中的 IP44 等级。

3）发电机应有可靠的冷却方式，如果采用强制通风冷却方式，应保证引入的空气不对发电机造成危害；如果采用水冷方式，应无渗水和漏水问题。

4）发电机的定额是以连续工作制（S1）为基准的连续定额。

5）在额定转速、额定功率因数下，当电压、频率与额定值的偏差符合《旋转电机 定额和性能》（GB 755—2008）的规定时，发电机应能正常运行。

6）在额定电压时，发电机最大转矩与额定转矩之比的保证值对同步转速 1500r/min 及以上时为 2.0 倍，其余为 1.8 倍。

7）在海拔和环境空气温度符合工作环境规定时，发电机绕组的温升极限和轴承的允许温度按《旋转电机　定额和性能》（GB 755—2008）的规定。当试验地点或环境空气温度与工作环境的规定不同时，温升限值应按《旋转电机　定额和性能》（GB 755—2008）的规定修正。

8）发电机在额定温升试验后，保持额定电压不变，应能承受 1.15 倍额定负载运行 1h。此时温升不作考核，但发电机不应发生损坏及有害变形。

9）发电机应能承受 1.2 倍额定转速，历时 2min 而不应发生有害变形。

10）发电机定子绕组的绝缘电阻在热状态或温升试验后，应不低于（U_n/1000）MΩ（U_n 为发电机额定电压）。

11）发电机定子绕组各相间及双绕组相互间应能承受历时 1min 的耐压试验而不发生击穿，试验电压的频率为 50Hz，并尽可能为正弦波形，电压的有效值为（$2U_n$+1000）V，但不应低于 1500V。同一台发电机不应重复进行本项试验，如用户提出要求，允许在安装后开始运行之前，在工地上可再进行一次试验，其试验应按《旋转电机　定额和性能》（GB 755—2008）的有关规定。

12）发电机的定子绕组应能承受匝间耐冲击电压试验而不击穿；当发电机采用散嵌绕组时，其试验冲击电压峰值和试验方法按《交流低压电机成型绕组匝间绝缘试验规范》（GB/T 22714—2008）及《交流低压电机散嵌绕组匝间绝缘第 2 部分：试验限值》（GB/T 22719.2—2008）的规定。当发电机采用成型绕组时，其试验冲击电压峰值和试验方法按《交流低压电机成型绕组匝间绝缘试验规范》（GB/T 22714—2008）的规定进行。

13）发电机应进行短时升高电压试验：试验用空载电动机法进行，外施电压为额定电压的 130%，时间为 3min。在提高电压值至额定电压的 130%时，允许同时提高频率或转速，但转速应不超过额定值的 115%。

14）发电机的定子绕组在按《电机在一般环境条件下使用的湿热试验要求》（GB/T 12665—2017）所规定的 40℃交变湿热试验方法进行 6 个周期的试验后，绝缘电阻应不低于上述第 10 项的规定数值，并能承受上述第 11 项所规定的耐电压试验而不发生击穿。

15）发电机作空载电动机运行时按《轴中心高为 56mm 及以上电机的机械振动　振动的测量、评定及限值》（GB 10068—2008）测定的振动速度有效值应不超过 2.8mm/s。

16）发电机做空载电动机运行时按《旋转电机噪声测定方法及限值　第 1 部分：旋转电

机噪声测定方法》(GB/T 10069.1—2006)和《旋转电机噪声测定方法及限值 第 3 部分:噪声限值》(GB 10069.3—2008)测得的 A 计权声功率级的噪声数值应不超过表 5-4 的规定。

表 5-4 发电机做空载电动机运行时的 A 计权声功率级限值 [单位: dB(A)]

额定功率/kW		>110~220	>220~500	>500~1100	>1100~2200
同步转速/(r/min)	1500	106	108	111	113
	1000	102	105	108	110

17) 当并网三相电压平衡时，发电机空载三相电流中任何一相与三相平均值的偏差应不应超过三相平均值的±10%。

18) 发电机不允许在运行中反接电源制动或逆转。在出线端标识的字母顺序与三相电压顺序方向相同时，从轴伸端看过去，发电机应为顺时针方向旋转（用户要求发电机转向不同时，应在合同中注明）。

19) 单绕组发电机可制成 3 个或 6 个出线端，双绕组发电机可制成 9 个或 12 个出线端(用户在合同中注明)，从轴伸端看过去，发电机接线盒置于机座右面。双方另有协议时，按技术协议的规定；发电机的接线盒内应有接地端子，同时机座上应另设一个接地端子，并应在接地端子的附近设置接地标识，此标识应保证在发电机整个使用期内不易磨掉。

二、双馈型异步发电机

双馈型异步发电机实际是异步发电机的一种改进。它由绕线转子异步发电机和在转子电路上所带交流励磁器组成。同步转速之下，转子励磁输入功率，定子侧输出功率；同步转速之上，转子和定子均输出功率，所以称为双馈运行。

风力发电机组使用双馈型异步发电机的运行方式为变速恒频，变速是为了适应风速的不确定性，恒频是为了满足并网的需要。必须要通过变流装置与电网频率保持同步才能并网，但可以补偿电网中的功率因数。采用变流器的双馈型发电机组将有更宽的调速范围，比全功率变流器更为经济，这是促使双馈系统得到广泛应用的原因。

强制空冷双馈型发电机如图 5-1 所示。

图 5-1 强制空冷双馈型发电机

双馈机组发电机的结构复杂，双馈电机使用集电环和电刷，效率较低，维护工作量较大，比其他结构更容易受到电网故障的影响。必须采用双向变流器，即四象限双 PWM 背靠背变频器，由两套 IGBT 变流器构成，价格是同容量单象限变频器的 2 倍。

变桨距变速恒频双馈型风电机组是由风轮通过增速齿轮箱驱动发电机。这在无法生产大功率低速永磁发电机的时期，是大型风力发电机组的主流机型。相比直驱型风电机组，其噪声和故障率较高、传动效率稍低、成本较高，但是其在技术上是比较成熟的。目前国内生产的机型仍以变桨距变速恒频双馈型机组为主。

双馈型发电机转子由于采用通过变流器进行交流励磁，使其具有灵活的运行方式，在解决风力发电机持续工频过电压、变速恒频发电、风力发电机组的调速等问题方面有着传统同步发电机无法比拟的优越性。双馈型发电机主要的运行方式有以下 3 种：

①运行于变速恒频方式。

②运行于无功大范围调节的方式。

③运行于发电-电动方式。

（一）双馈型异步发电机的工作特性

双馈型发电机的定子接入电网时，通过 PWM（脉宽调制）AC-DC-AC 变频器向发电机的转子绕组提供低频励磁电流。为了获得较好的输出电压和电流波形，输出频率一般不超过输入频率的 1/3；其容量一般不超过发电机额定功率的 30%，通常只需配置一台 1/4 功率的变频器。其原理图如图 5-2 所示。

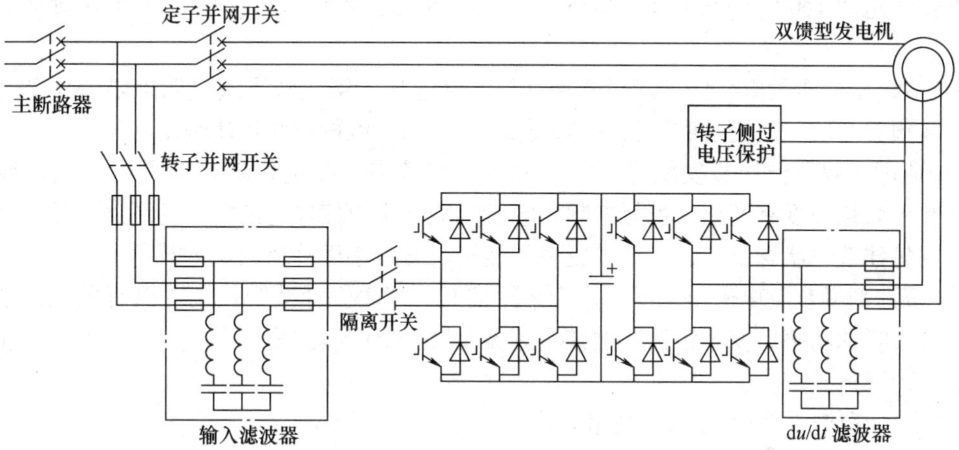

图 5-2 双馈型发电机原理图

通过变流器控制器对逆变电路中功率器件的控制，可以改变双馈型发电机转子励磁电流的幅值、频率及相位。通过改变励磁频率，可调节转速。这样在负荷突然变化时，迅速改变发电机的转速，充分利用转子的动能释放和吸收负荷，对电网的扰动远比常规发电机要小。通过调节转子励磁电流的幅值和相位，可达到调节有功功率和无功功率的目的。当转子电流的相位改变时，由转子电流产生的转子磁场在气隙空间的位置就产生一个位移，改变了双馈型发电机电动势与电网电压向量的相对位置，也就改变了发电机的功率角。当发电机吸收电网的无功功率时，往往功率角变大，使发电机的稳定性下降。而双馈型发电机却可以通过调节励磁电流的相位，减小机组的功率角，使机组运行的稳定性提高，从而可更多地吸收无功功率，克服由于夜间负荷下降造成电网电压过高的问题。

风力发电机组最佳工况时的转速应由其气动曲线及电网的功率指令综合得出。也就是说，风力发电机组的转速随风速及负荷的变化应及时做出相应的调整，依靠转子动能的变化吸收或释放功率，减少对电网的扰动。这样既提高了机组的效率，又对电网起到稳频、稳压的作用。

一般异步发电机正常运行时的转速高于同步转速，其输出功率的大小与转子转差率的大小有关。适当增大发电机的额定转差率可以减小输出功率的波动幅度，但是增大转差率会增加发电机的损耗，降低发电机的效率。同时，发电机的转速还受发电机温度的影响，应综合考虑以上多方面因素制定合适的转差率。由于双馈型发电机的转子通过变流器进行交流励磁，通过对变流器的控制可以很方便地对发电机转差率进行调节。调节转差率在±10%范围内变化，就可以使双馈型发电机的转速在额定转速±30%范围内变化，从而使风轮的转速范围扩大，即双馈型发电机组可以在较大风速范围内实现变速运行。

（二）双馈型异步发电机的结构特点

1）双馈型发电机在结构上采用绕线转子，转子绕组电流由集电环导入，定子、转子均为三相对称绕组，这种带集电环的双馈型发电机被称为有电刷双馈型发电机。

2）双馈型发电机仍然是异步发电机，除了转子绕组与普通异步电机的笼型结构不同外，其他部分的结构完全相同。因此双馈型异步发电机适用于较高转速，通常为 4 极或 6 极，工作转速为 1500r/min、1000r/min，风轮经多级增速齿轮箱提速后驱动双馈型交流发电机。

3）双馈型异步发电机定子通过断路器与电网连接，绕线转子通过四象限变频器与电网相连，变频器对转子交流励磁进行调节，保证定子侧同电网恒频恒压输出。

4）通过在双馈型异步发电机与电网间加入变流器，发电机转速就可以与电网频率解耦，并允许风轮速度有变化，也能控制发电机气隙转距。使风轮的转速随风速变化可以使风轮保持在最佳效率状态下运行，获取更多的能量，并减小因阵风引起的载荷。

5）双馈型异步发电机组全部采用变桨距控制的风轮。变桨距控制可以有效地调节风轮转速及其吸收的功率，变桨距控制配合变流器对发电机的转差率控制，使双馈型异步发电机组有更宽的调速范围。

（三）双馈型异步发电机的技术要求

（1）一般性能

1）发电机应符合本部分的要求，并按照规定程序批准的图样及技术文件制造。

2）发电机的外形及安装尺寸应符合与用户协商约定的产品外形图的要求。

3）发电机运行时，应平稳、轻快、无停滞现象。

4）发电机在-45℃存放时应不损坏。

（2）温升限值

1）GB 755—2008 对不同功率等级的发电机绕组及部件所采用的绝缘材料等级和所对应的温升限值做了规定。由于风力发电机组的特殊运行环境，发电机出厂时的温升限值按所采用的绝缘材料在额定工况下对照 GB 755—2008 的规定降低一个温升等级考核，即 180（H）级绝缘按 155（F）级绝缘所对应的温升等级考核。依此类推。

2）如果发电机在实际运行中超出本部分规定的运行条件，那么温升限值应按 GB 755—2008 的规定进行修正。

（3）主要特性

1）系统信息交换。主发电机和变流器设计者应相互提供相关信息，例如，发电机的额定参数、等效电路及特性曲线，变频器线间输出电压、电流、基波频率、谐波以及功率等。这些信息是保障发电机符合用户要求以及全面评估发电机和变频器之间的相互影响所必需的。

2）基准温度。当发电机是 F 级和 H 级绝缘等级时，其所有特性均按绕组基准温度为

150℃时绘制。该温度应在特性曲线上注明。

3）发电机的特性。发电机的规定特性是发电机转子绕组在变频器供电、保持额定电压、额定功率和额定功率因数为 1 的状态下，总有功功率 P_e、定子有功功率 P_s、转子有功功率 P_r、转子无功功率 Q_r、定子电流 I_s、转子电压 U_r、转子电流 I_r 以及效率 η 与转速 n 的关系曲线。特性曲线应在发电机温升试验后，发电机处于热状态时，整个工作转速在最低与最高转速范围内测取。

用于测量发电机输入功率和转矩的复合型仪器，应在指示转矩和功率的量值方面有足够的准确度，使之和所要验证的规定容差相称。

（4）容差与效率

1）空载额定频率、额定电压点和电流偏差容差：发电机作空载电动机运行，对应发电机额定频率、额定电压、电流偏差应不超过典型值的±10%。

注：典型值应以最初 4 台发电机试验的平均值为依据。

2）堵转电流容差：发电机作电动机运行时，测量电压为能产生额定电流的对应值（此电压值应在经型式试验合格的被试电机上确定），转子堵转时的电流偏差应不超过典型值的±5%。

注：典型值应以最初 4 台发电机试验的平均值为依据。

3）效率：发电机在额定工况时的效率应不低于 96%。

（5）超速　发电机处于热态时，应能承受 1.2 倍的最大工作转速，历时 2min。超速试验后，发电机各部件应无永久性变形和不产生妨碍发电机正常运行的其他缺陷。

（6）轴电压　发电机在空载电动机状态下运行时，轴电压应不高于 0.5V。

（7）短时过载　发电机在温升试验后，保持额定电压不变，应能承受 1.5 倍额定负载运行 1h。此时温升不作考核，发电机应不发生损坏及有害变形。

（8）绝缘电阻　发电机在热态下，定、转子绕组对机座及绕组间的热态绝缘电阻值应不低于 U_n/1000MΩ，冷态绝缘电阻应符合产品技术条件的规定。测量电阻时，绝缘电阻表的选用应符合 GB/T 1032—2012 的规定。

（9）耐电压性能

1）对地耐电压：对地耐电压试验通常使用近似正弦波的 50Hz 交流电，历时 1min 无击穿和闪络。试验应在出厂试验完成后，且发电机处于热态下立即进行。定子试验电压有效值为 $2U_n$+1000V，最低为 1500V。转子试验电压有效值为 $3.5U_n/1000$。

2）匝间耐压：

①散嵌绕组应能承受匝间绝缘冲击电压试验，历时 3s 而不击穿。冲击试验电压峰值应符合 GB/T 22719.2—2008 的规定。

②成型绕组应能承受匝间绝缘冲击电压试验，历时 3s 而不击穿。冲击试验电压峰值应符合 GB/T 22714—2008 的规定。

（10）短时升高电压　发电机应能承受短时升高电压试验而不发生故障。试验时，发电机以空载电动机运行。外施电压为额定电压的 130%，历时 3min，匝间绝缘应无损伤。

（11）谐波　发电机输出电压谐波畸变率不大于 5%。

（12）噪声　发电机以空载电动机方式运行，在规定旋转方向下测量噪声。电机噪声限值应满足 GB 10069.3—2008 的规定。

（13）振动 发电机安装在试验台上以空载电动机方式运行，振动速度的限值应满足 GB 10068—2008 的规定。

三、永磁直驱型同步发电机

1. 同步发电机的工作原理

离网型风力发电机普遍使用同步发电机，因为离网型风力发电机转速是自由的。并网同步发电机的电枢绕组与三相电网连接，励磁绕组与直流电源连接，需要全功率的逆变器将直流变为交流，受大功率半导体器件制造技术水平的限制，早期大型风力发电机组无法使用。近年来由于大功率半导体器件制造技术水平的提高，以及永磁直驱型同步发电机的技术突破，同步发电机才在大型风力发电机组上又使用起来。直接驱动永磁同步发电机与大电网中的同步发电机属于同一类型。

同步发电机是根据电磁感应原理制造的。同步交流发电机通常由两部分线圈构成：为了提高磁场的强度，一部分线圈绕在定子槽内，其线圈可输出感应电动势和感应电流，所以又称其为电枢；另一部分线圈绕在转子铁心上。一根轴穿过转子铁心中心，轴两端由机座轴承构成支撑。转子与定子内壁之间保持均匀而小的间隙，保持灵活转动。

工作时，转子线圈通以直流电形成直流恒定磁场，在风轮的带动下转子快速旋转，恒定磁场也随之旋转，定子线圈被磁场磁力线切割产生感应电动势，发电机就发出电来。由于定子磁场是由转子磁场引起的，且它们之间总是保持着一先一后并且等速的同步关系，所以称为同步发电机。同步发电机在机械结构和电气性能上都具有许多优点。

为了达到在额定负荷范围内稳住发电机输出电压的目的，即实现在同步发电机额定负荷范围内稳定输出电压，必须通过调控转子磁场来调节同步发电机的输出电压，改善其带负载能力。

2. 永磁直驱型同步发电机组的特点

海上及高山风电场由于维修保养难度较大，特别适于故障率低的永磁直驱型风力发电机组，其功率一般在2~5MW。目前，低转速直驱型发电机的体积大、质量大、价格高，但市场占有率正在大幅上升，是风电行业很有发展前景的一种机型。永磁直驱型同步发电机组具有如下特点：

1）永磁直驱型发电机组取消了齿轮箱，使传动系统部件的数量减少，没有传动磨损和漏油所造成的机械故障，减少了齿轮传动装置需要的润滑、清洗等定期维护工作，也降低了风力发电机组的运行维护成本。

2）永磁直驱型发电机取消了齿轮箱和传动轴，使机组水平轴方向的长度大大缩短，而且增加了机组的稳定性。同时也降低了机械损耗，提高了风力发电机组的可利用率，延长了使用寿命，降低了风力发电机组的噪声。

3）永磁同步发电机与电励磁同步发电机和双馈型交流发电机相比，不用外接励磁电源，没有集电环和电刷，不仅简化了结构，而且提高了可靠性和机组效率。

4）永磁直驱型同步发电机的外表面面积大，易散热。由于没有电励磁，转子损耗近似为零，可采用自然通风冷却，结构简单可靠。

5）采用永磁发电技术及变速恒频技术，提高了风电机组的效率，可以进行无功补偿。采用耐温等级为军品级的电力电子器件制造的变流器，能在极端恶劣的环境下可靠工作。

6）发电机功率因数高，其值接近或等于 1，提高了电网的运行质量。

7）由于减少了部件数量，使整机的生产周期大大缩短。

8）低速多磁极永磁发电机采用变桨距变速恒频运行方式，使用一台全功率变流器将频率变化的风电送入电网。

永磁直驱型同步发电机组存在的缺点是：对永磁材料的性能稳定性要求较高，多磁极使发电机外径和重量大幅度增加。另外，IGBT 变流器的容量较大，一般要选发电机额定功率的 120%以上。

理论上，永磁直驱型风力发电机具有维护成本低、耗材少等经济可靠的优点，但在实际制造过程中，现阶段发电机本身的制造成本和控制难度都比较大。直驱型风力发电机组的售价高于双馈型风力发电机组，短期内两种技术路线并存的局面难以改变。

3. 大型直驱风力发电机的结构形式

旋转发电机的输出功率可以用公式表示为

$$P = KD^2Ln$$

式中　D——转子直径；

L——铁心叠片厚度；

n——转速；

K——常数。

大型直驱风力发电机的风轮转速很低，要想保证发电机功率，如果转速减小则应该按比例增加发电机长度或增大其直径。显然增大发电机直径更为经济，因为功率是按直径的二次方而不是线性增大。因此，直驱型发电机一般都有较大的直径而长度受到一定限制。但是，由于发电机直径的增大导致其形体尺寸和重量的增加，同样也会使发电机成本大幅度增加。

由于机械和热的原因，很难生产出大直径的小气隙发电机，永磁同步发电机由永磁体作为磁极，不需要励磁系统，这样就可以在较大气隙下工作，并且不会产生热量。而同步发电机可以在稍大的气隙下安全可靠运行，因此直驱型风力发电机组都使用同步发电机。使用同步发电机需要全功率变流器，以便将发电机与电网解耦并实现发电机的变速运行。

大型直驱风力发电机结构布置形式分内转子型和外转子型，它们各有特点，已经广泛应用在风力发电机组上。

（1）内转子型　它是一种常规发电机的布置形式。采用内转子型，即风轮驱动发电机转子，永磁体安装在转子体上，发电机定子为电枢绕组，经全功率变流器与电网连接。这种形式的发电机电极绕组和铁心通风冷却条件好、温度低、定子外径尺寸小、易于运输。直驱内转子型永磁发电机的结构如图 5-3 所示。

（2）外转子型　风轮与发电机外转子连接，直接驱动旋转。永磁体安装在外转子体内圆周边，发电机定子电枢绕组和铁心安装在静止轴上。这种布置永磁体虽易于安装固定，但对电枢铁心和绕组通风冷却不利，永磁转子直径大，不易密封防护，大件运输比较困难。直驱外转子型永磁发电机的结构如图 5-4 所示。

4. 永磁同步发电机的电磁结构特点

近年来高性能永磁材料和电力电子技术的不断发展，以及大功率变流器的出现，都推动了永磁同步发电机在风电领域的应用。大型低转速永磁发电机的使用，促进了大型直驱型风力发电机的生产。永磁同步发电机在风电上应用有它的特殊性：功率大，转速低，多极和多槽，通过变流器与电网相连，可靠性要求高，运行环境恶劣。

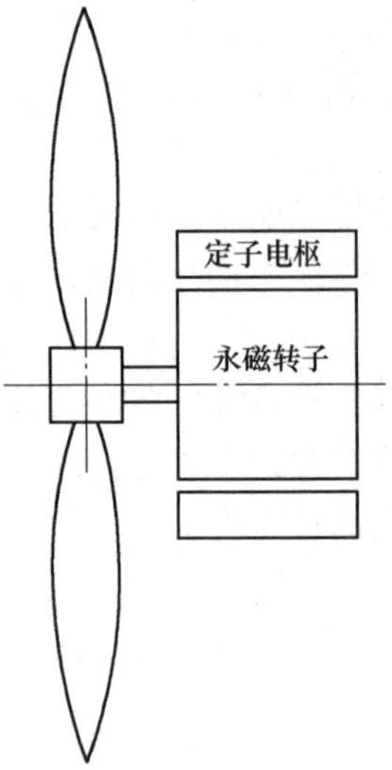

图 5-3 直驱内转子型永磁发电机的结构

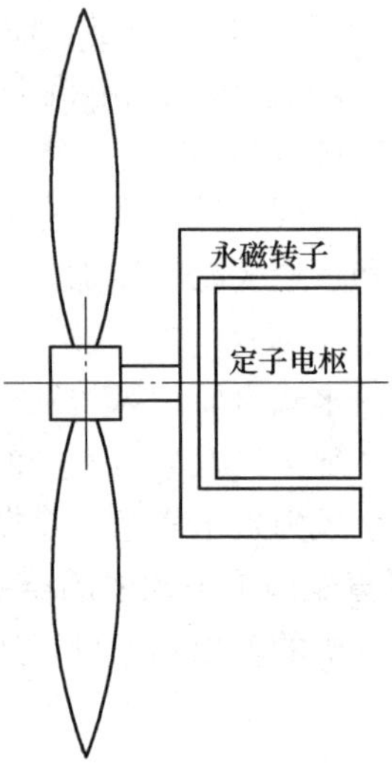

图 5-4 直驱外转子型永磁发电机的结构

永磁发电机在设计和制造中采用合理的结构和工艺，可以防止退磁、改善电压波形、减少齿槽转矩。同时要对机组的振动、强度和刚度进行核算，增加机组的稳定性，发电机出厂前要进行全面型式试验。永磁直驱型发电机组的电磁结构具有以下特点：

1）采用高性能永磁材料以防止退磁。我国和国外广泛采用钕铁硼永磁材料，它具有高矫顽力、高剩磁密度、高磁能积和线性退磁曲线等优异磁性能，有利于缩小发电机的体积。为使磁钢能充分利用，工作点应处在最大磁能积附近，配合径向永磁体转子磁路结构制成的转子，大大提高了发电机的效率。同时还考虑发电机应有较高的功率因数。

钕铁硼永磁材料的不足之处是它的温度系数较大、居里温度低（在 310～410℃）。磁性能会随温度升高而有所下降，一般只用于低于 150℃以防退磁。另外，钕铁硼永磁材料容易锈蚀也是弱点，因而表面要加防锈涂层保护。

2）采用 PCT 交流电机结构技术以减小外径尺寸。PCT 是一种交流电机通用的结构技术。它实现了电机极从径向向轴向的转移，改善了多极电机的体积和形状；电机转子功能向定子的转移，实现了无刷化；由单一功能电机向多功能电机的转移，是电机结构技术的重大创新。这是一种能改变现有交流电机的传统结构，可大幅度缩减多极电机径向尺寸（40%～70%）和综合成本（25%～35%）。实现无齿轮箱直接驱动低速发电的新型电机。PCT 发电机都具有无需机械变速、低速高效、并网容易、结构合理、制造成本低、外形更趋向普通电机的特点。

PCT 电机结构技术的另一个重要特点是，所有的 PCT 电机都是无电刷和集电环的，不论是励磁式同步发电机，还是双馈型异步发电机，都不再需要电刷，就能将电能输入到转子上。由于去除了电刷和集电环，就可以消除电刷和集电环处的机械损耗、电能接触损耗，发电机的可靠性、寿命都有了明显的提高。

500kW 直驱型风力发电机组，其发电机有 84 个磁极，原来粗大的发电机直径达到

4.8m，使机舱有一个明显的凸出部分，影响了空气动力特性。采用 PCT 电机结构技术，使其径向尺寸大幅度减少 40%，降为 2.7m，重量和体积也相应减少。兆瓦级风电机组需要直驱型发电机有 64~128 对磁极，必须采用 PCT 电机结构技术制造。低速交流电机技术就是不需要通过机械变速就可以在低速下运行，而且其外形结构合理、尺寸小。

3）优化发电机定子绕组设计。在永磁发电机设计中采用分数槽、短节矩、分布式绕组，以及采用磁性槽楔，并配合优化设计技术，可以降低齿谐波、齿磁导谐波引起的附加转矩，一方面降低了发电机的起动阻转矩，另一方面提高了整机的效率。

定子绕组采用分数槽绕组，既改善了电动势的波形和减少了谐波成分，又可以减少定位转矩和齿槽转矩，从而避免转子磁极与定子齿互相吸住，减小转矩脉动成分和起动阻转矩，这样风机可以在较小的转矩下起动，从而提高了风能利用率。

定子绕组采用预成形线圈，比散把线圈绝缘等级高，这样不仅提高了匝间和对地绝缘水平，而且槽满率也比较高，使发电机的可靠性和寿命大大提高。

4）采用有限元法对发电机的结构部件、螺栓连接的强度与刚度进行计算，确保由于风力、重量和电磁拉力引起的变形在允许的范围内，同时还要对转子做轴系动力稳定性计算，确保临界转速和振动达到技术要求。

5）合理选择永磁体的固定结构和宽厚比例尺寸，使其在永磁钢用量最小的情况下达到较高的抗去磁能力。

6）发电机静止机座与转动的风轮接合部需加密封。可设计带防尘埃、防淋水密封的曲径环，防止雨水和尘埃进入发电机内部。为冷却发电机而在机舱内装有通风机，这样可以保证发电机在正压情况下运行。

5. 永磁直驱型发电机装配注意事项

1）采用高性能的永磁体，其磁吸力极强，永磁体装配和定、转子总装时需要使用专用工装设备，要确保不伤人。还要使用导向工具，保持定、转子之间气隙的均匀性，以防止转子与定子相吸住。

2）定子下线装配后，发电机定子装配要进行真空压力浸漆绝缘工艺处理，可以提高绝缘整体水平、增加导热性能、降低发电机定子绕组的温升。由于发电机定子直径较大，需要添置大直径真空压力浸漆设备、固化炉及烘箱和其他真空成套设备。

6. 永磁直驱发电机的型号、型式与基本要求

1）按 GB/T 4831—2016 的规定，发电机的型号由产品代号、规格代号、特殊环境代号、补充代号四部分依次排列组成，如图 5-5 所示。

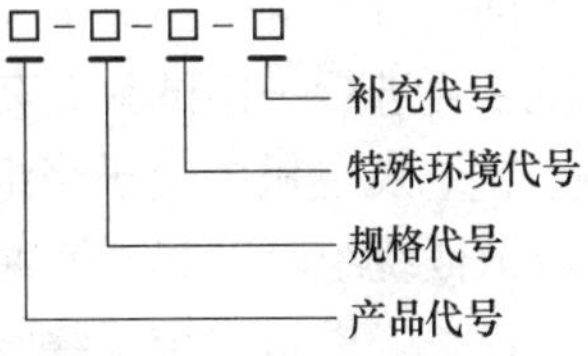

图 5-5　发电机型号的组成

2）标称功率一般按风力发电机组额定功率确定。

3）发电机一般按机组要求的额定电压制造。电压等级推荐：690V、1050V、3150V、6300V 和 10500V。

4）发电机通常为三相或双三相或六相交流电输出。

5）发电机一般采用 155（F）级及以上绝缘等级。

6）发电机的最大运行转速不大于 500r/min。

7）发电机的定额是以连续工作制（S1）为基准的连续定额。

8）发电机的结构及安装型式应符合 GB/T 997—2008 的规定。

9）发电机外壳防护等级应满足风力发电机组的要求，并符合 GB/T 4942. 1—2006 的规定。

10）发电机应有可靠的冷却方法，并符合 GB/T 1993—1993 的规定。使用的冷却介质不得对发电机造成危害。

7. 永磁直驱发电机的技术要求

1）发电机应符合本部分的要求，并按照经规定程序批准的图样及技术文件制造。

2）发电机在额定转速、额定功率因数下，当电压在额定值的 95%～105%之间变化时，应能输出额定功率。当偏离额定功率运行时，其温升限值允许有变动，但在上述电压变化下连续运行时，温升限值允许超过的最大值为：额定功率 1000kW 及以下的发电机为 10K。

3）发电机的效率曲线应满足用户要求。发电机效率的计算应包括以下损耗：铜耗、铁耗、机械损耗和杂散损耗。

4）发电机的输出端通常接全功率变流器。发电机的绝缘结构、电压调整率应与全功率变流器相匹配。

5）在额定电压时，发电机应能承受 1. 5 倍的额定电流，历时不少于 30s。

6）发电机在额定发热试验后，保持额定电压不变，应能承受 1. 15 倍额定负载运行 1h。此时温升不作考核，但发电机不应发生损坏及有害变形。

7）发电机的永磁体在发电机突然短路状态和温度限值下应不发生大于 1%的不可逆失磁。

8）发电机应能承受 1. 2 倍的最高运行转速，历时 2min，不发生有害变形。

9）绝缘电阻限值如下：

①发电机定子绕组的绝缘电阻在热状态或发热试验后，应不低于 $U_n/(1000+P_n/100)$ MΩ。其中 U_n 为额定电压，P_n 为额定功率。

②在 5～35℃时，用 250V 绝缘电阻表测量埋置检温元件的绝缘电阻，其绝缘电阻应不小于 1MΩ。

③用 500V 绝缘电阻表测量防潮加热器的绝缘电阻，其绝缘电阻应不小于 1MΩ。

10）发电机定子绕组各相间及双三相绕组相互间应能承受历时 1min 的耐电压试验而不发生击穿，试验电压的频率为 50Hz，并尽可能为正弦波，电压的有效值为 $2U$+1000V。其中 U 为功率变流器的 2 倍母线电压。

同一台发电机不应重复进行本项试验。如用户提出要求，允许在安装后开始运行之前，在现场再进行一次试验。其试验电压应按 GB 755—2008 的规定。

11）发电机的定子绕组应能承受匝间耐冲击电压试验而不击穿。当发电机采用成型绕组或散嵌绕组时，其试验冲击电压峰值和试验方法都应符合相关规定。

12）发电机的定子绕组在按 GB/T 12665—2017 规定的 40℃交变湿热试验方法进行 6 周期试验后，绝缘电阻应不低于 9）规定的数值，并能承受 10）规定的耐电压试验而不发生击穿。

13）发电机作电动机空载运行时，按 GB 10068—2008 规定测得的振动幅值应不大于 0. 05mm。

14）发电机作电动机空载运行时，按 GB/T 10069. 1—2006 规定测得的噪声数值应符合 GB 10069. 3—2008 的规定。

15）当并网三相电压平衡时，发电机三相空载电流中任何一相与三相平均值的偏差应不超过三相平均值的±10%。

16）发电机不允许在运行中反接电源制动或逆转。在出线端标志的字母顺序与三相电压相序方向相同时，从驱动端来看，发电机应为顺时针方向旋转。

17）发电机的接线盒内应有接地端子，同时机座上应另设一个接地端子，并应在接地端子的附近设置接地标志。此标志应保证在发电机整个使用期内不易磨灭。

18）发电机用永磁材料应有可靠的防腐蚀保护。

19）发电机设计使用寿命应不少于20年。

复习思考题

1. 发电机的结构及工作原理是什么？
2. 风力发电用发电机有哪些特殊性？
3. 恒速笼型发电机存在什么问题？
4. 双馈型风电机组与永磁直驱型风电机组相比较各有哪些优缺点？
5. 异步发电机的经济性表现在哪些方面？
6. 风力发电机组异步发电机有哪些结构特点？
7. 水冷式交流发电机有什么特点？
8. 双馈型异步发电机的工作原理是什么？
9. 双馈型发电机主要的运行方式有几种？
10. 双馈型异步发电机有哪些工作特点？
11. 双馈型异步发电机的结构特点是什么？
12. 双馈型异步发电机的运行条件是什么？
13. 双馈型异步发电机有哪些技术要求？
14. 直驱型同步风力发电机的特点是什么？
15. 大型直驱型风力发电机的结构形式有哪几种？
16. 永磁直驱型同步发电机有哪些结构特点？
17. 永磁直驱型发电机有哪些技术要求？

第六章　制 动 系 统

制动系统是风力发电机组安全控制的关键环节，其重要性非同寻常。通过本章的学习，应了解制动器的工作原理和结构，熟悉风力发电机组制动系统的技术要求、制动方式和制动形式，掌握钳盘式制动器的结构，熟悉机械制动装置的技术性能要求，了解风力发电机组用制动器的种类及对制动系统零部件的要求，掌握制动系统的控制方式、工作方式、操作模式及其他要求。

第一节　制动系统概述

风力发电机组是一种重型装备，工作在极其恶劣的条件下，因此对其安全性有着极高的要求。除风力变化的不可预测性外，机件常年重载工作，随时都存在损坏的可能性，在这些情况下，风力发电机组必须能够紧急停机，避免对风力发电机造成损害或故障扩大。在进行正常维修时，也要求能进行停机检修。风力发电机组必须设计有制动系统，以实现对风力发电机组的保护。

制动系统是一种具有制止运动作用功能的零部件的总称。风力发电机组的制动系统应符合《风力发电机组 设计要求》（GB/T 18451. 1—2012）相关条款的规定。风力发电机组的制动系统应设计为独立的机构，当风力发电机组及零部件出现故障时制动系统能独立进行工作。

一、制动器的工作原理

制动器俗称刹车或闸，是使机械中的运动部件停止或减速的机械部件。制动器的工作原理是，利用与机架相连的非旋转元件和与传动轴相连的旋转元件之间的相互摩擦，来阻止轮轴的转动或转动的趋势。

使机械运转部件停止或减速所必须施加的阻力矩称为制动力矩。制动力矩是设计、选用制动器的依据，其大小由机械型式和工作要求决定。制动器上所用摩擦材料（制动件）的性能直接影响制动过程，而影响其性能的主要因素为工作温度和温升速度。摩擦材料应具备较高且稳定的摩擦系数和良好的耐磨性。摩擦材料分为金属和非金属两类。前者常用的有铸铁、钢、青铜和粉末冶金等，后者有皮革、橡胶、木材和石棉等。

制动器主要由制动架、制动件和操纵装置等构成。有些制动器还装有自动调整制动件间隙的装置。为了减小制动力矩和结构尺寸，制动器通常安装在设备的高速轴上，但对安全性要求较高的定桨距风力发电机组，则应将其安装在靠近风轮的低速轴上。多数制动器已实现标准化和系列化，并由专业工厂制造以供选用。

一般制动器都通过其中的固定元件对旋转元件施加制动力矩，使后者的旋转角速度降低。凡利用固定元件与旋转元件工作表面的摩擦而产生制动力矩的制动器都称为摩擦制动器。摩擦制动器最常用的是鼓式和盘式，鼓式因其外形像鼓而得名，盘式因其外形是圆盘形而得名。

鼓式制动器与盘式制动器各有利弊。在制动效果上，鼓式制动器与盘式制动器相差并不大。在散热性能上，盘式制动器要比鼓式制动器散热快，通风盘式制动器的散热效果更好；在灵敏度上，盘式制动器会更高一些；在价格方面，鼓式制动器较盘式制动器更低，而且使用寿命更长，毕竟通风盘式制动器的制造工艺要复杂得多，价格也就相对高了。实际应用差别很明显，盘式制动器比鼓式制动器好用；而且制动鼓中的石棉材料有致癌作用。随着材料科学的发展及成本的降低，在很多领域中，盘式制动器有逐渐取代鼓式制动器的趋势。

二、制动系统的组成

任何制动系统都由以下 4 个部分组成：

（1）制动器　它是一种产生阻碍运动部件运动或运动趋势的制动力的部件，其中包括辅助制动系统中的缓速装置（阻尼装置）。

（2）驱动装置　包括将制动能量传输到制动器的各个部件。

（3）动力装置　包括供给、调节制动所需能量以及改善能量传递状态的各种部件。

（4）控制装置　包括产生制动动作和控制制动效果的各种部件。

制动系统是按制动能源来分类的。产生制动力的能量完全由人的体力来供给的制动系统称为人力制动系统。产生制动力的能量由动力来提供的制动系统称为动力制动系统，其制动能源可以是空气压缩机产生的压缩空气、电磁铁产生的电磁力或液压泵产生的液体压力。产生制动力的能量由人工和一个或几个能量供应装置共同供给的制动系统称为伺服制动系统。风力发电机组的制动系统为伺服制动系统。

按照制动能量的传输方式，制动系统可分为机械式、液压式、气压式和电磁式等。同时采用两种以上传递能量方式的制动系统可称为组合式制动系统。

三、风力发电机组制动系统的技术要求

根据国家标准对风力发电机组的安全性要求，风力发电机组的保护系统应有一个或多个能使风轮由任意工作状态转入停止或空转状态的装置（机械的、电动的或气动的）。它们之中至少应有一个必须作用在低速轴上或风轮上。必须提供使风轮在小于参考（安全）风速的任意风速下，由危险的空转状态转为完全静止的方法。

1. 总体设计要求

1）设计风力发电机组的制动系统时应考虑载荷情况与制动引起的制动力矩的组合。制动系统的额定静态制动力矩应大于风力发电机组所需的最小静态制动力矩，所需最小静态制动力矩的确定应以极限工况为准。制动系统的额定动态制动力矩应大于风力发电机组所需的最小动态制动力矩，并小于风力发电机组的最大许用制动力矩。

制动过程中由于制动而产生的制动力矩应不会导致部件（尤其是风轮叶片、风轮轴、风轮叶片连接件、轮毂）产生过大的应力。紧急制动应保证制动系统及其主要部件不产生不可修复的破坏。

2）制动系统的制动力矩在正常工作方式下应采用柔性加载方式，也可以采用半刚性或阶梯形加载方式。不同制动方式下的制动力矩曲线如图 6-1 所示。

①柔性加载方式是在制动系统的制动力矩增加过程中，没有制动力矩增长加速度突变的

加载方式。

②半刚性加载方式是在制动系统的制动力矩增加过程中，没有制动力矩增长速度突变的加载方式。

③阶梯形加载方式是在制动系统的制动力矩增加过程中，存在制动力矩突变的加载方式。

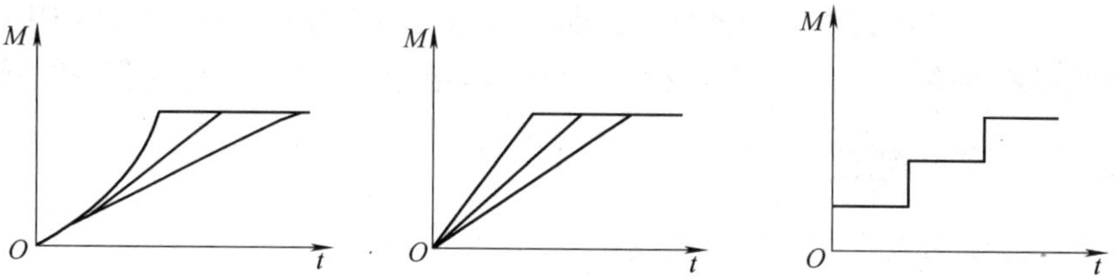

a) 柔性加载方式　b) 半刚性加载方式　c) 阶梯形加载方式

图 6-1　不同制动方式下的制动力矩曲线

3）如果机械制动装置的制动材料过度磨损，则应提供磨损指示器对衬料磨损程度进行监测以保证风机能正常关机。若机械制动装置采用弹簧操作，则应设有能自动调节弹簧最小弹性力的设备。在制动系统有多个摩擦副的情况下，同一级制动装置各个摩擦副之间的最大静态制动力矩的差值不应大于 10%；同一级制动装置各个摩擦副之间的最大动态制动力矩的差值不应大于 5%。

4）就制动系统的压力而言，即使没有动力供给，机械制动装置也应能将风轮制动五天以上。制动材料应便于维护和更换。

5）安全系统被触发后，不经许可，风力发电机组不应自动重新起动。

6）偏航系统制动装置应按控制系统要求进行设计。

7）锁定装置必须设计成正操纵，并且保证传动装置和偏航系统具有良好的可达性和维护性。我们日常生活中的插销就是一种锁定装置，正操纵为进入锁定，可达性即容易实现。

8）制动装置表面应用盖子、防护板或类似物进行保护，以使其免受润滑油污垢等不利的影响。

2. 制动系统的工作条件

1）采用电气驱动的制动系统，工作电源应与风力发电机组的电源系统相匹配。

2）采用液压驱动的制动系统，工作压力应与风力发电机组的液压系统相匹配。

3）设有状态反馈的制动系统，制动状态反馈信号应与风力发电机组的控制系统相匹配。

4）对制动系统零部件的具体要求是：适用温度条件应与风力发电机组的使用温度条件一致；表面处理和防护性能应适应风力发电机组的工作环境条件；尺寸应与风力发电机组相应部分的设计尺寸相匹配；安装方式应符合风力发电机组的设计要求。

四、风力发电机组的制动方式

在风力发电机组中，一般同时提供空气动力制动和机械制动。但是，如果每个叶片都有独立的空气动力制动系统（每个叶片独立变桨距），而且每个空气动力制动系统都可以在电网掉电的情况下使风机减速，那么就不必为此设计机械制动器了。此时，机械制动器的功能只是使风轮静止，即停机，因为空气动力制动不能使风机停机。

（一）空气动力制动

1. 定桨距叶片的空气动力制动

空气动力制动在定桨距风力发电机上是利用叶尖顺桨距进行制动的方式，其结构如图6-2所示。活动的叶尖部分长度一般为叶片长度的15%~20%，叶尖安装在叶尖转轴上，在正常运行时用液压缸拉紧抵消离心力。一旦液压释放（由控制系统触发或直接由超速传感器触发），叶尖在离心力的作用下向外飞出，并同时通过螺杆变距到顺桨距状态。风轮的转速会降低但不会停止，叶片停止转动还要靠机械制动。

气动制动机构是由安装在叶尖上的扰流器通过不锈钢丝绳与叶片根部的液压缸的活塞杆相连接构成的。当风力发电机组正常运行时，在液压力的作用下，叶尖扰流器与叶片主体部分精密地合为一体，组成完整的叶片。当风力发电机组需要脱网停机时，液压缸失去压力，扰流器在离心力的作用下释放并旋转80°~90°形成阻尼板，由于叶尖部分处于距离轴最远点，整个叶片作为一个长杠杆，使扰流器产生的气动阻力相当高，足以使风力发电机组在几乎没有任何磨损的情况下迅速减速，这一过程即为叶片空气动力制动。叶尖扰流器是风力发电机组的主要制动器，每次制动时都是它起主要作用。在叶轮旋转时，作用在扰流器上的离心力和弹簧力会使叶尖扰流器力图脱离叶片主体转动到制动位置；而液压力的释放，不论是由于控制系统的正常指令，还是液压系统的故障引起的，都将导致扰流器展开而使叶轮停止运行。因此，空气动力刹车是一种失效保护装置，它使整个风力发电机组的制动系统具有很高的可靠性。

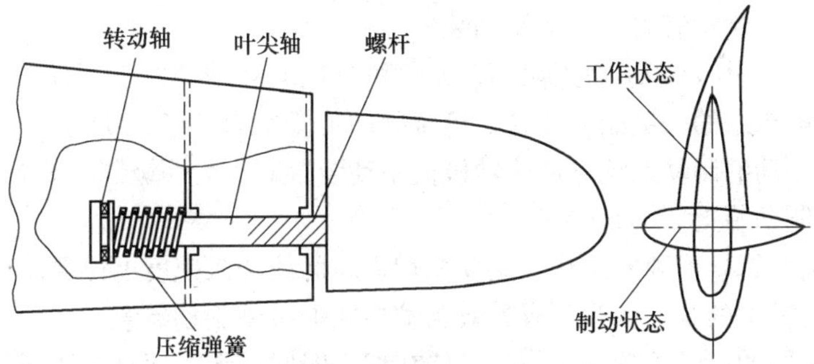

图6-2 叶尖制动的结构

2. 变桨距叶片的空气动力制动

变桨距风力发电机的叶片只要变桨距到顺桨，即叶片弦线顺着风向，就形成一个高效的空气动力制动。要求变桨距速度为10°/s就足够了，这也是功率控制的要求。依靠变桨距控制来实现紧急制动的风力发电机，每个叶片需要独立制动，而且所有叶片都要满足“失败—安全”的运行要求，即来自机舱的电源或液压驱动瞬间切断时，要求仍能可靠进行空气动力制动。在电动机驱动情况下，电力由蓄电池提供。在液压驱动情况下，液压油一般存储在轮毂中的蓄能器里。

（二）机械制动

因为空气动力制动不能使风机停机，所以每台风力发电机必须配备机械制动系统。机械制动器在风力发电机上普遍采用钳盘式制动器。

机械制动机构由安装在低速轴或高速轴上的制动圆盘与布置在四周的液压夹钳构成。液压夹钳固定，制动圆盘随轴一起转动。制动夹钳有一个预压的弹簧制动力，液压力通过液压缸中的活塞将制动夹钳打开。机械制动时的预压弹簧制动力，一般要求在额定负载下脱网时能够保证风力发电机组安全停机。但是在正常停机的情况下，液压力并不是完全释放的，即在制动过程中只作用了一部分弹簧力。为此，在液压系统中设置了一个特殊的减压阀和蓄能器，以保证在制动过程中不完全提供弹簧的制动力。为了监视机械制动机构的内部状态，制动夹钳内部装有温度传感器和指示制动片厚度的传感器。

五、风力发电机组的制动形式和制动系统的组成原则

1. 制动形式

（1）定桨距风力发电机组　制动系统可以采用的制动形式有：传动系统中的低速轴机械制动联合高速轴机械制动；叶尖制动联合传动系统中的高速轴机械制动。实践证明：叶尖制动联合传动系统中的高速轴机械制动形式比较好。

（2）变桨距风力发电机组　制动系统采用顺桨距制动联合传动系统中的高速轴机械制动；顺桨距制动联合传动系统中的低速轴机械制动。实践证明：顺桨距制动联合传动系统中的高速轴机械制动形式最好，应优先推荐采用。

2. 组成原则

风力发电机组制动系统的组成形式，应符合以下原则：

1）按正常工作方式下的投入顺序分为一级制动、二级制动等；对应以上要求，制动系统至少应设计有一级制动装置和二级制动装置。

空气动力制动（叶尖制动或顺桨距制动）联合机械制动的制动系统，空气动力制动装置应作为风力发电机组的一级制动装置，机械制动装置作为二级制动装置。低速轴机械制动联合高速轴机械制动的制动系统，低速轴机械制动装置应作为一级制动装置，高速轴机械制动装置作为二级制动装置。

2）各级制动装置既可独立工作，又要在切入时间或切入速度上协调动作。

3）至少应有其中的某一级为具有失效保护功能的机械制动装置。

4）属于同一级的应既可独立工作，又要在切入时间或切入速度上协调动作。

5）除制动装置外，在适当位置应设有风轮的锁定装置。

第二节　机械制动器的结构

一、钳盘式制动器

风力发电机上所使用的制动器全部为性能可靠、制动力矩大、体积小的钳盘式制动器，并要求具有力矩调整、间隙补偿、随位和退距等功能。所以我们先将钳盘式制动器的相关知识给大家介绍一下。

（一）钳盘式制动器的结构

钳盘式制动器又称为碟式制动器，是因为其形状而得名的。它由液压控制，主要零部件

有制动盘、液压缸、制动钳和油管等。制动盘用合金钢制造并固定在轮轴上，随轮轴转动。液压缸固定在制动器的底板上，固定不动。制动钳上的两个摩擦片分别安装在制动盘的两侧。液压缸的活塞受油管输送来的液压作用，推动摩擦片压向制动盘发生摩擦制动，动作起来就像用钳子钳住旋转中的盘子，迫使它停下来一样。其结构如图 6-3 所示。

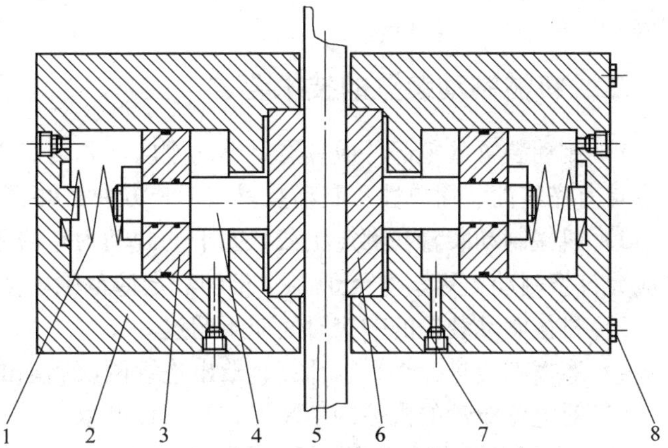

图 6-3 钳盘式制动器的结构

1—弹簧 2—制动钳体 3—活塞 4—活塞杆 5—制动盘 6—制动衬块 7—接头 8—螺栓

钳盘式制动器摩擦副中的旋转元件是以端面工作的金属圆盘，称为制动盘。工作面积不大的摩擦块与其金属背板组成的制动块，每个制动器中有 2~4 个。这些制动衬块及其驱动装置都安装在横跨制动盘两侧的夹钳形支架中，总称为制动钳。这种由制动盘和制动钳组成的制动器称为钳盘式制动器。

钳盘式制动器的释放是制动器的制动覆面脱离制动轮表面而解除制动力矩的过程。钳盘式制动器的闭合是制动器的制动覆面与制动盘表面贴合而建立规定的制动力矩的过程。常闭型钳盘式制动器的加载靠弹簧力，通过调整弹簧压力来调整制动力矩的大小。驱动液压缸的工作行程就是在制动器释放过程中柱塞移动的距离。

制动衬块的退距是制动器在释放状态下，衬块制动覆面中部母线与制动轮表面的距离。制动瓦块的随位性是指通过某种装置或采取某种措施，衬块制动覆面与制动盘表面正常释放状态时，瓦块制动覆面的任何部位与制动轮表面不接触。

（二）钳盘式制动器的特点

钳盘式制动器与其他制动器相比，有以下优点：一般无摩擦助势作用，因而制动器效能受摩擦系数的影响较小，即效能较稳定；浸水后效能降低较少，而且只需经一两次制动即可恢复正常；在输出制动力矩相同的情况下，尺寸和重量一般较小；较容易实现间隙自动调整，调整液压系统的压力即可调整制动力矩的大小，保养维修也比较简便。因为制动盘外露，还有散热良好的优点。

这种制动器散热快、重量轻、构造简单、调整方便。特别是负载大时耐高温性能好，制动效果稳定。有些盘式制动器的制动盘上还开了许多小孔，可以加速通风散热并提高制动效率。制动盘上的孔还可以作为风轮锁定装置的一部分。

钳盘式制动器也有不足之处。例如：对制动器和制动管路的制造要求较高、摩擦片的耗损量较大、成本较高；由于摩擦片的面积小，相对摩擦的工作面也较小，需要的制动液压力高，一般要使用伺服装置。

电磁驱动的机械制动装置一般使用鼓式制动器，俗称抱闸。鼓式制动器散热性能差，在制动过程中会聚集大量的热量。制动蹄片和轮鼓在高温影响下较易发生极为复杂的变形，容易产生制动衰退和振抖现象，引起制动效率下降；但鼓式制动器的成本相对较低，比较经济。

二、机械制动装置的技术要求

1）制动装置的零部件应具有足够的刚度和强度，并具有失效保护功能。制动装置的结构应具有完整性、简单性；制动装置应拆装方便，并且与配套的设备兼容。

2）机械制动装置在额定负载状态下的制动力矩应不小于所提供的额定值；机械制动装置应允许将制动力矩调整至0.7~1倍的额定值范围内使用。

3）机械制动装置的响应时间应不超过0.2s。

4）摩擦副应进行热平衡计算，给出连续两次制动的最小时间间隔。

5）对电磁驱动的机械制动装置在50%的弹簧工作力和额定电压的条件下，按驱动装置的额定操作频率操作，应能灵活地闭合；在额定制动力矩时的弹簧力和85%的额定电压下操作，制动装置应能灵活地释放。

6）对液压驱动的机械制动装置在50%的弹簧工作力和额定液压压力的条件下，按驱动装置的额定操作频率操作，应能灵活地闭合；在额定制动力矩时的弹簧力和85%的额定液压力下操作，制动装置应能灵活地释放。

7）在额定工作压力和制动衬垫温度在250℃以内的条件下，制动装置的制动力矩应满足风力发电机组所需的最小动态制动力矩的要求。

8）在制动状态下，摩擦副工作表面的贴合面积应不小于有效面积的80%。

9）在非制动状态下，摩擦副的调整间隙在任何方向上均应为0.1~0.2mm。

三、风力发电机用钳盘式制动器

1. 高速轴制动器

风力发电机的高速轴为齿轮箱的输出轴，此处转动力矩较低速轴小很多，高速轴制动器的体积比较小。制动盘安装在高速轴上，制动钳安装在齿轮箱体的安装面上，用高强度螺栓固定。

2. 低速轴制动器

大型风机一般采用变桨距系统，不必在低速轴上使用制动器。没有叶尖制动的定桨距风机则必须在低速轴上使用制动器。由于风力发电机的低速轴转矩非常大，所以制动盘的直径比较大，有安装在主轴上的，也有将制动盘制成与联轴器一体的；制动钳一般至少使用两个，直接安装在风机底盘的支架上。

3. 偏航制动器

偏航制动器制动盘是与偏航轴承一起安装在塔架上的，由于风力发电机的机舱和风轮总重量在百吨左右，所以转动起来转动惯量很大。为保证可靠制动，一台风力发电机上至少需要8个偏航制动钳；除制动功能外，还要有阻尼功能，以使偏航稳定。制动钳安装在底盘的安装支架上，用高强度螺栓固定。

四、制动系统零部件的要求

制动器在各种机械设备中使用广泛，已成为机械设备中的一种标准部件，设计及加工工艺很成熟。我国已形成一个庞大的制动器行业，只要用户提出使用要求，制动器厂即可生产出满足用户需要的配套产品。没有风力发电机制造厂自己生产制动器，因此我们只介绍风力发电机制动系统零部件的要求，以适应订货及检验验收需要；不再介绍制动系统零部件的加工工艺。

（一）驱动机构的技术要求

驱动机构的选型和设计应易于实现风力发电机组制动系统的自动控制功能。驱动机构的力学性能应与制动系统的设计要求一致。驱动机构的形式应优先采用电磁驱动机构或液压驱动机构。

（二）驱动机构的性能要求

驱动机构产生的推力值的变化不应超过额定值的5%。如果没有特别说明，驱动机构的响应时间不应超过0.2s。驱动机构的动作应灵活可靠，准确到位。驱动机构中传递力和力矩的零部件应有足够的强度和刚度。

1. 电磁驱动机构

电磁制动多用于老式的风力发电机组中，是从起重机械运用比较成熟的产品移植到风力发电机上。它的结构原理是利用制动电磁铁，牵引杠杆式夹钳与弹簧压力相配合，实现对安装在轮轴上的制动盘或鼓夹紧制动。

电磁制动装置分为通电制动和断电制动两种类型，断电制动在停电时制动，相对更为安全可靠，使用普遍。电磁制动的制动力随制动摩擦片的磨损而逐渐减小，而且没有自补偿功能，这是近年来风力发电机将其淘汰的原因。因此使用电磁驱动的制动器必须定期检查摩擦片的磨损情况，发现摩擦片的磨损接近规定值时应立即更换。

电磁驱动机构，其电器外壳保护等级不应低于《旋转电机整体结构的防护等级（IP代码）分级》（GB/T 4942.1—2006）中规定的IP54级。

2. 液压驱动机构

液压系统是钳盘式制动器的驱动压力源。液压系统中普遍使用电磁阀，电磁阀便于实现远程集中控制；机械液压制动摩擦片磨损后具有自补偿功能，且制动力调整方便，只要调整制动系统溢流阀的溢流压力即可，所以现代风力发电机普遍采用液压制动系统。液压制动机构的管路连接和密封应具有可靠的密封性能。

风力发电机的液压系统是一个集中统一的系统，为风力发电机组上的所有液压设备提供液压动力，这样可以降低成本，简化液压系统，减少占舱面积。

（三）其他零部件的技术要求

1）空气制动装置的设计应按相关要求进行。

2）叶尖制动和顺桨距制动装置动作应及时准确、灵活可靠、协调一致。

3）制动盘应符合《盘式制动器 制动盘》（JB/T 7019—2013）的规定。

4）摩擦材料应符合相关规定。

5）摩擦衬垫的许用磨损量应予以规定，超过规定值时应及时更换。

6）制动钳和制动盘的固定应采用高强度螺栓，固定力矩应符合设计要求。

第三节 制动系统的控制要求

制动系统的工作可靠性事关风力发电机组的安全，因此制动系统的控制是由风力发电机组的主控计算机进行的。制动系统的软件控制程序被安排在最优先级别。主控计算机将监测系统传回的信号数据进行分析和判断后，通过控制电路将控制指令传递给执行机构，由执行机构进行制动操作。

一、制动系统的控制方式

风力发电机的制动系统采用冗余控制方式，至少应设计有制动系统的正常控制逻辑和安全控制逻辑。在控制系统中，安全控制逻辑是比正常控制逻辑更高级别的控制逻辑。这就使制动系统具有失效保护功能，当出现重大故障或驱动机构的能源装置失效时，制动系统能够使风力发电机组处于安全制动状态。各种控制逻辑的触发条件是：

1）在任何条件下不能同时触发不同的控制逻辑，一个制动过程在同一时刻只能从属于多种控制逻辑中一种特定的控制逻辑。

2）在同等条件下选择控制方式时，安全控制逻辑具有较高的优先级，即使在正常制动控制逻辑下的制动过程中，也应可以转移到安全控制逻辑。

3）在各种控制逻辑中，高级别的控制逻辑应对低级别的控制逻辑具有保护作用，即在正常控制逻辑失效时可以触发安全控制逻辑。

4）制动系统的正常控制逻辑至少应可以起动正常制动方式和紧急制动方式，并可以根据不同的风力发电机组运行状态投入相应的工作方式。

5）制动系统的安全控制逻辑至少应可以起动紧急制动方式，一定条件下可自动触发并使制动系统按预定程序投入到制动状态。

6）在同一控制逻辑下，可以从低级别的制动方式向高级别的制动方式转移，即可以从正常制动方式向紧急制动方式转移。

7）在任何控制逻辑下，同一种工作方式应具有一致性，但不同的控制逻辑可选择不同的制动工作方式。

二、制动系统的工作方式

制动系统应设定控制方式类型，至少应设计有正常制动方式和紧急制动方式。紧急制动方式是比正常制动方式更高一级的制动方式；一般情况下正常制动方式对应正常控制逻辑，紧急制动方式对应安全控制逻辑，特殊情况例外。各种工作方式下制动装置的投入顺序规定如下：

1）在任何条件下不能同时起动不同的工作方式，一个制动过程在同一时刻只能采用多种工作方式中一种特定的工作方式。

2）在同等条件下选择制动方式时，紧急制动方式具有较高的优先级，即使在正常制动过程中也可根据需要过渡到紧急制动方式。

3）在正常制动方式下，制动装置应采用分时分级投入方式。按预定程序先投入一级制动装置，达到一定条件时，再按预定程序投入二级制动装置。

4）在紧急制动方式下，一级制动装置和二级制动装置应同时按预定程序投入到制动状态，实现对风力发电机组的安全制动。

5）在任何工作方式下，同一级的制动装置应能按预定程序投入到制动状态，并保持制动状态的稳定。

三、制动系统的操作模式

制动系统应适应风力发电机组的操作模式。风力发电机组一般设有人工操作模式和自动控制模式，并可根据需要随时切换操作模式。人工操作模式一般用于风力发电机组的调试与维修，自动控制模式用于风力发电机组远程无人值守运行。对各种操作模式的要求如下：

1）在任何条件下，风力发电机组制动系统不能同时从属于两种操作模式，在同一时刻只能从属于一种特定的操作模式。

2）在同等条件下选择操作模式时，人工操作模式和自动操作模式应具有相同的优先级，最后设置的操作模式为当前操作模式。

3）在人工操作模式下，可根据风力发电机组的起动和停止需要，人为地使制动系统投入到制动状态或解除其制动状态。

4）在自动控制模式下，只有控制系统能够根据相关条件，使制动系统投入到制动状态或解除其制动状态。

人工操作模式和自动操作模式应是相互独立的，但应在控制系统中设置自动操作模式的屏蔽装置。

四、制动系统的其他要求

在风力发电机组在解缆状态下不应解除制动状态，应在解缆状态结束并且相关的条件满足后方可解除制动状态；在制动状态下方可进入解缆过程。

在风力发电机组的正常偏航状态下，满足条件时应可进入制动状态；在风力发电机组的制动状态下，满足条件时应可进入偏航状态。

复习思考题

1. 简述制动系统在风力发电机组中的重要性。
2. 简述制动器的工作原理。
3. 制动系统由哪几部分组成？
4. 风力发电机组制动系统的总体设计要求有哪些？
5. 制动系统有哪些工作条件要求？
6. 风力发电机组的制动方式有哪些？
7. 风力发电机组的制动形式有哪些？
8. 风力发电机组制动系统的组成原则是什么？
9. 钳盘式制动器的结构特点有哪些？钳盘式制动器由哪几部分组成？
10. 风力发电机组对机械制动装置的技术性能要求有哪些？
11. 风力发电机用钳盘式制动器有几种？
12. 风力发电机组对制动系统零部件有什么要求？
13. 什么是制动系统的控制方式？控制逻辑的触发条件有哪些要求？
14. 什么是制动系统的工作方式？制动系统投入顺序有哪些规定？
15. 什么是制动系统的操作模式？制动系统有哪些操作要求？
16. 制动控制系统其他要求的内容有哪些？

第七章　液 压 系 统

液压系统是制动系统的动力源，其重要性不言自明。通过本章的学习，应了解液压系统的工作原理和结构组成，学会看液压系统图的基本方法，掌握液压伺服的工作原理，熟悉完整的液压系统、风力发电机组液压系统的基本要求和组成部分，掌握典型风力发电机组液压系统及零部件的技术要求。

第一节　液压系统概述

液压系统是风力发电机组的一种动力系统，是一个公共服务系统，它为风力发电机组上一切使用液压作为驱动力的装置提供动力。它的主要功能是为变桨距控制装置、安全桨距控制装置、偏航驱动和制动装置、停机制动装置提供液压驱动力。在定桨距风力发电机组中，液压系统的主要任务是驱动风力发电机组的气动制动和机械制动；在变桨距风力发电机组中，液压系统的主要任务是控制变桨距机构，实现风力发电机组的转速控制、功率控制，同时也控制机械制动机构。

一、液压装置的工作原理

液压装置的工作原理是：在特定的机械、电子设备内，利用液体工作介质的静压力，完成能量的蓄积、传递、控制和放大，以实现机械功能的轻巧化、精细化、科学化和最大化。

二、液压技术的主要特点

液压系统的基本功能是以液体压力能的形式进行便于控制的能量传递。从能量传递方面来看，液压技术大致处于机械式能量传递和电气式能量传递之间的位置。

液压技术的特点如下：

1）可实现大范围的无级调速（调速范围达 2000∶1），即能在很宽的范围内很容易地调节力与转矩。

2）控制性能好，对力、速度、位置等指标能以很高的响应速度正确地进行控制。很容易实现机器的自动化，当采用电液联合控制时，不仅可实现更高程度的自动控制过程，而且可以实现远距离控制。

3）体积小、重量轻、运动惯性小、反应速度快、动作可靠、操作性能好。

4）可自动实现过载保护。一般采用矿物油作为工作介质，相对运动面可以自行润滑，使用寿命长。

5）可以方便地根据需要使用液压标准元件，灵活地构成实现任意复杂功能的系统。

液压系统也存在一些问题。例如：效率较低，泄漏污染场地，而且可能引起火灾和爆炸事故。同时，工作性能易受到温度变化的影响，不宜在很高或很低的温度条件下工作。由于受到液体工作介质的泄漏及可压缩性影响，液压系统不能得到严格的传动比。

三、液压系统的基本组成

液压系统的组成部分称为液压元件，根据液压元件的功能分类如下：

1. 动力元件

动力元件的作用是将原动机的机械能转换成液体（主要是液压油）的压力能，是指液压系统中的液压泵向整个液压系统提供液压油。液压泵的常见结构形式有齿轮泵、叶片泵和柱塞泵。

2. 控制元件

控制元件（即各种液压阀）的作用是在液压系统中控制和调节液体的压力、流量和方向，以满足执行元件对力、速度和运动方向的要求。根据控制功能的不同，液压阀可分为压力控制阀、流量控制阀和方向控制阀。压力控制阀又分为溢流阀（安全阀）、减压阀、顺序阀等；流量控制阀包括节流阀、调整阀、分流集流阀等；方向控制阀包括单向阀、液控单向阀、换向阀等。根据控制方式的不同，液压阀可分为开关式控制阀、定值控制阀和比例控制阀。

3. 执行元件

执行元件是把液压系统的液体压力能转换为机械能的装置，用于驱动外负载做功。旋转运动用液压马达，直线运动用液压缸，摆动用液压摆动马达。

4. 辅助元件

辅助元件是传递压力能和液体本身调整所必需的液压辅件。其主要作用是储油、保压、滤油和检测等，并把液压系统的各元件按要求连接起来，构成一个完整的液压系统。辅助元件包括油箱、蓄能器、滤油器、油管及管接头、密封圈、压力表、油位计和油温计等。

最后，还要介绍一下液压油。液压油是液压系统中传递能量的工作介质，有各种矿物油、乳化液和合成型液压油等几大类。

四、液压系统原理图

液压系统原理图是使用国家标准规定的代表各种液压元件、辅件及连接形式的图形符号，组成用以表示一个液压系统工作原理的简图。它是按照液压系统控制流程的逻辑关系绘制出的图样，能帮助我们掌握液压系统的工作原理。一个液压系统是由液压元件和液压回路构成的，用以控制和驱动液压机械完成所需工作的整个传动系统。

元件是由数个不同零件组成的，用以完成特定功能的组件，如液压缸、液压马达、液压泵、阀、油箱、过滤器、蓄能器、冷却器和管接头等。这些元件有些是通用的、标准化的。液压回路是完成某种特定功能、由元件构成的典型环节。

（一）液压系统原理图的绘制原则

1）液压系统图形符号、标记画法应符合 GB/T 786.1—2009 的规定。元件的图形符号应符合《电气简图用图形符号　第 2 部分：符号要素、限定符号和其他常用符号》（GB/T 4728.2—2005）的规定。计量单位应符合国家法定计量单位的规定。

2）液压执行机构应以示意简图表示，并标注名称。

3）主管路（如压力管路、回油管路、泄油管路等）和连接液压执行元件的管路应标注管路外径和壁厚。

4）压力控制元件应标注压力调定值。压力充气元件或部件应标注充气压力。

5）温度控制元件应标注温度整定值。

6）电动机和电器触点、电磁线圈应标注代号。

7）每个元件应编上数字编号，相同型号的元件应标注排列顺序号。

8）构成独立液压装置的液压回路应采用双点画线划分区域并标注代号。

9）液压系统各组装部件之间的接口应标注代号。

（二）液压系统原理图的阅读方法

1）了解液压系统的用途、工作循环，及其应具有的性能和对液压系统的各种要求等。

2）根据工作循环、工作性能和要求等，分析需要哪些基本回路，并弄清各种液压元件的类型、性能、相互间的联系和功用。还要分析出液压系统必须具有哪些基本回路，并在液压传动原理图上逐一查找出每个回路。

3）按照工作循环表，仔细分析并依次写出完成各个动作的相应油液流经路线。为了便于分析，在分析之前最好将液压系统中的每个液压原件和各条油路编上号码。这样，对分析复杂油路和动作较多的系统特别重要。标注油液流经路线时，要分清主油路和控制油路。对主油路，应从液压泵开始标注，一直标注到执行元件，这就构成了进油路线；然后再从执行元件回油泄到油箱（闭式系统回到液压泵）。

这样的分析目标明确，不易混乱。在分析各种状态时，要特别注意液压系统从一种工作状态转换到另一种工作状态，是由哪些元件发出的信号，使哪些控制元件动作，从而改变哪个通路状态，达到何种状态的转换。在阅读时还要注意，主油路和控制油路是否有矛盾，是否相互干扰等。在分析各个动作油路的基础上，列出电磁铁和其他转换元件动作顺序表。

（三）液压系统图阅读示例

现用图 7-1 来说明液压系统的工作原理：当电动机带动液压泵运转时，液压泵从油箱经滤油器吸油，并从其排油口排油，也就是把经过液压泵获得了液压能的油液排入液压系统中。

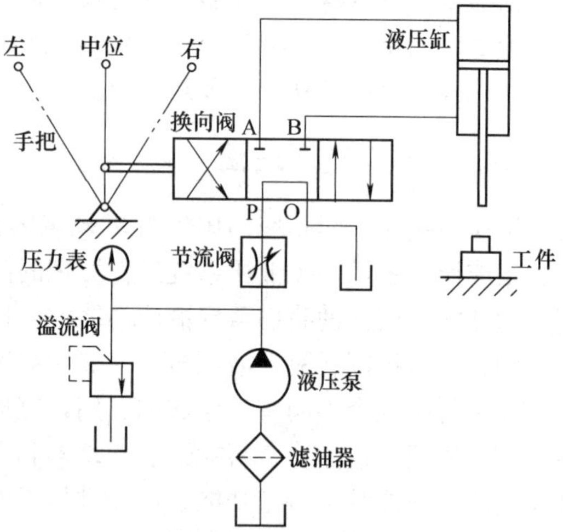

图 7-1　液压系统的工作原理

在图 7-1 所示状态下，即换向阀手把位于中位时，液压泵排出的油液经排油管、节流阀、换向阀 P 口、换向阀 O 口，最后流回油箱。

如果把换向阀手把推向左位，则该阀阀芯把 P、A 两口连通，同时，B、O 两口也被连通，液压泵排出的油液经 P、A 两口流至液压缸上腔；同时，液压缸下腔的油液经 B、O 两口流回油箱，这样液压缸上腔进油，下腔回油，活塞在上腔油压的作用下带动活塞杆一起向下运动。当活塞向下运行到液压缸下端极限位置时，运行停止，然后可根据具体工作需要使溢流阀保压停止，或使活塞杆返回原位。

如果需要活塞杆向上运动返回原位，则应把换向阀手把推向右位，这时 P、B 两口被阀芯通道连通，液压泵排出的油液经 P、B 两口流至液压缸下腔；同时，液压缸上腔的油液经 A、O 两口（当换向阀连通 P 口、B 口时，也同时连通了 A 口、O 口）流回油箱。这样，液压缸下腔进油，上腔回油，活塞在下腔油压的作用下，连同活塞杆一起向上运动返回原位。

通过操纵换向阀手把的左、中、右位置，可以分别实现液压缸活塞杆的伸、停、缩三种运动状态。手把不断左右换位，活塞带动活塞杆就不断地作往复直线运动。

液压系统中的节流阀可以用来调节液压缸活塞杆运动速度的快慢；溢流阀用于稳压和限制系统压力；压力表用来观测系统压力；滤油器用于过滤液压泵吸取的油；油箱用于储油和沉淀油液杂质。

五、液压伺服系统的工作原理

液压伺服系统以其响应速度快、负载刚度大、控制功率大等独特的优点在工业控制领域中得到了广泛的应用。电液伺服系统通过使用电液伺服阀，将小功率的电信号转换为大功率的液压动力，从而实现了一些重型机械设备的伺服控制。液压伺服系统是使系统的输出量，如位移、速度或力等，能自动、快速而准确地跟随输入量的变化而变化，与此同时，输出功率被大幅度放大。液压伺服系统的工作原理可由图 7-2 来说明。

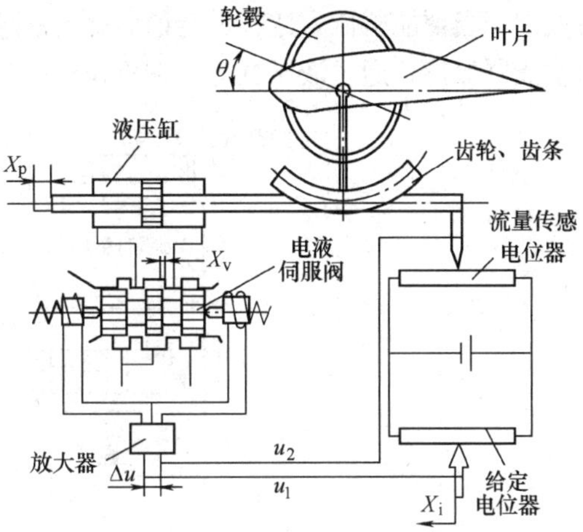

图 7-2　液压变桨距的电液伺服系统

图 7-2 所示为一个对风力发电机液压变桨距系统进行连续控制的电液伺服系统。在轮毂中，叶片的转角 θ 变化会产生节流作用而起到调节流量 Q_t 的作用。叶片转动由液压缸上的齿条带动扇形齿轮来实现。这个系统的输入量是电位器的给定值 X_i。对应给定值 X_i，有一定的电压输给放大器。放大器将电压信号转换为电流信号加到伺服阀的电磁线圈上，使阀芯相应地产生一定的开口量 X_v。阀开口量 X_v 使液压油进入液压缸右腔，推动活塞杆上的齿条向左移动。液压缸左腔的油液则经伺服阀流回油箱。液压缸的向左移动，使齿轮、齿条带动叶片产生偏转。同时，液压缸活塞杆也带动电位器的触点左移。当活塞杆移动量 X_p 所对应的电压与 X_i 所对应的电压相等时，两电压之差为零。这时，放大器的输出电流也为零，伺服阀关闭，液压缸带动的叶片停在相应 Q_t 的位置。

在控制系统中，将被控制对象的输出信号回输到系统的输入端，并与给定值进行比较而形成偏差信号以产生对被控对象的控制作用，这种控制形式称为反馈控制。反馈信号与给定信号的符号相反，即总是形成差值，这种反馈称为负反馈。用负反馈产生的偏差信号进行调节，是反馈控制的基本特征。在图 7-2 所示的实例中，电位器就是反馈装置，偏差信号就是给定信号电压与反馈信号电压在放大器输入端产生的 Δu。

第二节　风力发电机组液压系统的类型

一、定桨距风力发电机组的液压系统

定桨距风力发电机组的液压系统实际上是制动系统的执行机构，主要用来执行风力发电机组的开关机指令。通常它由两个压力保持回路组成，一路通过蓄能器供给叶尖扰流器，另一路通过蓄能器供给机械制动机构。这两个回路的工作任务是使机组运行时制动机构始终保持一定压力。当需要停机时，两回路中的常开电磁阀先后失电，叶尖扰流器一路液压油被泄回油箱，叶尖动作；稍后，机械制动一路液压油进入制动液压缸，驱动制动钳，使叶轮停止转动。在两个回路中各装有两个压力传感器，以指示系统压力，控制液压泵站补充液压油和确定刹车机构的工作状态。

图 7-3 所示为某定桨距风力发电机组的液压系统。由于偏航机构也引入了液压回路，它由三个压力保持回路组成。图左侧是气动制动压力保持回路，液压油由液压泵 2 经过精滤油器 4 进入系统。溢流阀 6 用来限制系统的最高压力。开机时电磁阀 12-1 接通，液压油经单向阀 7-2 进入蓄能器 8-2，并通过单向阀 7-3 和旋转接头进入气动制动液压缸。压力开关由蓄能器的压力控制，当蓄能器压力达到设定值时，开关动作，电磁阀 12-1 关闭。运行时，回路压力主要由蓄能器保持，通过液压缸上的钢索拉住叶尖扰流器，使之与叶片主体紧密接合。

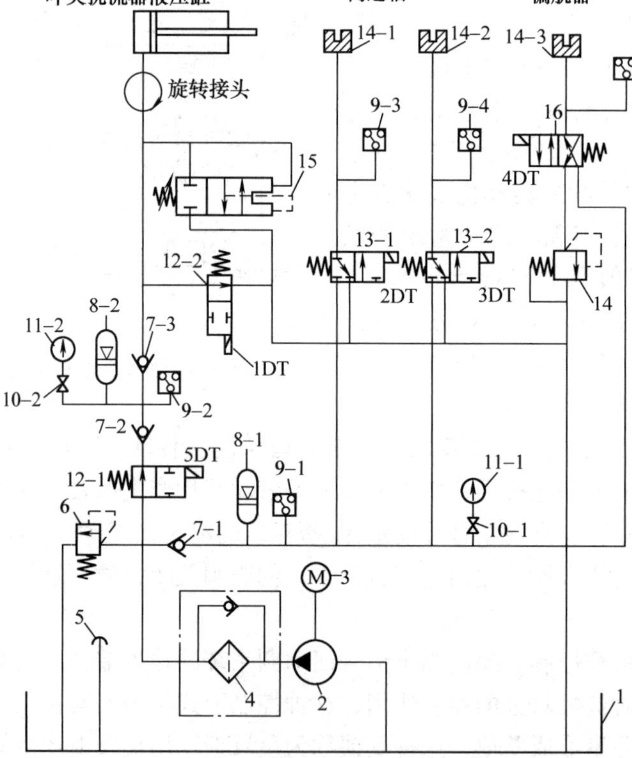

图 7-3　定桨距风力发电机组的液压系统

1—油箱　2—液压泵　3—电动机　4—精滤油器　5—油位指示器　6—溢流阀
7—单向阀　8—蓄能器　9—压力开关　10—截止阀　11—压力表
12、13、16—电磁阀　14—制动夹钳　15—突开阀

电磁阀 12-2 为停机阀，用来释放气动制动液压缸中的液压油，使叶尖扰流器在离心力作用下滑出；突开阀 15 用于超速保护，当风轮飞车时，离心力增大，通过活塞的作用，使回路内压力升高；当压力达到一定值时，突开阀开启，液压油泄回油箱。突开阀不受控制系统指令的控制，是独立的安全保护装置。

图中间是两个独立的高速轴制动器回路，通过电磁阀 13-1、13-2 分别控制制动器中液压油的进出，从而控制制动器动作。工作压力由蓄能器 8-1 保持。压力开关 9-1 根据蓄能器的压力控制液压泵电动机的停止、起动。压力开关 9-3、9-4 用来指示制动器的工作状态。

右侧为偏航制动器回路，偏航系统有两个工作压力，分别提供偏航时的阻尼和偏航结束时的制动力。工作压力仍由蓄能器 8-1 保持。由于机舱有很大的惯性，调向过程必须确保系统的稳定性，此时偏航制动器用作阻尼器。工作时，4DT 线圈得电，电磁阀 16 左侧接通，回路压力由溢流阀保持，以提供调向系统足够的阻尼；调向结束时，4DT 线圈失电，电磁阀右侧接通，制动压力由蓄能器直接提供。

二、变桨距风力发电机组的液压系统

变桨距风力发电机组的液压系统与定桨距风力发电机组的液压系统很相似，也由两个压力保持回路组成。一路由蓄能器通过电液比例阀供给叶片变桨距液压缸，另一路由蓄能器供给高速轴上的机械制动机构。图 7-4 所示为某变桨距风力发电机组的液压系统。

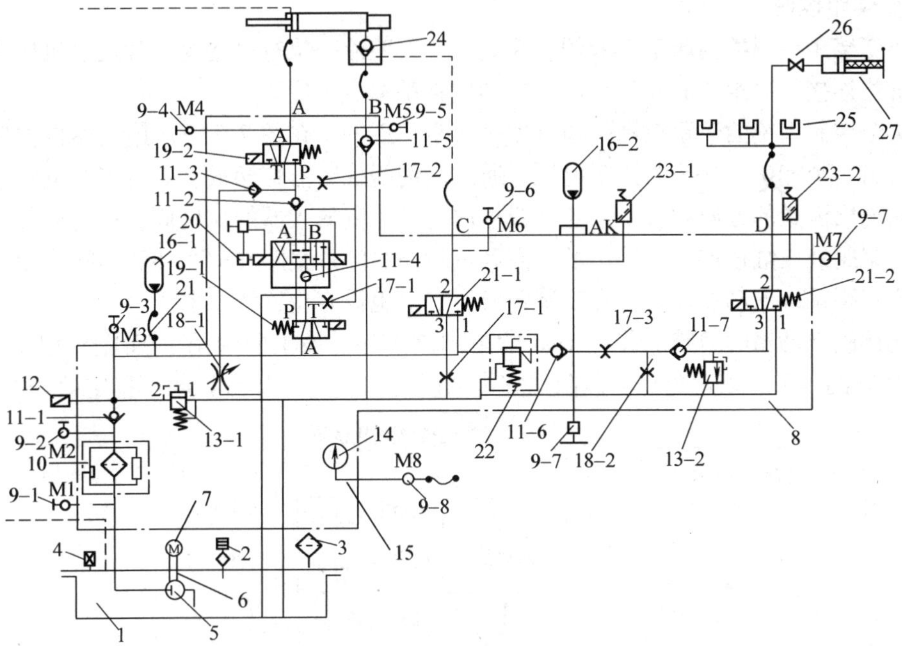

图 7-4 变桨距风力发电机组的液压系统

1—油箱 2—油位开关 3—空气滤清器 4—温度传感器 5—液压泵 6—联轴器 7—电动机
8—主模块 9—压力测试口 10—滤油器 11—单向阀 12—压力传感器 13—溢流阀
14—压力表 15—压力表接口 16—蓄能器 17—节流阀 18—可调节流阀 19、21—电磁阀
20—比例阀 22—减压阀 23—压力开关 24—先导型单向阀
25—制动器 26—球阀 27—手动活塞泵

1. 液压泵站

液压泵站的动力源是液压泵 5，为变桨距回路和制动器回路所共用。液压泵安装在油箱油面以下并通过联轴器 6，由油箱上部的电动机驱动。泵的流量变化根据负载而定。

液压泵由压力传感器 12 的信号控制。当液压泵停止工作时，系统由蓄能器 16 保持压力。系统的工作压力设定范围为 130～145bar（1bar = 10^5Pa）。当压力降至 130bar 以下时，液压泵起动并开始工作；在 145bar 时，液压泵停止工作。在运行、暂停和停止状态，液压泵根据压力传感器的信号自动工作，在紧急停机状态，液压泵将被迅速断路而关闭。

液压油从液压泵通过高压滤油器 10 和单向阀 11-1 传送到蓄能器 16。滤油器上装有旁通阀和污染指示器，它在旁通阀打开前起作用。阀 11-1 在液压泵停止工作时阻止回流。紧跟在滤油器外面，先后有两个压力表连接器（M1 和 M2），它们用于测量液压泵的压力或滤油器两端的压力降。测量时将各测量点的连接器通过软管与连接器 M8 上的压力表 14 接通。溢流阀 13-1 是防止液压泵在系统压力超过 145bar 时继续泵油进入系统的安全阀。在蓄能器 16 因外部受热情况下，溢流阀 13-1 会限制气压及油压升高。

节流阀 18-1 用于抑制蓄能器预压力并在系统维修时，释放来自蓄能器 16-1 的液压油。

油箱上装有油位开关 2，以防油溢出或泵在无油情况下运转。油箱内的油温由装在油池内的 PT100 传感器测得，出线盒装在油箱上部。油温过高时会导致报警，以免在高温下泵的磨损，延长密封圈的使用寿命。

2. 变桨距控制

液压变桨距控制机构属于电液伺服系统，变桨距液压执行机构是叶片通过机械连杆机构与液压缸相连接，桨距角的变化与液压缸的位移基本成正比。

变桨距控制系统的桨距控制是通过比例阀来实现的。在图 7-5 中，控制器根据功率或转速信号给出一个-10～+10V 的控制电压，通过比例阀控制器转换成一定范围的电流信号，控制比例阀输出流量的方向和大小。点画线框内是带控制放大器的比例阀，设有内部位移反馈信号。变桨距液压缸按比例阀输出的方向和流量操纵叶片桨距在-5°～88°之间运动。为了提高整个变桨距系统的动态性能，在变桨距液压缸上也设有位置传感器。

在比例阀至油箱的回路上装有 1bar 的单向阀 11-4。该单向阀用于确保比例阀 T 口上总是保持 1bar 的压力，以避免比例阀阻尼室内的阻尼“消失”导致该阀不稳定而产生振动。

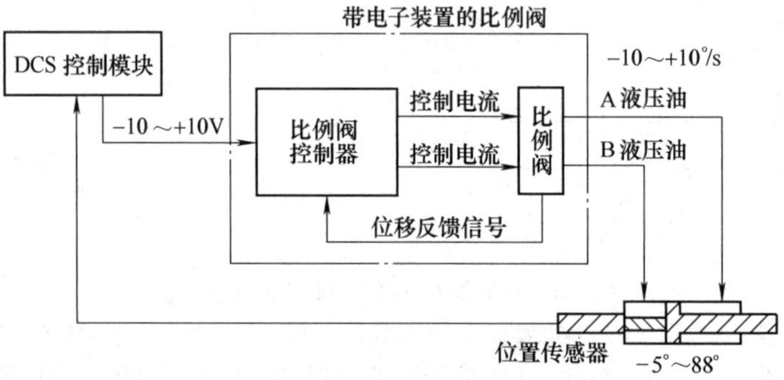

图 7-5　桨距控制示意图

比例阀上的红色发光二极管指示位置传感器故障，位置传感器输出信号是比例阀上滑阀位置的测量值，控制电压和位置传感器信号相互间的关系，变桨距速度由控制器计算给出，以 0°为参考中心点。控制电压和变桨距速率、位移反馈信号的关系如图 7-6 所示。

3. 运转缓停工况

电磁阀 19-1 和 19-2（紧急顺桨阀）通电后，使比例阀上的 P 口得到来自泵和蓄能器 16-1 压力。变桨节距液压缸的左端（前端）与比例阀的 A 口相连。

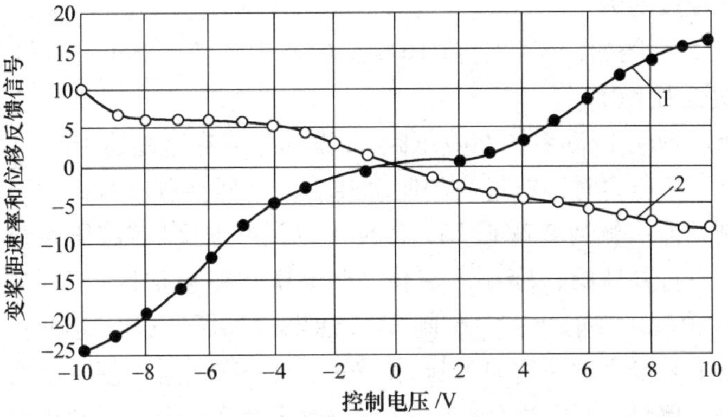

图 7-6　变桨距速率、位移反馈信号与控制电压的关系

1—变桨距速率　2—位移反馈信号

电磁阀 21-1 通电后，从而使先导管路（虚线）增加压力。先导型单向阀 24 安装在变桨距液压缸后端靠先导压力打开以允许活塞双向自由移动。

把比例阀 20 通电到“直接”（P-A，B-T））时，液压油即通过单向阀 11-2 和电磁阀 19-2 传送 P-A 到缸筒的前端。活塞向右移动，相应的叶片桨距向−5°方向调节，液压油从液压缸右端（后端）通过先导型单向阀 24 和比例阀（B 口至 T 口）回流到油箱。

把比例阀通电到“跨接”（P-B，A-T）时，液压油通过单向阀传送 P-B 进入液压缸后端，活塞向左移动，相应的叶片桨距向+88°方向调节，液压油从液压缸左端（ 前端）通过电磁阀 19-2 和单向阀 11-3 回流到压力管路。由于右端活塞面积大于左端活塞面积，使活塞右端压力高于左端的压力，从而能使活塞向前移动。

4. 停机/紧急停机工况

停机指令发出后，电磁阀 19-1 和 19-2 断电，油从蓄能器 16-1 通过阀 19-1 和节流阀 17-1 及阀 24 传送到液压缸后端。缸筒的前端通过阀 19-2 和节流阀 17-2 排放到油箱，叶片变桨距到+88°机械端点而不受来自比例阀的影响。

电磁阀 21-1 断电时，先导管路液压油排放到油箱；先导型单向阀 24 不再保持在双向打开位置，但仍然保持单向阀的作用，只允许液压油流进缸筒。从而使来自风的变桨力不能从液压缸左端方向移动活塞，避免向−5°的方向调节叶片桨距。

在停机状态，液压泵继续自动停/起运转。顺桨由部分来自蓄能器 16-1，部分直接来自泵 5 的液压油来完成。在紧急停机位时，液压泵很快断开，顺桨只由来自蓄能器 16-1 的液压油来完成。为了防止在紧急停机时，蓄能器内油量不够变桨距液压缸一个行程，紧急顺桨将由来自风的自变桨作用力完成。液压缸右端将由两部分液压油来填补：一部分来液压缸左端通过电磁阀 19-2、节流阀 17-2、单向阀 11-5 和 24 的重复循环油；另一部分液压油来自油箱通过吸油管路及单向阀 11-5 和 24。

紧急顺桨的速度由两个节流阀 17-1 和 17-2 控制并限制到约 9°/s。

5. 制动机构

制动系统由泵系统通过减压阀 22 供给压力源。蓄能器 16-2 是确保能在蓄能器 16-1 或泵没有压力的情况下也能工作。可调节流阀 18-2 用于抑制蓄能器 16-2 的预充压力或在维修制动系统时用于来自释放的油。

压力开关 23-1 是常闭的，当蓄能器 16-2 上的压力降低于 15bar 时打开报警。压力开关 23-2 用于检查制动压力上升。

溢流阀 13-2 用于防止制动系统在减压阀 22 误动作或在蓄能器 16-2 受外部加热时，压力过高（23bar）。过高的压力时即有过高的制动转矩，这样会造成对传动系统的严重损坏。

液压系统在制动器一侧装有球阀 26，以便手动活塞泵 27 在液压系统不能加压时，用于制动风力发电机组。打开球阀，旋动活塞泵，制动卡钳将被加压，单向阀 11-7 阻止回流油向蓄能器 16-2 方向流动。要防止在电磁阀 21-2 通电时加压，这时制动系统的液压油经电磁阀排回油箱，加不上来自手动活塞泵的压力。在任何一次使用活塞泵以后，球阀必须关闭。

（1）运行/暂停/停机　开机指令发出后，电磁阀 21-2 通电，制动卡钳排油到油箱，刹车被释放。暂停期间保持运行时的状态。停机指令发出后，电磁阀 21-2 失电，来自蓄能器 16-2 的和减压阀 22 液压油可通过电磁阀 21-2 的 3 口进入制动器液压缸，实现停机时的制动。

（2）紧急停机　电磁阀 21-2 失电，蓄能器 16-2 将液压油通过电磁阀 21-2 进入制动卡钳液压缸。制动液压缸的速度由节流阀 17-4 控制。

第三节　风力发电机组对液压系统及零部件的要求

一、风力发电机组液压系统的基本组成

风力发电机组液压系统由液压件厂根据风力发电机组总装厂的订货要求设计生产。其供货组件有液压泵站（包括油箱、液压泵、变桨距控制块、安全桨距控制块、一些标准液压控制阀）、蓄能器、液压缸、控制箱等。这些液压零部件在风力发电机组总装厂进行总装时，安装在各自规定的位置上，然后进行配管作业，用液压管路把它们连接起来组成系统。

变桨距控制块和安全桨距控制块是液压件厂根据风力发电机组液压系统的特点，专门为风力发电机组液压系统设计制造的液压控制部件。变桨距控制块和安全桨距控制块上集成了多个不同种类的液压控制阀和连通管路，油路连通是采用油路块实现的，各种液压阀安装在油路块上；因此具有体积小、占地面积小、可靠性高、对外连接管路少、现场安装工作量少的优点。目前专用机械设备的液压系统普遍采用控制模块集成的方式。风力发电机组液压系统的液压泵站是以一个部件来供货的，液压控制模块一般安装在液压泵站的顶部，由液压管路将受控的油流输送到执行部件变桨距液压缸、钳盘式制动器的液压缸等。

二、风力发电机组对液压系统的基本要求

风力发电机组液压系统的设计应满足一些基本要求：工作原理简单、易行、完善，节能、高效，成本低，工作安全可靠，运行正常，维护方便，噪声小、无渗漏，满足设计寿命大于 20 年等。

（一）液压系统的设计条件

液压行业是机械工业中十分成熟的行业，具有专业化生产的优势，所以风力发电机组的液压系统都是由风力发电机总装厂进行设计的，委托液压件厂生产制造零部件，在风机总装

时进行液压系统的安装。在与液压件厂的技术协议或设计任务书中必须明确以下内容：

1）风力发电机组的额定功率。

2）风力发电机组的结构形式及工作方式，系统工作的环境温度等级（高温为-20~50℃、常温为-20~40℃、低温为-30~40℃）、湿度及其变化范围。

3）对于高温和易燃环境、外界扰动（如冲击、振动等）、高海拔（1000m以上）、严寒地区以及高精度、高可靠性等特殊情况下的系统设计、制造及使用要求。

4）液压执行元件、液压泵站、液压阀台及其他液压装置的安装位置。

5）液压执行机构的性能、运动参数、安装方式和有关特殊要求（如保压、泄压等）。

6）操作系统的自动化程度和联锁要求。

7）系统使用工作油的种类。

8）明确用户电网参数。

（二）液压系统的设计原则

液压系统的设计和结构应满足有关标准的要求，并应考虑下列因素：

1）元件（泵、管路、阀门、液压缸）的尺寸应适当，以保证其所需的反应时间、动作速度、作用力；运行期间，液压组件中的压力波动可能导致的疲劳破坏。

2）控制功能与安全系统应能完全分离；液压系统应设计成在无压力或液压失效情况下，系统仍能处于安全状态。

3）液压缸（如风轮制动机构、叶片变桨距机构等）仅在具有压力时才能实现其安全功能，液压系统应设计成在动力供给失效后能使机组保持在安全状态的时间不少于5天。

4）机组设计应满足运行气候条件（油/液体黏度，可能的冷却、加热等）。

5）泄漏不应对其功能产生有害影响。如出现泄漏应能进行监控，并对风力发电机组进行相应的控制。

6）如液压缸在液压动作下沿两个方向移动，应设计成“液压加载”方式。

7）布置管路时，应考虑组件间的相互运动和由此产生的作用于管子上的动应力。

（三）液压系统的节能安全要求

1）设计液压系统时，应考虑系统效率（应选用节能元件、节能回路等）使系统的发热减至最小程度。

2）系统设计应考虑各种可能发生的事故。系统的功能设置，元件的选择、应用、配置和调节等，应首先考虑人员的安全和事故发生时设备损坏最小；系统应有过电压保护装置。

3）对液压系统进行设计与调整时，应使冲击力最小。冲击力不致影响设备正常工作和引起危险。

4）液压元件的使用应符合相应的使用特性、技术参数和性能的要求。

5）液压元件的安装位置应能安全方便地进行操作和调整，液压元件的操作和调整应符合制造厂的规定。

6）液压系统设计应符合《生产设备安全卫生设计总则》有关安全、卫生的规定。

三、风力发电机组液压系统的技术要求

（一）工作温度

1）液压系统的工作油温度范围应满足元件及油液的使用要求。

2）为保证正常的工作温度，应根据使用条件设置热交换装置或提高油箱自身热交换能力，将其温度控制在规定要求范围内。一般情况下，液压泵的吸入口油温不得超过60℃，在规定的最低温度时，系统应能正常工作。

（二）管路流速与噪声

液压系统金属管路的油液流速推荐值见表7-1。

表7-1 液压系统金属管路的油液流速推荐值

管路类型	吸管路	压油管路				回油管路	泄油管路
管路代号	S	P				O	L
压力/MPa	—	2.5	2.5~6.3	6.3~16	16~31.5	—	—
允许流速/(m/s)	0.5~2	2.5~3	3~4	4~5	5~6	1.5~3	1

设计系统时应考虑采取降低噪声的措施，系统噪声应符合有关标准的规定。

（三）所用材料相关要求

1）传递功率的液压元件所用材料应能承受预期的动载荷。

2）导管应采用无缝钢管或纵向焊接钢管，并应符合《结构用无缝钢管》（GB/T 8162—2008）和《低压流体输送用焊接钢管》（GB/T 3091—2015）的要求。软管应采用符合有关规定的高压软管，也可用作柔性管路连接件。

3）允许采用经试验证明能保证密封性能并能承受产生的动载荷的管螺纹连接件。

（四）铸件、锻件、焊接件和管件的质量

1）金属材料牌号应符合图样规定。金属材料的化学成分、力学性能应符合相应材料标准的规定。

2）铸件应符合《铸件 尺寸公差、几何公差与机械加工余量》（GB/T 6414—2017）的要求；锻件应符合《钢质模锻件 公差及机械加工余量》（GB/T 12362—2016）的要求；焊接件应符合《气焊、焊条电弧焊、气体保护焊和高能束焊的推荐坡口》的要求。

3）焊接件毛坯、管件应符合下列要求：

①焊接件坯料（板材、型材等）的金属表面锈蚀程度不得低于B级，液压用管件的金属表面锈蚀程度不得低于A级。

②焊接坯料及管件应除锈，除锈后应及时焊接并在焊接完毕后进行防腐处理。

③焊接坯料的成形形状公差应符合相应标准的规定。

④焊接坯料下料的断面表面粗糙度应不大于25μm。

⑤焊接坯料端面不得有挤压变形，端面应平齐，与管子轴线的垂直度公差为管子外径的1%。

⑥焊接坯料及管件的焊接坡口应机加工，且符合《气焊、焊条电弧焊、气体保护焊和高能束焊的推荐坡口》（GB/T 985.1—2008）的规定。

⑦对不影响使用和外观的铸件、锻件缺陷，在保证使用质量的条件下，允许按有关标准和规定进行补焊。

（五）液压油

1. 对液压油的基本要求

对于所选用的液压油，设计液压系统时应考虑系统中规定使用液压油的品种、特性参数与下列物质的相适应性。

1）系统中与液压油相接触的金属材料、密封件和非金属材料。

2）保护性涂层材料以及其他会与系统发生关系的液体等，如油漆、处理液、防锈漆以及维修油液。

3）与溢出或泄漏的液压油相接触的材料，如电缆、电线等。

2. 油液使用过程中的注意事项

系统中液压油的使用应符合《润滑剂、工业用油和相关产品（L类）的分类 第2部分：H组（液压系统）》（GB/T 7631.2—2003）的规定和有关油品专业厂家的规定，且考虑温度、压力使用范围及其特殊性。

1）在系统规定的油液温度范围内，所选用的油液的粘度范围应符合元件的使用条件。

2）不同类型的液压油不应互相调和，不同制造商的相同牌号液压油也不能混合使用。若要混合使用时，应进行小样混合试验，检查是否有物理变化和化学变化。必要时与油品制造厂协商认定。

3）在使用过程中，应对液压油的各项理化性能指标（如黏度、酸值、水分等）和清洁度进行定期检验，确定液压油是否可继续使用。如不符合质量要求，应全部更换。一般3个月检查一次，最长不能超过6个月。

4）液压油的供应商应向使用者提供使用液压油时的人员劳动卫生要求、使用及操作说明、失火时产生的毒气和窒息的危险及废液处理问题等方面的资料。

（六）液压设备标识设置要求

液压装置上的标识应醒目、清楚、持久、规整。标志的打印、喷涂、粘贴及装订位置不得因更换元件后而失去标识。

1）压力管路、回油管路、泄油管路的主管路应分别以“P”“O”“L”字样标识。连接液压执行元件的管路应标识管路代号。

2）液压系统中元件接口应按元件厂家规定的标识代号。

3）液压操作装置（如手动、脚踏、电控阀等）、压力表等部件应标识作用功能等。

4）液压装置主管路（如压力管路、回油管路、泄油管路等）的出口连接处，应涂覆100mm宽的色环面漆，用以表示不同类别功能的管路。色泽应符合设计要求规定。非液压装置上的主管路外表面涂漆，色泽与色环色泽对应、相同。

5）液压装置上接线盒接线应标识线号。

6）液压装置应标识产品铭牌，外购件应附带铭牌。

7）液压泵应标识泵轴旋转方向标志。

（七）涂装

1. 液压系统的涂装要求

1）涂装材料应适应于工作油液及环境。

2）涂装材料的质量应符合化工行业或所选产品的产品标准规定。

3）涂装方法和步骤应符合有关标准和工艺规范规定。

4）涂装厚度、附着力等参数应符合有关标准规定。

2. 液压系统的涂装着色要求

1）油箱内壁宜使用奶油色等浅颜色。

2）整个液压装置之外表面涂色应一致（包括液压装置上的管路），且色泽符合用户提供的色板要求。

3）液压装置上的主管路及非液压装置上的主管路的涂漆色泽要求，应符合液压设备标志设置要求的规定。

四、对液压执行元件的要求

液压执行元件的安装底座应具有足够的刚性，以保证执行机构正常工作。

（一）液压缸

1）设计或选用液压缸时，应对其行程、负载和装配条件加以充分考虑，以防活塞杆在外伸情况时产生不正常的弯曲。

2）液压缸的安装应符合设计图样和制造商的规定。

3）安装液压缸时，如果结构允许，进出油口的位置应在最上面；应安装使其能自动放气或装有方便的放气阀。

（二）液压马达

1）液压马达与被驱动装置之间的联轴器形式及安装应符合制造商的规定。

2）外露的旋转轴和联轴器应有防护罩。

3）使用液压马达时，应考虑其起动力矩、失速力矩、负载变化及低速特性等的影响。

五、液压泵装置要求

1）液压泵与原动机之间的联轴器的形式及安装应符合制造商的规定。

2）外露的旋转轴和联轴器应有防护罩。

3）液压泵与原动机的安装底座应具有足够的刚性，以保证运转时始终同轴。

4）液压泵的进油管路应短而直，避免拐弯增多、端面突变。在规定的油液黏度范围内，应使泵的进油压力和其他条件符合泵制造厂的规定。

5）液压泵进油管路密封应可靠，不得吸入空气。

6）高压、大流量的液压泵制造宜采用：泵的进油口设置橡胶弹性补偿接管；泵的出油口连接高压软管；泵装置底座设置弹性减振垫。

六、油箱装置要求

油箱材料一般应采用碳素钢板加工，重要的特殊油箱可采用不锈钢板加工。

（一）油箱的设计要求

1）油箱的公称容量应符合规定。

2）系统正常工作时，特别是系统没有安装冷却器时，能充分散发液压油中的热量。

3）具有较慢的循环速度，应便于析出混入油液中的空气和沉淀油液中较重的杂质。

4）油箱的回油口与泵的进油口应远离，可用挡流板或其他措施进行隔离，但不能妨碍油箱的清洗。

5）在正常情况下，应能容纳从系统中流来的液压油。

（二）油箱的结构要求

1）油箱应有足够的强度、刚度，以免装上各类组件和灌油后发生较大变形。

2）油箱应高于安装面 150mm 以上，以便搬运、放油和散热；油箱应有足够的支撑面积，以便在装配和安装时使用垫片和楔块等进行调整。

3）油箱内应保持平整，少装结构件，以便清理内部污垢，油箱底部的形状应能将液压油放净，并在底部设置放油口。

4）为清洗油箱应配置一个或一个以上的手孔或人孔；油箱盖、侧壁上的手孔、人孔以及安装其他组件的孔口或基板位置应焊装凸台法兰。

5）可拆卸的盖板，其结构应能阻止杂质进入油箱。

6）穿过油箱壁板的管子均应有效密封。

（三）油箱附件的要求

1）重要油箱应设置油液扩散器和消泡装置。

2）开式油箱顶部应设置空气滤清器以及注油器。空气滤清器的过滤精度应与系统精度要求相符合。空气滤清器的最大压力损失应不影响液压系统的正常工作。

3）油箱应设置液位计，其位置应设置在液压泵的入口附近用以显示液面的位置。重要油箱应加设液位开关，用以油箱高低限液位的监测与警示。

4）油箱应设置油液温度计及油量检测元件，以便目视监测油液温度。

5）压力式隔离型油箱应装设低压报警器，压力式充气型油箱应设置气油安全阀和压力表及压力警示器。

七、其他附件要求

1. 热交换器

系统应根据使用要求设置加热器和冷却器，且应符合下列基本要求：

1）加热器的表面耗散功率不得超过 $1.7W/cm^2$。

2）安装在油箱上的加热器的位置应低于油箱低极限液面位置。

3）使用热交换器时，应有液压油和冷却（或加热）介质的测温点。

4）使用热交换器时，可采用自动控温装置，以保持液压油的温度在正常温度范围内。

5）用户应使用制造商规定的冷却介质或水。如水源很不卫生、水质有腐蚀性、水量不足，应向制造商提出。

6）采用空气冷却器时，应防止进排气通路被遮蔽或堵塞。

2. 滤油器

1）为了消除液压油中的有害杂质，系统应装有滤油器。滤油器的过滤精度应符合元件及系统的使用要求。

2）在滤油器需要清洗和更换滤芯时，系统应有明确指示。

3）在用户特别提出系统不停车而能更换滤芯时，应满足用户要求。

4）液压泵的进油口根据使用要求可设置吸油滤油器，宜使用网式旁通型。吸油滤油器的容量选择与安装泵进口压力应符合泵制造厂的规定。

5）如使用磁性滤油器，在维护和使用中应防止吸附着的杂质掉落在油液中。

6）使用滤油器时，其额定流量不得小于实际的过滤油液的流量。

7）对连续工作的大型液压泵站，宜采用独立的冷却循环过滤系统。

3. 蓄能器

1）回路中应设置释放及切断蓄能器液体的元件，供充气、检修或长时间停机使用。

2）蓄能器作液压源使用时，它与液压泵之间应装设单向阀，以防止泵停止工作时，蓄能器中的液压油倒流使泵产生反向运转。

3）蓄能器的排放速率应与系统使用要求相符，不得超过制造商规定。

4）蓄能器的安装位置应远离热源。

5）蓄能器在泄压前不得拆卸，禁止在蓄能器上进行焊接、铆接或机加工。

4. 压力表

1）压力表的量程一般为额定值的1.5~2倍。

2）使用压力表时应设置压力表开关及压力阻尼装置。

5. 密封件

1）密封件应与它保持接触的介质相容。

2）密封件的使用压力、温度以及密封件的安装应符合实际使用要求，并安全可靠。

6. 液压阀

1）液压阀的安装应符合制造商的规定。

2）板式阀或插式阀应有正确的定向措施。

3）为保证溢流阀的安装，应考虑重力、振动对阀主要零件的影响。

7. 油路块

1）油路块的制造材料应使用45钢或35钢，并进行调质处理。

2）油路块上安装元件的螺孔之间的尺寸应能够保证阀的互换。

3）油路块的油路通道应在整个工作温度和系统流通能力范围内，使液体流进通道产生的压降不会对系统的效率产生影响。

八、液压管路要求

1. 管件材料要求

1）系统管路用管可采用钢管、胶管、尼龙管和铜管等。

2）管路中采用钢管时，宜采用10号、15号、20号无缝钢管，特殊和重要系统应采用不锈钢无缝钢管。

2. 管件公差要求

管件的精度等级应与所采用的管路辅件相适应，管件的最低精度应符合《结构用无缝钢管》（GB/T 8162—2008）的规定。

九、控制装置要求

1. 回路保护装置

1）如果回路的工作压力或流量超过规定值而可能引起危险或事故时，应有保护装置。

2）调整压力或流量的控制元件，防止调整值超出铭牌上标明的工作范围。重新调整前，应一直保持调整装置的调整值。

3）系统回路应设计在液压执行元件起动、停机空转、调整或故障等工况下，防止运动失控与不正常的动作顺序。需要保持自身位置的执行元件，应设置失控保护阀进行控制。

4）在压力控制与流量回路中，元件的选用和设置应考虑工作压力、温度与负载变化时对回路的响应、重复性和稳定性的影响。

2. 人工控制装置

1）设备应有紧急制动和紧急返回控制，以确保安全。

2）对紧急制动和紧急返回控制的要求：

①应容易识别。

②在所有工作条件下容易而方便操作。

③应立即动作。

④只能设置一个人工控制装置完成全部紧急操纵。

⑤在从伺服阀来的执行元件管路上，可设置足够的紧急制动阀。

3）需要多个执行元件的顺序控制回路或自动控制回路，为了调整每个执行元件的行程，应设有单独的人工调整装置。

3. 阀控制装置

1）手动操作阀操作杆的工作位置，应有清晰的标牌或形象化的符号表示。

2）除非另有说明，电磁阀应有手动的按钮，并避免该设施的误动作。

3）阀的电控电源、气控气源及液控液源的参数应符合动作的要求。

复习思考题

1. 简述液压系统的工作原理和液压技术的特点。液压系统由哪些元件组成？
2. 叙述液压系统原理图的绘制原则和阅读方法。简述液压伺服系统的工作原理。
3. 参照图样分析定桨距和变桨距风力发电机组液压系统的工作原理。
4. 风力发电机组液压系统由哪几个主要部分组成？其设计条件有几条？设计原则有几项？
5. 液压系统的节能安全要求有几款？
6. 风力发电机组液压系统对工作温度的技术要求有哪些？
7. 风力发电机组液压系统对管路流速与噪声的技术要求有哪些？
8. 风力发电机组对液压系统的材料有哪些技术要求？
9. 风力发电机组液压系统对设备标志设置的技术要求有哪些？
10. 风力发电机组液压系统对铸件、锻件、焊接件和管件的质量技术要求有哪些？
11. 风力发电机组液压系统对液压油和涂装的技术要求有哪些？
12. 风力发电机组对液压执行元件有哪些要求？
13. 风力发电机组对液压泵装置及油箱装置的要求有哪些？
14. 液压油箱装置的设计要求结构要求和技术要求有哪些？
15. 液压系统对热交换器、滤油器、蓄能器、压力表、密封件、油路块和液压阀的安装各有哪些技术要求？
16. 液压系统对管件材料和管件公差有什么要求？
17. 控制装置的回路保护装置、人工控制装置和阀控制装置各有哪些技术要求？

第八章　支撑系统

风力发电机组的支撑系统也是保证风电机组能最大限度地收集风能，将其安全、可靠地转换成电能的基础。通过本章的学习，应了解机舱、底盘、塔架及偏航系统的功能，熟悉它们的结构组成，掌握对它们的技术要求和偏航系统的工作原理。

第一节　机舱与底盘

机舱是位于风力发电机组最上方，支撑除塔架以外的所有风力发电机的零部件在塔架以上高度，并对底盘上安装的所有设备进行安全防护的装置，用以保护齿轮箱、传动轴系和发电机控制柜等主要设备及附属部件，免受风沙、雨雪、冰雹以及烟雾等恶劣环境的直接侵害。机舱的顶端还安装有风速计和风向仪。广义的机舱包括机舱和底盘两部分，机舱和底盘装配后构成一个封闭的壳体。

一、机舱与轮毂罩

（一）设计要求

1）机舱应设计成美观、轻巧、对风阻力小的流线型体。

2）机舱的设计应满足强度和刚度要求，应保证在极限风速下不会被破坏。

3）机舱应选用成本低、重量轻、强度高、耐蚀能力强、加工性能好的材料制作。

4）机舱的设计应考虑风力发电机组的通风散热问题，维修用零部件的出入问题，机舱顶部风速、风向检测仪器的维修问题。

5）机舱罩与轮毂罩设计时应考虑的因素有：使用地域的极限风速；风机运行过程中所受的各类载荷；防雷、防雨、防尘、通风散热等功能，维修时的安全；使用地域，海上型机舱罩所用的原材料和附件材料的耐蚀性需与使用环境相匹配；使用地域环境温度，低温型机舱罩宜采取保温措施。

（二）机舱的结构

机舱的结构由机舱的设计要求、风力发电机组零部件的装配关系和机舱的制作材料所决定。但不管使用哪种材料制作，以下几部分是必不可少的，即底盘、舱壁、舱盖、前封头上部、前封头下部、舱门等。考虑工艺的相似性，一般风轮的导流罩、叶片防尘圈等一些配套件也由机舱制造厂生产，在此我们一并加以讲解。

典型机舱罩的结构组成如图 8-1 所示。

1.5MW 双馈型风力发电机组的机舱一般长度在 8m 以上，宽度和高度在 3m 以上。不包括底盘的机舱重量，由于所用材料的不同，在 3~10t 不等。目前机舱制造使用最普遍的材料是玻璃钢，个别使用铝合金和不锈钢。机舱制成后送到风力发电机组总装厂，利用螺栓将各部件安装到底盘上，装配成形后接缝处用密封胶密封。

风力发电机组机舱的生产属于小批量生产。铝合金和不锈钢机舱因为受到工艺条件的限

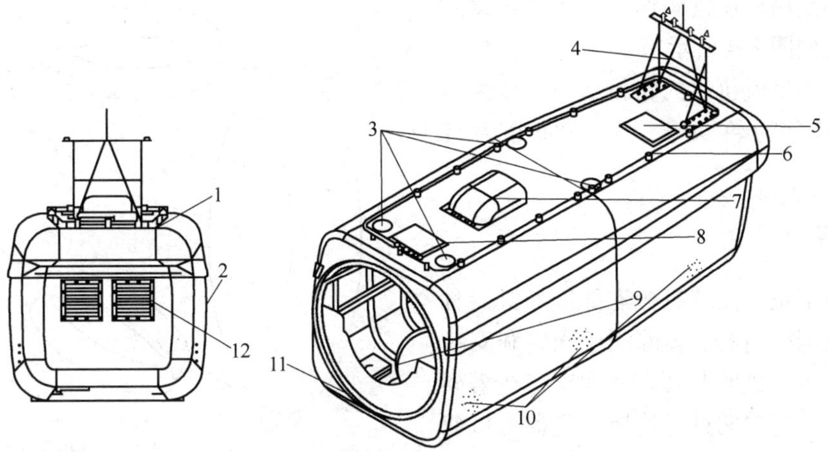

图 8-1 典型机舱罩的结构组成

1—上罩 2—下罩 3—吊装点 4—测风架 5—尾部天窗 6—护栏 7—顶部通风盖 8—前部天窗 9—塔架口 10—机舱罩连接架 11—前部防雨环 12—百叶窗

制，多是见棱见角的外形。铝合金和不锈钢机舱的内部承力结构使用型材，外部覆盖铝合金和不锈钢薄板，其结构与火车车厢相似。

用玻璃钢制造的中型风力发电机组的机舱一般为整体结构。用玻璃钢制造的大型风力发电机组的机舱因为体积大、重量大，一般采用拼装结构，其剖分面根据机舱的外形设计、机舱与底盘的安装方式、玻璃钢的加工工艺综合考虑确定。中线剖分结构的机舱由左舱壁、右舱壁、机舱顶盖、上前端盖和下前端盖组成，如图 8-2 所示。直驱型风力发电机组的机舱较短小，一般整体制造。直驱机组的整体机舱如图 8-3 所示。

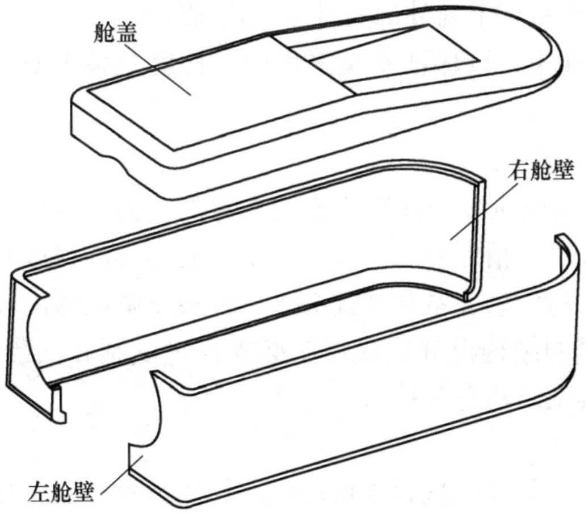

图 8-2 中线剖分结构的机舱

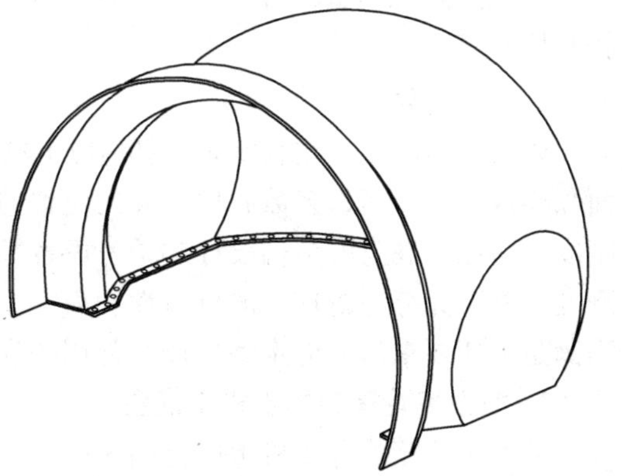

图 8-3 直驱型风力发电机组的整体机舱

(三) 轮毂罩的结构

风力发电机组的轮毂罩安装在风轮轮毂的外面，起着减小机舱迎风阻力的作用，同时还可以美化风力发电机的外观。轮毂罩外形为符合空气动力学特性的流线型，上面有安装叶片的圆孔，孔上装有叶片孔防尘圈。因为轮毂罩外形为圆滑的流线型，使用金属制造比较困难，一般都使用玻璃钢制作。整体轮毂罩的外形及结构如图 8-4 所示。

大型风力发电机组的轮毂罩一般分为两部分，一部分为轮毂罩，另一部分为导流罩。

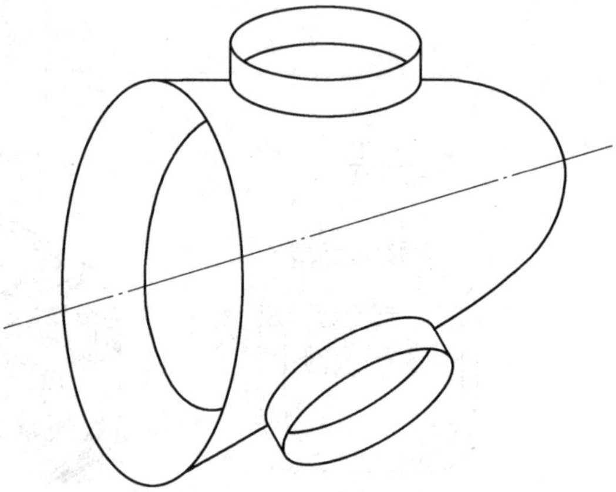

图 8-4　整体轮毂罩的外形及结构

二、底盘

底盘是定位、安装机械零部件的机器骨架。风力发电机组的底盘除用于固定和安装零部件外，还将机舱及其容纳物支撑在塔架以上高度，并与塔架进行连接。底盘与机舱装配后便形成了一个可以给机组零部件遮风挡雨的封闭空间。

（一）底盘的技术要求

风力发电机的底盘也称为机架。底盘是风力发电机组风轮、主轴、齿轮箱、发电机、偏航回转支撑（偏航轴承）、液压系统、润滑系统、冷却系统、控制系统和机舱的安装物理基础（实体），同时承担着与塔架连接的重要任务。底盘在风力发电机组中起着承上启下的重要作用，为保证底盘能很好地实现其功能，它必须满足下面的要求：

1）底盘的设计必须满足风力发电机组对底盘强度和刚度的要求，底部结构要与整体布置统一考虑，应力求紧凑、轻巧、耐用。

2）为了使机舱内大部件维修方便，在底盘后半部下侧必须设置检修孔，检修孔的大小以能吊装底板上最大尺寸的设备为宜。

3）底盘结构必须进行防腐设计，以保证其在所规定的外部条件下不出现腐蚀。

4）底盘上的安装平面均应进行适当的机械加工，以保证安装平面的平面度及各平面的相互位置精度。

（二）底盘的结构

风机底盘的结构比较复杂，90%以上的风力发电机零部件都要安装在它的上面；安装表面和连接尺寸众多，多数有比较高的位置精度和尺寸精度要求，同时还要求有足够的强度和刚度。因此，底盘的结构设计必须考虑各零部件的传动关系和装配关系，保证足够的强度和刚度，并应充分考虑加工的可行性和成本。底盘的结构设计完成后，必须经过试制和试装，当满足一切要求后才能定型生产。常用的底盘典型结构有两种。

1. 使用齿轮箱的异步机组底盘

使用齿轮箱的异步机组底盘因纵向尺寸较长，所以体积和重量较大。使用齿轮箱的异步机组底盘因部分结构不同又分为两种类型：

第一类底盘的特点是风轮轴轴线与塔架上平面是平行的，其风轮轴安装平面、齿轮箱安装平面、发电机安装平面、偏航轴承安装平面、液压站安装平面等也都是与塔架上平面平行的。这种底盘一般与锥形风轮相配套，以防止大风时叶片变形造成叶片碰撞塔架。因为这种底盘的各个安装平面都是相互平行的，所以其加工起来比较简单。

另一类底盘的特点是风轮轴轴线与塔架上平面成 4°~6°的夹角，所以称为仰头型底盘，其作用是为了防止大风时叶片变形造成叶片碰撞塔架。由于风轮轴有一个仰角，所以使用这种底盘的风力发电机组适宜配套平面型风轮。因为风轮轴轴线与塔架上平面有4°~6°的夹角，因此要求底盘上的偏航轴承安装平面与塔架上平面平行；而风力发电机主传动链的轴线与偏航轴承安装平面有4°~6°的仰角，即风轮轴安装平面、齿轮箱安装平面、发电机安装平面都与偏航轴承安装平面有4°~6°的仰角。而与传动链无关的液压泵站、控制柜等其他设备的安装平面都是与偏航轴承安装平面平行的。风轮轴有仰角的底盘结构如图8-5所示。

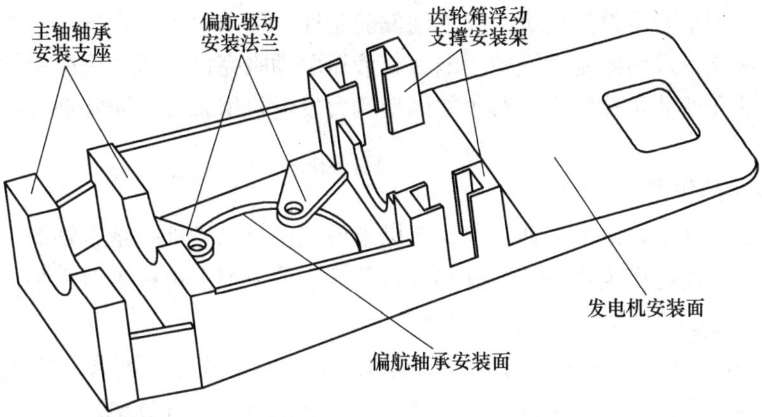

图8-5 风轮轴有仰角的底盘结构

风力发电机组的底盘需要承受除塔架外所有机组零部件的重量与风力产生的载荷，为此底盘一般采用承载能力强的箱形结构。箱体的底面宽度应大于偏航轴承的直径，长度应由传动链部件的装配累计长度加上维修窗口长度来确定，即由风轮轴、齿轮箱和发电机装配后的长度和维修窗口长度决定。箱体部分焊接结构为一正方形，铸造结构一般为圆形；底面上开有一个满足偏航系统需要的大圆孔，在箱体的靠近四个角的地方或对称地设计有安装偏航驱动装置的法兰面。在箱体的前端设有安装风轮轴前支撑的安装面，在箱体的后端设有齿轮箱安装面或浮动安装的齿轮箱托架安装面，在底板的最后端设有发电机安装面。控制系统、液压系统、润滑系统和冷却系统的部件由于没有几何位置精度要求，则直接安装在主传动链两侧或后部的底盘上，没有特别要求不专门设置安装面。

2. 直驱型同步机组的底盘

直驱型同步机组的底盘因为没有齿轮箱，发电机紧挨着风轮，所以没有异步机组那样的大尾巴机舱，因此直驱型同步机组的底盘的体积和重量都小很多，结构也比较简单，一般都采用铸造成型。直驱型同步机组的底盘如图8-6所示。

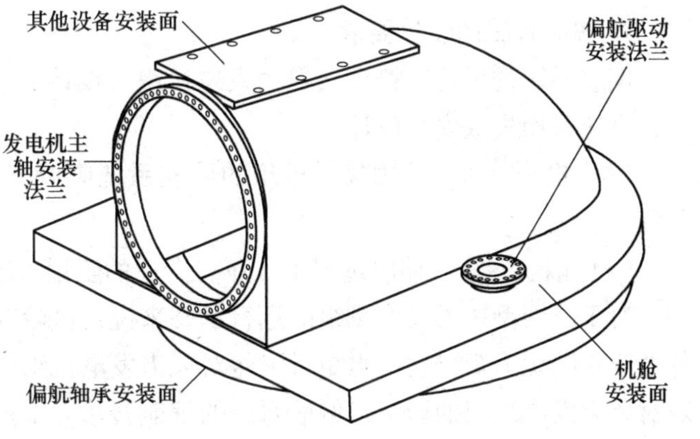

图8-6 直驱型同步机组的底盘

第二节　偏 航 系 统

一、概述

风力发电机组的偏航系统分为主动偏航系统和被动偏航系统。被动偏航指的是依靠风力通过相关机构完成机组风轮对风动作的偏航方式，常见的有尾舵对风、舵轮对风和下风向对风三种，多用于中小型风力发电机组。主动偏航是通过风向仪和地理方位检测装置检测风轮轴线与风向的偏差，采用控制系统使用电力或液压驱动来完成对风动作的偏航方式，常见的结构有齿轮驱动和滑动两种形式。对于并网型风力发电机组来说，通常都采用主动偏航的齿轮驱动形式。

1. 偏航系统的作用

偏航对于水平轴或近似水平轴风力发电机来讲，是指风轮轴绕垂直轴的旋转运动。偏航系统是水平轴风力发电机组重要的组成部分，偏航系统习惯上也称为对风装置。

偏航系统的主要功能如下：

1）当风速小于额定风速时，与风力发电机组的控制系统相互配合，使风力发电机的风轮始终处于迎风状态，充分捕获风能，提高风力发电机组的发电效率。

2）当风速超过额定风速后，使风力发电机的风轮偏离迎风状态，降低风轮转速，提供调速功能。

3）当风速超过风力发电机的切出风速时，使风轮平面顺风，降低风轮转速，提供安全保障功能。

4）提供必要的阻尼力矩和锁紧力矩，以保障风力发电机组的稳定安全运行。

2. 偏航系统的技术要求

偏航系统应能在-40~50℃的环境温度下正常工作，其工作寿命应大于 20 年。

应根据典型值或可变条件的限制，确定设计用的气候条件。选择设计值时，应考虑几种气候条件同时出现的可能性。在与年轮周期相对应的正常限制范围内，气候条件的变化应不影响所设计的风力发电机组偏航系统的正常运行。

3. 偏航系统的设计要求

偏航系统的设计应符合《风力发电机组　设计要求》（GB/T 18451. 1—2012）的有关规定，且应采用失效安全设计。

（1）检测装置　风力发电机组的偏航系统应设有地理方位检测装置、偏航计数器和风向仪。

（2）偏航转速　偏航过程中，应有合适的阻尼力矩，以保证偏航平稳、定位准确。

对于并网型风力发电机组的运行状态来说，风轮轴和叶片轴在机组的正常运行时不可避免地产生陀螺力矩，这个力矩过大将对风力发电机组的寿命和安全造成影响。为减少这个力矩对风力发电机组的影响，偏航系统的偏航转速应根据风力发电机组功率的大小通过偏航系统力学分析来确定。根据实际生产和目前国内已安装的机型的实际状况，偏航系统的偏航转速的推荐值见表 8-1。

表 8-1 并网型风力发电机组偏航转速推荐值

风力发电机组功率/kW	100~200	250~350	500~700	800~1000	1200~1500
偏航转速/(r/min)	≤0.3	≤0.18	≤0.1	≤0.092	≤0.085

偏航系统必须设置润滑装置，一般采用润滑脂和润滑油相结合的润滑方式。应定期更换润滑油和润滑脂，以保证驱动齿轮和偏航齿圈的润滑。

偏航系统必须采取密封措施，并对各组成部件进行表面处理，以适应风力发电机组的工作环境。特殊工况应采取特别的措施。

(3) 解缆和扭缆保护　解缆和扭缆保护是风力发电机组偏航系统所必须具有的主要功能。偏航系统的偏航动作会导致机舱和塔架之间的连接电缆发生扭绞，所以在偏航系统中应设置与方向有关的计数装置或类似的程序对电缆的扭绞程度进行检测。

一般对于主动偏航系统来说，检测装置或类似的程序应在电缆达到规定的扭绞角度之前发解缆信号；对于被动偏航系统检测装置或类似的程序，应在电缆达到危险的扭绞角度之前禁止机舱继续同向旋转，并进行人工解缆。

偏航系统的解缆一般分为初级解缆和终级解缆。初级解缆是在一定的条件下进行的，一般与偏航圈数和风速相关。纽缆保护装置是风力发电机组偏航系统必须具有的装置，这个装置的控制逻辑应具有最高级别的权限，一旦这个装置被触发，则风力发电机组必须进行紧急停机。

(4) 润滑　偏航系统必须设置润滑装置，以保证驱动齿轮和偏航齿圈的润滑。目前国内机组的偏航系统一般都采用润滑脂和润滑油相结合的润滑方式，定期更换润滑油和润滑脂。

(5) 密封　偏航系统必须采取密封措施，以保证系统内的清洁和相邻部件之间的运动不会产生有害的影响。

(6) 表面防腐处理　偏航系统各组成部件的表面处理必须适应风力发电机组的工作环境。风力发电机组比较典型的工作环境除风况之外，其他环境（气候）条件，如热、光、腐蚀、机械、电或其他物理作用应加以考虑。

二、偏航系统的组成与结构

偏航系统的方案有多种，如阻尼式偏航系统、带有偏航制动器的固定式偏航系统、软偏航系统、阻尼自由偏航系统和可控自由偏航系统等。目前应用最为普遍的有两种，一种是采用滑动轴承的阻尼式偏航系统，另一种是采用带有偏航制动器的固定式偏航系统。

滑动轴承阻尼式偏航系统的结构如图 8-7 所示。

带有偏航制动器的固定式偏航系统的结构如图 8-8 所示。

(一) 偏航系统的组成结构

偏航系统由偏航控制机构和偏航驱动机构两大部分组成。其中，偏航控制机构包括风向传感器、偏航测量装置、偏航控制器、解缆传感器、扭缆保护装置等几部分，偏航驱动机构包括偏航轴承、偏航驱动装置、偏航制动器（或偏航阻尼装置）等几部分。偏航系统的一般结构组成如图 8-9 所示。

为了保证偏航稳定必须有适当的阻尼，这使得偏航驱动需要有较大功率。为减小偏航驱

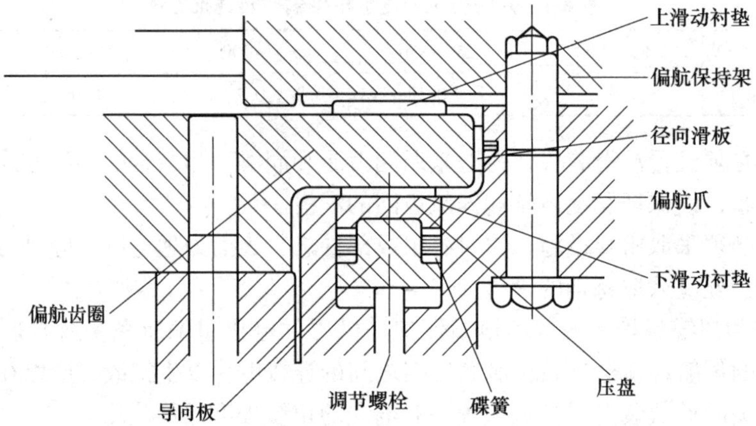

图 8-7　滑动轴承阻尼式偏航系统的结构简图

动装置的体积并且便于安装，为了使偏航系统运转平稳，使偏航驱动力均衡并使偏航驱动满足失效安全的冗余设计，每台风力发电机组的驱动装置一般使用 2~4 套。多套驱动装置一般在圆周上均匀配置，以使驱动力均衡。

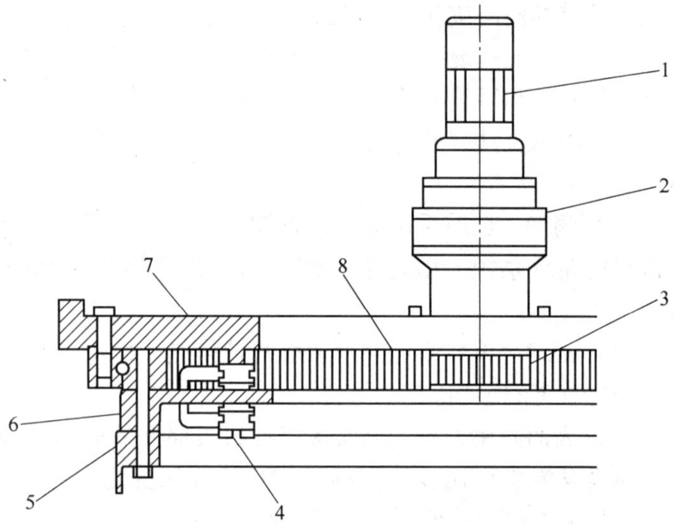

图 8-8　带有偏航制动器的固定式偏航系统的结构

1—偏航电动机　2—偏航减速器　3—偏航小齿轮　4—液压制动器　5—塔架　6—偏航摩擦盘　7—机舱底盘　8—偏航轴承内齿圈

偏航系统按驱动齿轮副的啮合方式分为内齿驱动和外齿驱动，其区别在于齿轮轮齿制作在偏航轴承的内圈还是外圈。偏航轴承是内齿圈的为内齿驱动，偏航驱动装置全部在机舱和塔架内部，工作条件好、寿命长。偏航轴承是外齿圈的为外齿驱动，驱动齿轮副暴露在塔架外部，工作条件差、寿命短。内齿驱动和外齿驱动的结构如图 8-10 所示。

（二）偏航系统的主要零部件

1. 偏航轴承

偏航系统需要拖动风力发电机组塔架以上的全部重量，使用偏航轴承是为了减少摩擦力，使偏航运动灵活。偏航轴承总成是风力发电机组及时追踪风向变化的保证。风力发电机组开始偏转时，偏航加速度将产生冲击力矩。偏航转速越高，产生的加速度也越大，这样使本来就很大的冲击力成倍地增加。另外，如果风力发电机组在运转过程中发生偏转，偏航齿轮上将承受相当大的陀螺力矩，容易造成偏航轴承的疲劳失效。偏航轴承应按照《回转支承》（JB/T 2300—2011）来进行设计和计算。根据风力发电机组轴承的受力特点，偏航轴

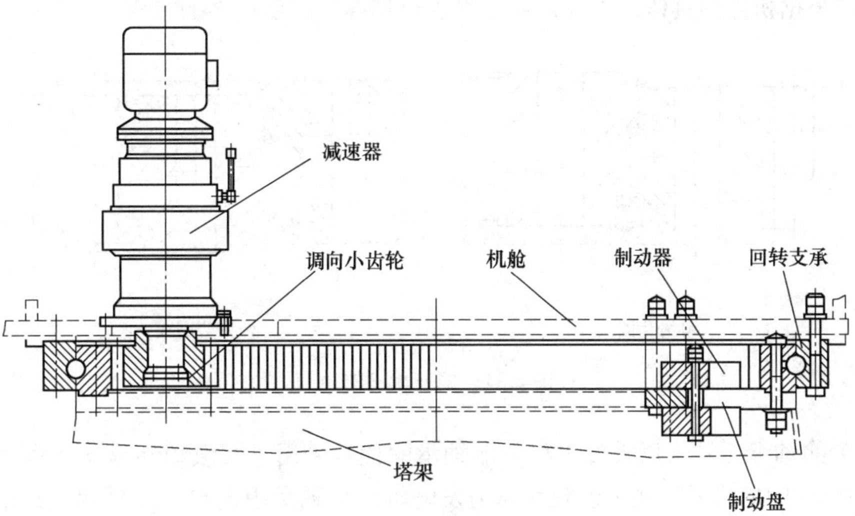

图 8-9 偏航系统的结构组成

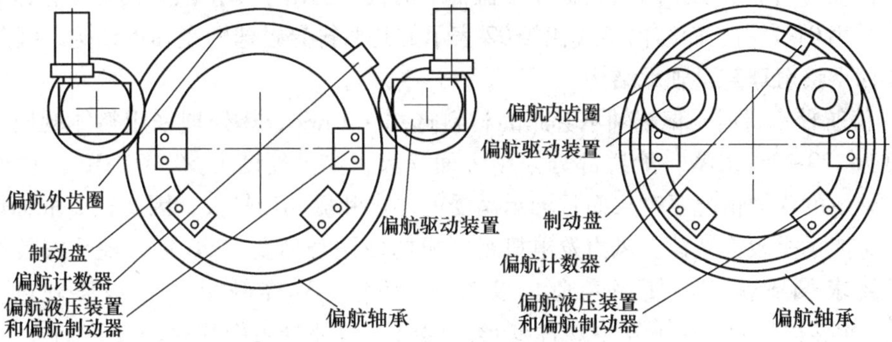

图 8-10 内齿驱动和外齿驱动的结构

承应采用“零游隙”设计的四点接触球轴承，沟道应进行特别设计及加工，这样才可以承受较大的轴向载荷和力矩载荷。偏航轴承的润滑应使用制造商推荐的润滑剂和润滑油。

由于风力发电机暴露在野外，因此对偏航轴承的密封性能有着严格的要求，必须对轴承的密封形式进行优化设计，对轴承的密封性能要进行模拟试验和研究，以保证轴承寿命和风力发电机寿命相同。风力发电机安装在几十米以上的高空，装拆费用昂贵，因此必须有非常高的可靠性。一般要求具有 20 年以上的使用寿命，而且偏航轴承的结构比较复杂，因此在装机试验之前必须进行计算机模拟试验，以确保轴承设计参数无误。

为了实现偏航功能，在偏航轴承的外圈或内圈上制造有齿轮。偏航齿轮要选择合适的材料、模数、齿面轮廓和硬度，以保证主动齿轮与从动齿轮之间寿命的匹配。同时，要采取高频表面热处理措施，提高齿面强度，使轴承具有良好的耐磨性和耐冲击性。

偏航轴承的轴承内外圈分别与机组的机舱和塔体用高强度螺栓联接。轮齿可采用内齿或外齿形式。外齿形式是轮齿位于偏航轴承的外圈上，加工、制造和装配相对来说比较简单，但裸露在外防尘难度大，中型风力发电机使用较多。内齿形式是轮齿位于偏航轴承的内圈上，啮合受力效果较好，结构紧凑，大型风力发电机组普遍使用。具体采用内齿形式还是外齿形式，应根据机组的具体结构和总体布置进行选择。偏航齿圈的结构如图 8-11 所示。

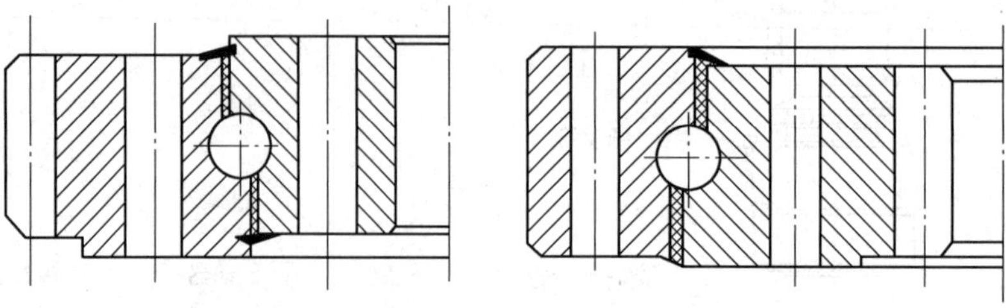

a) 外齿圈式　　b) 内齿圈式

图 8-11　偏航齿圈的结构

（1）偏航轴承代号　风力发电机偏航轴承的代号采用了《滚动轴承 转盘轴承》（JB/T 10471—2017）中的代号方法，但是在风力发电机偏航轴承中出现了双排四点接触球转盘轴承，而此结构轴承的代号在《滚动轴承　转盘轴承》（JB/T 10471—2017）中没有规定，因此在修订标准时增加了双排四点接触球转盘轴承的代号。由于单排四点接触球转盘轴承的结构型式代号用 01 表示，而结构型式代号 02 表示的是双排异径球转盘轴承结构，因此规定 03 表示双排四点接触球转盘轴承结构。

（2）偏航轴承材料　偏航轴承套圈的材料选用 42CrMo，热处理采用整体调质处理，调质后硬度为 229～269HBW，滚道部分采用表面淬火，淬火硬度为 55～62HRC。由于风力发电机偏航轴承的受力情况复杂，而且轴承承受的冲击和振动比较大，因此，要求轴承既能承受冲击，又能承受较大载荷。风力发电机组主机的使用寿命要求 20 年，轴承安装的成本较高，因此要求偏航轴承的使用寿命也要达到 20 年。这样轴承套圈基体硬度为 229～269HBW，能够承受冲击而不发生塑性变形；同时滚道部分表面淬火硬度达到 55～62HRC，可增加接触疲劳寿命，从而保证轴承长寿命的使用要求。

风力发电机如果工作在极寒冷的地区，环境温度可低至-40℃左右，轴承的工作温度在-20℃左右，轴承在低温条件下必须能够承受大的冲击载荷，所以要求轴承套圈的材料在调质处理后必须做低温冲击功试验。取轴承套圈上的一部分做成样件或者是与套圈同等性能和相同热处理条件下的样件，在-20℃环境下做冲击功试验。制造偏航齿圈的材料还应在-3℃条件下进行 V 型切口冲击能量试验，要求三次试验平均值不小于 27J。

（3）轴承齿圈或齿轮　由于风力发电机偏航轴承的传动精度不高，而且齿圈及齿轮直径比较大，齿轮模数比较大，因此，一般要求齿轮的精度等级按《圆柱齿　轮精度制　第 2 部分：径向综合偏差与径向跳动的定义和允许值》（GB/T 10095.2—2008）中的 9 级或者 10 级。但是由于工作状态下小齿轮和轴承齿轮或齿圈之间有冲击，因此，轴承齿轮或齿圈的齿面要淬火，小齿轮齿面硬度一般在 60HRC，考虑到等寿命设计，大齿轮的齿面淬火硬度规定为不低于 45HRC。

（4）游隙　偏航轴承在游隙方面有特殊的要求。由于偏航轴承的冲击载荷比较大，偏航轴承要求为小游隙值，即 0～50μm。另外，由于风力发电机组偏航轴承的转动由驱动电动机驱动，轴承在小游隙状态下应保证驱动电动机能驱动，因此，轴承在装配后需要空载测量起动摩擦力矩，具体力矩数值应符合风力发电机组驱动系统的图样要求。

（5）防腐处理 风力发电机相关设备在野外工作，而且偏航轴承的一部分是裸露在外面，会受到大气污染，高湿度的环境也会腐蚀轴承基体，因此，偏航轴承裸露在外面的部位要进行表面防腐处理。一般采用镀锌处理；同时，还要根据需要，在镀锌层外部进行刷漆保护处理。

2. 偏航驱动装置

偏航驱动装置是驱动机舱和风轮绕塔架轴线旋转实现对风或避风的动力驱动装置。驱动装置一般由电动机或液压马达、减速器、传动齿轮、轮齿间隙调整机构等组成，如图 8-12 所示。

大型风力发电机组的偏航驱动装置有两种。一种由电动机驱动，独立性好、反应快、成本低。偏航驱动伺服电动机因为功率较大，多使用三相感应伺服电动机。定子上有三相电枢绕组，接可控的变频电源。第二种使用液压马达驱动，成本高一些，速度控制较麻烦，但制动性能优良，可以与制动系统共用一个液压泵站。电动机驱动偏航系统是目前的主流形式。

偏航驱动装置要求起动平稳，转速均匀，无振动现象。偏航电动机应采用三相交流电动机，防护等级不低于 IP54。偏航驱动电动机属于伺服电动机，要求有良好的制动性能，必须带有电刹车装置。当驱动偏航齿轮时，刹车装置松开；当需要维持机舱位置不变时，电刹车制动。

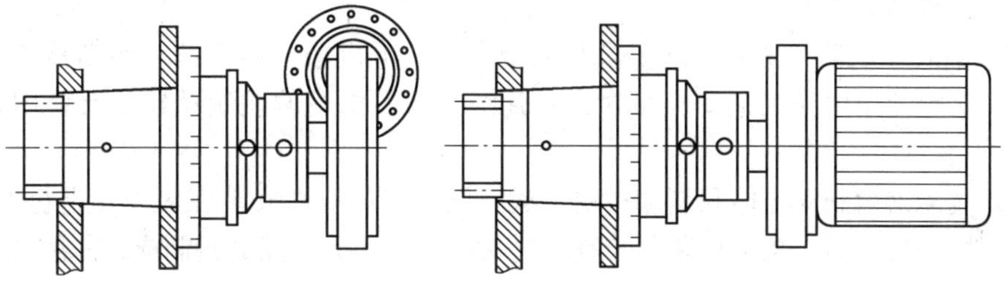

a) 驱动电动机偏置安装　　b) 驱动电动机直接安装

图 8-12 偏航和变桨距驱动装置的结构

驱动装置的减速器一般可采用多级行星齿轮减速器，或蜗轮蜗杆与行星齿轮串联减速器。蜗轮蜗杆虽然传动比大、有自锁能力，但其寿命短，目前使用较少。传动齿轮一般采用渐开线圆柱齿轮。与驱动电动机配套良好的减速器已是非常成熟的产品，可以从专业减速器制造厂订货，在此我们不做深入研究。

3. 偏航制动器

偏航制动器是偏航系统中的重要部件，偏航制动器一般采用液压控制的钳盘式制动器，其工作原理在第六章已做过讲解。采用齿轮驱动偏航系统时，由于齿轮具有齿侧间隙，为避免振荡的风向变化引起偏航系统产生振荡，应采用偏航制动器消除自由偏转振荡，防止偏航齿轮的交变应力引起轮齿过早损伤。

制动器在偏航系统中的作用是在偏航过程中产生阻尼，偏航结束后锁定机舱位置。制动器可以是常闭式或常开式。常开式制动器是指有液压力或电磁力驱动时，制动器处于锁紧状态的制动器；常闭式制动器是指有液压力或电磁力驱动时，制动器处于松开状态的制动器。

采用常开式制动器时，偏航系统必须具有偏航定位锁紧装置或防逆传动装置。常闭式制动器在有液压力的条件下处于松开状态，制动采用弹簧夹紧，制动弹簧应符合《碟形弹簧》(GB/T 1972—2005）的规定。常开式制动器则在有液压力的条件下处于锁紧状态，松开状态依靠弹簧力。两种形式相比较各有利弊，考虑到失效保护，一般采用常闭式制动器，但常闭式制动器实现阻尼控制比较困难；而常开式制动器实现阻尼控制很简单。

（1）偏航制动器的技术要求

1）制动器应在额定负载下，制动力矩稳定，且额定制动力矩值应不小于设计值。

2）在机组偏航过程中，制动器提供的阻尼力矩应保持稳定，与设计值的偏差应小于 5%，制动过程不得有异常噪声。

3）制动器在额定负载下闭合时，制动衬垫和制动盘的贴合面积应不小于设计面积的 50%；制动衬垫周边与制动钳体的配合间隙任一处应不大于 0. 5mm。

4）制动器与底盘的装配面的表面粗糙度应达到 $Ra3.2\mu m$ 的标准。

5）制动器应设有自动补偿机构，以便在制动衬块磨损时进行自动补偿，保证制动力矩和偏航阻尼力矩的稳定。

（2）偏航制动盘　偏航制动盘安装在塔架与偏航轴承之间，一般为圆环形。制动盘的材质应具有足够的强度、韧性和耐磨性，表面粗糙度应达到 $Ra3.2\mu m$。必须保证偏航制动盘在机组寿命期内不出现疲劳、拉伤和粘连等损伤。制动盘的连接应使用高强度螺栓，紧固时必须达到规定力矩要求。

（3）钳盘式制动器　国家标准要求并网型风力发电机单台使用偏航制动器的数量不得少于 2 个。实际使用中为保证安全可靠，兆瓦级风力发电机偏航制动器单台使用量通常在 6~10 个。

钳盘式制动器由制动钳体和制动衬块组成。制动钳体一般安装在风力发电机的底板上，用高强度螺栓按规定的力矩进行紧固。制动衬块应由专用的摩擦材料制成，一般推荐用铜基或铁基粉末冶金材料制成，铜基粉末冶金材料多用于湿式制动器，而铁基粉末冶金材料多用于干式制动器。每台风力发电机都必须有与偏航制动器数量相同的可供更换的制动衬块备件。

4. 偏航液压系统

风力发电机组的偏航系统使用风力发电机组的公用液压泵站，液压装置用来驱动偏航制动器释放或夹紧。一般液压管路使用无缝钢管或纯铜管连接，柔性管路采用合适的高压软管连接。管路及连接组件应通过试验，保证偏航液压系统在额定的工作压力下密封良好，不出现渗漏现象，能承受工作中出现的动载荷。液压元器件的设计、选型和布置应符合液压装置的有关具体规定和要求。液压管路应能够保持清洁并具有良好的抗氧化性能。

5. 扭缆保护装置

扭缆保护装置是偏航系统必备的重要装置，它是出于失效保护的目的而安装在偏航系统中的。它的作用是在偏航系统的偏航控制失效后，或电缆的扭绞达到威胁机组安全运行时被触发，使风电机组紧急停机。一般情况下，这个装置是独立于控制系统的。一旦这个装置被触发，则机组必须进行紧急停机。

风力发电机组在高空中所发出的电能必须首先馈送到地面，然后通过塔底的并网变压器将风电并入公用电网。因为发电机随偏航装置在塔顶做圆周运动，目前风力发电机向塔底馈电的方法有两种。

一是通过底板上的集电环和安装在塔壁上的电刷向塔底馈电。这种结构比较复杂，且存在集电环和电刷的磨损更换问题；但不存在扭缆问题。出于生产和维修成本考虑目前使用较少。

二是直接使用电缆向塔底馈电。这种方法生产和维修成本低，使用较为普遍，但存在扭缆问题。兆瓦级风力发电机组的额定电压多为690V，三相输出电流在1000A左右，考虑到夏季高温且塔内散热条件差等不利因素，电缆的额定载流量不能太大，所以电缆的横截面积在几百个平方毫米。由于电缆很粗变形能力很差，为保证风力发电机组悬垂部分电缆不因过度的扭绞而使电缆断裂，要求电缆必须有足够的悬垂量。电缆悬垂量的多少是根据电缆所允许的扭转角度来确定的，在设计上要采用冗余设计。

偏航运动会导致机舱和塔架之间的连接电缆发生扭绞，扭缆保护和解缆是风力发电机组的偏航系统所必需具备的功能。扭缆保护和解缆装置的控制逻辑应具有最高级别的权限，一旦这个装置被触发，则风力发电机组必须紧急停机。在偏航系统中，应设置与方向有关的机械或电子计数装置对电缆的扭绞程度进行检测。对于主动偏航系统来说，检测装置应在电缆达到规定的扭绞角度之前发出解缆信号；对于被动偏航系统来说，检测装置应在电缆达到危险的扭绞角度之前禁止机舱继续同向旋转，并实施人工解缆。

扭缆保护装置的核心部件是偏航计数器。偏航计数器是记录偏航系统旋转圈数的装置，当偏航系统旋转的圈数达到设计所规定的初级解缆和终级解缆圈数时，计数器给控制系统发信号使机组自动进行解缆。计数器是一个机械的或电子的计数装置，一般由控制开关和触点机构组成。控制开关一般安装在机组塔架内壁的支架上，触点机构一般安装在机组悬垂部分的电缆上。当机组悬垂部分的电缆扭绞到一定程度后，触点机构被提升或被松开而触发控制开关进行解缆操作。

6. 偏航测量装置

偏航测量装置就是地理方位检测装置，是一个电子控制系统，它包括电子风向测量仪和电子风机主轴轴向定位仪。将风向测量仪和风机主轴轴向定位仪测量的数据，在计算机中进行比较，得出偏航方向和偏航角度数据，用来控制驱动装置实现偏航运动。

7. 偏航计数器

偏航系统中都设有偏航计数器。偏航计数器的作用是记录偏航系统所运转的圈数，当偏航系统的偏航圈数达到计数器的设定条件时，则触发自动解缆动作，机组进行自动解缆并复位。计数器的设定条件是根据机组悬垂部分电缆的允许扭转角度来确定的，其原则是要小于电缆所允许扭转的角度。

8. 电缆

由于电缆很粗，变形能力很差，为保证机组悬垂部分电缆不至于产生过度的扭绞而使电缆断裂失效，必须使电缆有足够的悬垂量，在设计上要采用冗余设计。电缆悬垂量是根据电缆所允许的扭转角度确定的。

三、偏航系统的控制要求

1. 自动偏航

为了使风力发电机吸收的功率最大，发挥最大效能，机舱必须准确对风，因此必须使叶轮法线方向与风向基本一致。当风向改变，超过允许误差范围时，系统计算机发出自动偏航指令，传感器和偏航电机组成的对风系统执行校正动作，使机舱准确对风。

在实际的偏航控制中，带有解缆传感器的自动偏航控制过程分析是：连续一段时间检测风向情况；根据自动偏航风向标传感器 ASS 信号给出偏航控制指令。当 ASS=00 时，表明机舱已处于对风位置；若 ASS=11，则表明进行的是钝角偏航，为了有效地防止电缆缠绕，读取上次钝角偏航方向并取其反方向，记录此次偏航方向；若 ASS=01，设置偏航电动机正转，若 ASS=10，设置偏航电动机反转。偏航电动机工作后起动偏航计时器计时，控制偏航电动机运转一定时间，再判断 ASS 是否为 00。若 ASS=00，表明机舱已对风，否则判断计时时间是否超过偏转 360°所需时间。若计时时间超过偏转 360°所需时间偏航电动机仍未停止工作，则停止偏航，向中心控制器发出安全停机信号和风向标故障信号。

若 ASS≠00，偏航计时时间不超过偏转 360°所需时间，控制偏航电动机继续运转，直到 ASS≠00，向中心控制器发出自动偏航完成信号并复位自动偏航标志位。自动偏航传感器 ASS 状态示意图如图 8-13 所示，参数说明及电动机运行状态见表 8-2。

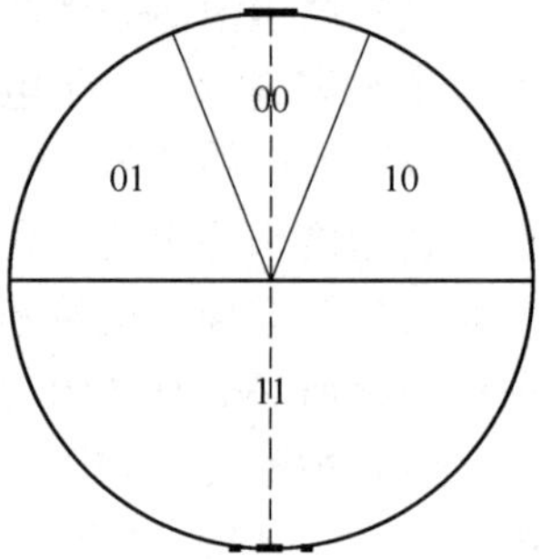

图 8-13　自动偏航传感器 ASS 状态示意图

表 8-2　自动偏航传感器 ASS 参数说明及电动机运行状态

ASS	设　置	电机状态
00	已对风（在偏航精度内）	停止
01	锐角偏航	电动机正转
10	锐角偏航	电动机反转
11	钝角偏航	视上次偏航情况而定

2. 90°侧风控制

在出现特大强风，遭遇切除风速以上的大风暴时，控制系统对机舱做 90°侧风处理。由于 90°侧风是在外界环境对风力发电机组有较大影响的情况下（例如出现特大强风），为了保证风力发电机组的安全所实施的措施，所以在 90°侧风时，应当使机舱走最短路径，且屏蔽自动偏航指令；在侧风结束后应当抱紧偏航闸，同时当风向变化时，继续追踪风向的变化，确保风力发电机组的安全。

控制过程如下：根据 90°侧风风向标传感器 DSS 的信号，当 DSS=00 时，表明机舱已处于 90°侧风位置。再判断 DSS 是否为 10，若 DSS=10，为了使机舱走最短路径，设置偏航电动机反转；若 DSS=11，设置偏航电动机正转，此时起动偏航计时器开始计时。控制偏航电动机运转一定时间，再判断 DSS 是否为 00。若 DSS=00，则表明机舱已 90°侧风；否则，判断计时时间是否超过偏转 360°所需时间。若计时时间超过偏转 360°所需时间且偏航电动机仍未停止工作，则停止偏航，向中心控制器发出安全停机信号和风向标故障信号。若 DSS≠00，偏航计时时间不超过偏转 360°所需时间，则控制偏航电动机继续运转，直到 DSS=00，向中心控制器发出 90°侧风完成信号并复位 90°侧风标志位。

3. 人工偏航控制

人工偏航是指在自动偏航失败、人工解缆或者在需要维修时，通过人工指令来进行的风力发电机偏航措施。

人工偏航控制过程如下：首先检测人工偏航起停信号。若此时有人工偏航信号，再检测此时系统是否正在进行偏航操作。若此时系统无偏航操作，则封锁自动偏航操作；若系统此时正在进行偏航，则清除自动偏航控制标志。然后，读取人工偏航方向信号，判断与上次人工偏航方向是否一致。若一致，松偏航闸，控制偏航电动机运转，执行人工偏航；若不一致，停止偏航电动机工作，保持偏航闸为松闸状态，向相反方向进行运转并记录转向，直到检测到相应的人工偏航停止信号出现，停止偏航电动机工作，抱闸，清除人工偏航标志。

4. 自动解缆

自然界中的风是一种不稳定的资源，它的速度与风向是不定的。由于风向的不确定性，风力发电机就需要经常偏航对风，而且偏航的方向也是不确定的，由此引起的后果是电缆会随风力发电机的转动而扭转。如果风力发电机多次向同一方向转动，就会造成电缆缠绕、绞死，甚至绞断，因此必须设法解缆。不同的风力发电机需要解缆时的缠绕圈数都有其规定。当达到其规定的解缆圈数时，系统应自动解缆，此时起动偏航电动机向相反方向转动缠绕圈数解缆，将机舱返回电缆无缠绕位置。若因故障，自动解缆未起作用，风力发电机也规定了一个极值圈数，在扭缆达到极值圈数左右时，扭缆开关动作，报扭缆故障，停机等待人工解缆。在自动解缆过程中，必须屏蔽自动偏航动作。

自动解缆包括计算机控制的凸轮自动解缆和扭缆开关控制的安全链动作计算机报警两部分，以保证风力发电机组的安全。

凸轮自动解缆的过程是：根据角度传感器 CW 和 CCW 所记录的偏转角度，确定顺时针解缆还是逆时针解缆。首先松偏航闸，封锁传感器故障的报告，当需要解缆且记录 CW = 1 时，控制偏转电动机正转；当需要解缆且记录 CCW = 1 时，控制偏转电动机反转。在此过程中同时检测偏航中心传感器信号，直到偏航传感器中心信号为 0，则结束解缆。此时，停止偏航电动机工作，系统处于待机状态，向中心控制器发出自动解缆完成信号。扭缆开关控制的安全链保护工作过程是：若凸轮控制的自动解缆未能执行，则扭缆情况可能会更加严重，当扭缆达到极值圈数时（比如设定 3 圈），扭缆开关将动作，此开关动作将会触发安全链动作，向中心控制器发出紧急停机信号和不可自复故障信号，等待进行人工解缆操作。

5. 阻尼制动

为了保证制动过程的稳定性，风力发电机组偏航系统中的阻尼制动装置都是成对对称分布的，至少由两组四个制动盘组成。

阻尼制动的工作过程是：当风力发电机收到偏航指令时，制动机构动作，根据风速、风向及偏航系统调向的速度，来确定阻尼力矩的大小。阻尼力矩大小的调节是通过调节比例阀的开度的大小，来调节液压流量的大小和液压力的大小。液压力大小改变的同时也改变了制动力矩的大小，制动力矩大小的变化也就反映了阻尼力矩大小的变化。

四、偏航系统的软硬件

偏航控制系统是风力发电机组控制系统的重要组成部分。偏航控制系统通过风速仪和风向标把得到的信息从机舱顶部传到风电机组控制器的 CPU 板上，通过模-数的转换，把数字量输入到中央处理单元。中央处理单元分析和处理后，决定是否需要偏航驱动装置来调整机舱的姿态，使风轮叶片始终朝着迎风的方向，以保证风力发电机组在运行时能够充分利用已有的风力资源；或者当风速超过额定的最大风速时，进行偏航制动或者直接进行90°偏航，以保证风力发电机组能够正常安全运行。

1. 偏航控制系统硬件

偏航控制系统硬件组成如图8-14所示。其工作原理是，由风速传感器和风向仪采集到风力资源的信息，经放大及模-数转换后进入到单片机。单片机利用模糊控制算法进行智能处理，把得到的处理结果通过偏航驱动装置使机舱旋转至迎风的方向。如果风速和风向稍有变动，则风速传感器和风向标重新进行采集信息，使风力发电机组实时地得到控制，充分利用风能。如果要进行人工的操作，如检修、维护风力发电机时，可通过中央控制室的人机交互平台发送停机信号给机舱。当风速小于或者大于额定风速时，控制系统发送偏离迎风方向的命令，以防止风力发电机对电网的冲击和在大风时的损坏。

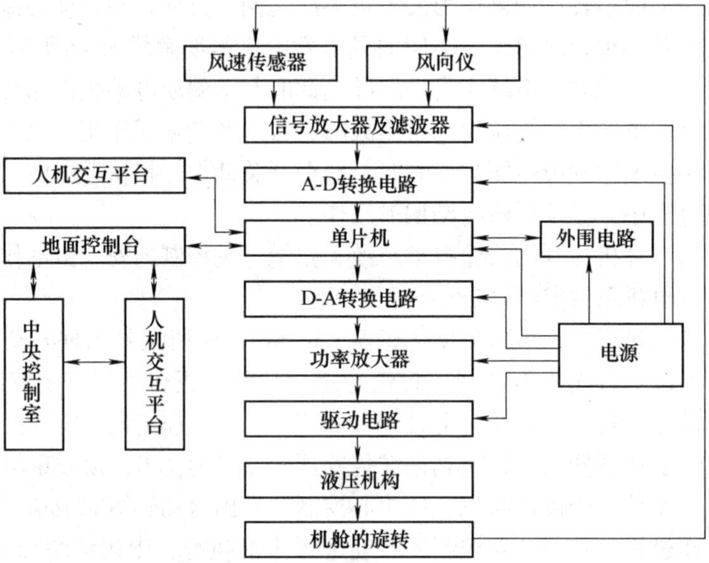

图8-14 偏航控制系统硬件组成

系统的输出分为两部分：一个并行口输出给LED数码管，显示当前的风速；另一个并口输出给功率放大器，以驱动偏航驱动装置。当传感器检测到风速和风向信号时，计算机发出驱动信号。由于从计算机出来的信号比较小，只有通过放大电路，才能驱动各种驱动装置使机舱达到迎风或者背风的状态。在与机组控制器的通信时，信号转换成标准的RS-232信号就可以进行串行通信；还可以与中央控制室直接进行通信，以便当检修风力发电机时或风力发电机机舱出现故障时，可以可靠地停止风力发电机到舱顶进行维修。

2. 偏航测量装置

偏航控制机构是风力发电机特有的伺服系统，用于控制并跟踪变化的风向，并且具有当电缆发生缠绕时，能够自动解除缠绕功能。

(1) 风向传感器 风向传感器又称为风向标。风向标安装在机舱顶部两侧的固定支架上，可随风力发电机组同步旋转。两个光敏传感器安装在风向标里，OPT1为0°角传感器，

OPT2 为 90°角传感器，主要测量风向与机舱中心线的偏差角。一般采用两个风向标，以便互相校验，排除可能产生的误信号。控制器根据风向信号，起动偏航系统。当两个风向标不一致时，偏航会自动中断。当风速低于 3m/s 时，偏航系统不会起动。

需要说明的是，风力机上安装的风向、风速计与气象和气候分析所用的测风设备不同。具体有以下两个方面：因为只用于控制偏航系统的工作，并不用于风向、风速的精确计量，因此通常精度较低。风向仪安装在机舱顶部随机舱一起转动，因此只能测量出机舱与来风方向的大致角度，以判断从哪个方向偏航对风，并不能检测出风的实际方向，因此风力发电机组上所使用的风向仪和测风装置上的风向仪在结构和原理上有很大区别。主要使用的风向传感器原理如图 8-15 所示。

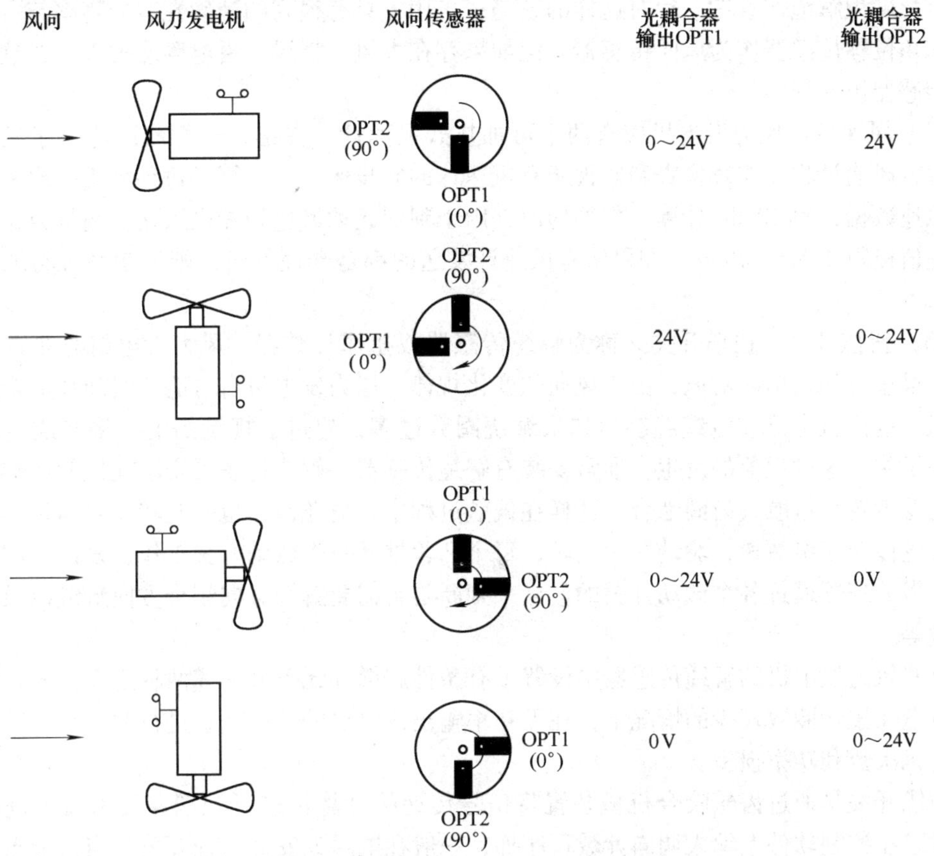

图 8-15 风向传感器原理

其工作原理是：一个半圆形桶罩由风向标驱动，当传感器 OPT1 或 OPT2 没有被半圆筒罩挡住时，传感器输出信号是高电平，反之是低电平。以下就几种情况加以讨论：

1）风力发电机对准风向。当风力发电机对准风向时，OPT1 完全或部分（因此时不一定对风很准，且风向不时变化）被遮住，输出 0~24V（具体看对风的准确度）的电信号。OPT2 完全没有被遮住，输出 24V 稳定高电平信号。

2）风力发电机与风向成顺时针 90°角。当风力发电机与风向成顺时针 90°角时，OPT2 完全或部分被遮住，输出 0~24V 电信号；OPT1 完全没有被遮住，输出 24V 稳定高电平信号。

3）风力发电机与风向成180°角。当风力发电机与风向成180°角时，OPT1完全或部分被遮住，输出0~24V电信号；OPT2完全被遮住，输出0V稳定低电平信号。

4）风力发电机与风向成逆时针90°角。当风力发电机与风向成逆时针90°角时，OPT1完全被遮住，输出0V低电平信号；OPT2完全或部分被遮住，输出0~24V电信号。由于风一直是波动的，方向是不定的，因此风向标在风中不停摇摆，这样造成OPT1或OPT2有时输出的不是稳定的0V或24V电平信号，而是0~24V之间的一个不确定值。这样造成的后果是：由于不是对风很正，偏航系统就会不停地工作，机舱将会频繁地调向。

可以看出，采用这样的光敏传感器，其精度不高，指示也不明确，同时也不能记录每次的偏航角度为解缆作参考。针对这样的缺陷，采用了具有很高的精确性、分辨率与可靠性的绝对式角位移传感器作为风向传感器。但如果存在大风、强风、雷电等恶劣天气，这样的角位移传感器极易损坏。

（2）风速仪　风力发电机应有两个可加热式风速计。在正常运行或风速大于最小极限风速时，风速计程序连续检查和监视所有风速计的同步运行。计算机每秒采集一次来自风速仪的风速数据；每10min计算一次平均值，用于判别起动风速和停机风速。测量数据的差值应在差值极限1.5m/s以内。如果所有风速计发送的都是合理信号，则控制系统将取一个平均值。

（3）扭揽开关　扭揽开关又称为解缆传感器或扭揽计数器。风力发电机总是选择最短距离、最短时间内偏航对风，由于风向的变化规律，风力发电机有可能长时间往一个方向偏航对风，这样就会造成电缆缠绕。如果缠绕圈数过多，超过了规定的值，将造成电缆的损坏。为了防止这种现象的发生，通常安装有解缆传感器。解缆传感器安装在机舱底部，通过一个尼龙齿轮与偏航大齿圈啮合，这样在偏航过程中，尼龙齿轮也一起转动。通过蜗轮、蜗杆和齿轮传动多级减速，驱动一组凸轮，每个凸轮推动一个微动开关工作，发出不同的信号指令。微处理器通过各个微动开关的信号来判断是否需要解缆，向哪个方向解缆以及何时停止解缆等。

有些风力发电机的解缆传感器中设置了有条件解缆和无条件解缆两种解缆信号，目的是保证电缆在扭转圈数较少的情况下，在无功率输出或停机的情况下就进行解缆，以减少解缆时的停机次数和功率损失。

扭缆开关是通过齿轮咬合机械装置将信号传递给计算机进行处理和发出指令进行工作的。除了在控制软件上编入调向计数程序外，一般在电缆处安装行程开关。当其触点与电缆束连接时，电缆束随机舱转动到一定程度即起动开关。解缆过程中，当风力发电机回到工作区域（即10min平均风速高于切入风速）时，系统停止解缆程序，进入发电程序；但当机身在同一方向已旋转2.5转（900°）时，偏航限位动作扭缆保护，系统强行进入解缆程序，此时系统停止全部工作，直至解缆完成。当风速超过25m/s时，自动解缆停止。自动解除电缆缠绕可以通过人工调向来检验是否正常。当调向停止触点由常闭进入常开状态时，风机自动解除电缆缠绕，此时风力发电机应不处于维修状态，因此自动调向功能在维修状态时无法使用。

（4）偏航编码器　偏航编码器是一个绝对值编码器，可以准确记录偏航位置。因为绝对编码器由机械位置决定的每个位置的唯一性，它无须记忆，无须找参考点，而且不用一直计数，什么时候需要知道位置，什么时候就去读取它的位置。这样，编码器的抗干扰特性、数据的可靠性大大提高了。

3. 偏航软起动器

偏航软起动器采用三相反并联晶闸管作为调压器，将其接入电源和电动机定子之间。这种电路如三相全控桥式整流电路，使用软起动器起动电动机时，晶闸管的输出电压逐渐增加，电动机逐渐加速，直到晶闸管全导通，电动机工作在额定电压的机械特性上，实现平滑起动，降低起动电流，避免起动过电流跳闸。待电动机达到额定转速时，起动过程结束，软起动器自动用旁路接触器取代已完成任务的晶闸管，为电动机正常运转提供额定电压，以降低晶闸管的热损耗，延长软起动器的使用寿命，提高其工作效率，又使电网避免了谐波污染。软起动器同时还提供软停机功能，软停机与软起动过程相反，电压逐渐降低，转速逐渐下降到零，避免自由停机引起的转矩冲击。

图 8-16 所示为软起动器控制电动机的主电路，图 8-17 所示为偏航电动机起动电压变化曲线，图 8-18 为软起动器的接线图。

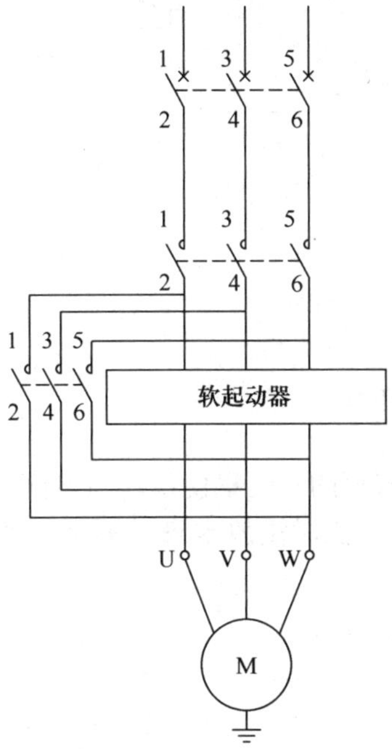

图 8-16 软起动器控制电动机的主电路

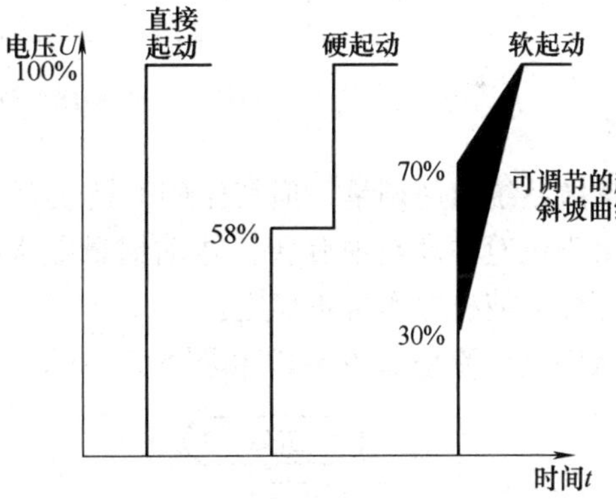

图 8-17 电动机起动电压变化曲线

4. 偏航控制器

偏航控制器负责接受和处理信号，根据控制要求，发送控制命令。通常采用单片机等微处理器作为偏航控制器。随着数字处理信号技术的发展，采用嵌入式微处理器或者 DSP 等作为控制器成为研究应用的趋势。

5. 偏航控制软件

偏航控制系统由于采用计算机控制，因此必须依赖控制软件。由于空气动力学的随机、不确定性，必须建立一个确定的关于风力和风向的数学模型，以达到最佳的控制效果。当风速（或风向）低于（或高于）或偏离设定值 V_{min}（或 V_{max}）时，风力发电机组进行自动停机并使机组处于脱离电网状态（甚至旋转机舱在背风的方向）。当传感器检测到的信息在设定值之间时，计算机将本次所得到的风速与风向的信息与上次所得到的信息进行比较，得出风速和风向的误差值。

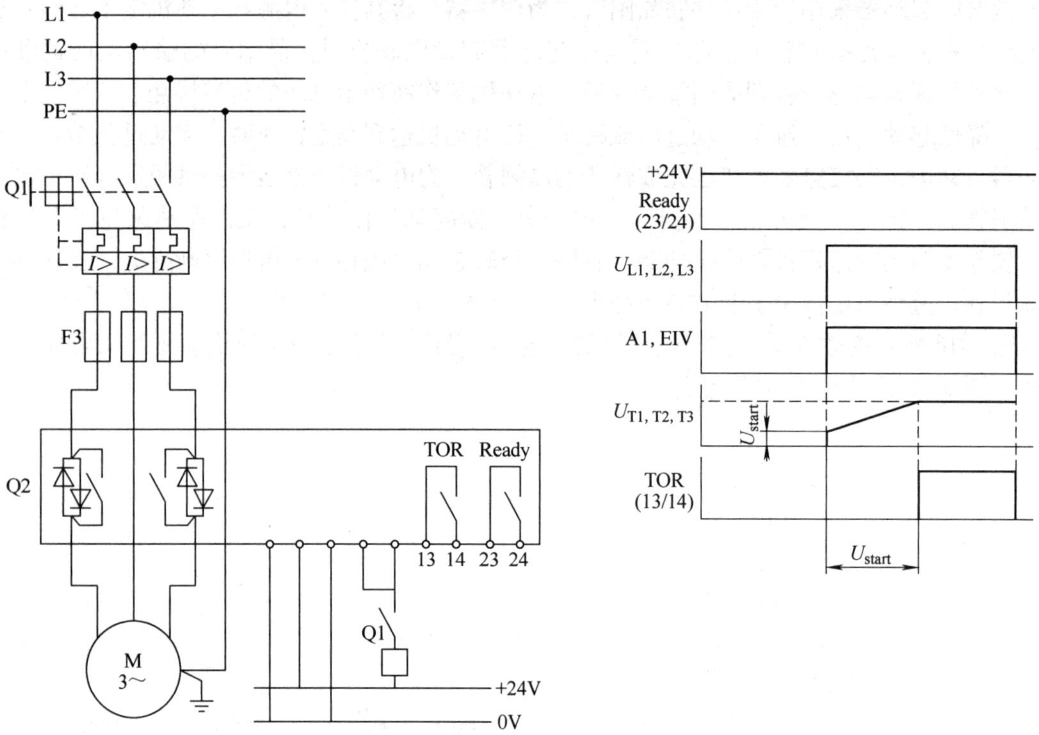

图 8-18　软起动器接线图

偏航系统有超调量，但其比例不是很大，且能够在较短的时间里使系统达到较稳定的输出。由于机舱在高空中旋转，转动惯量很大，如果响应太快对机舱本身也不是一件太好的事，那样会使机舱本身不稳定。

软件设计流程如图 8-19 和图 8-20 所示。

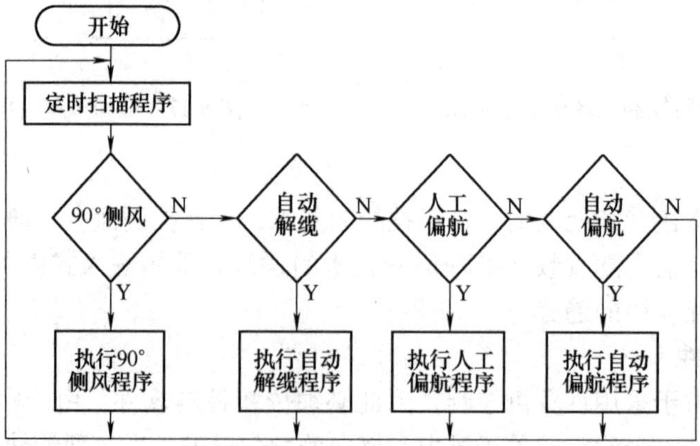

图 8-19　偏航控制主程序流程

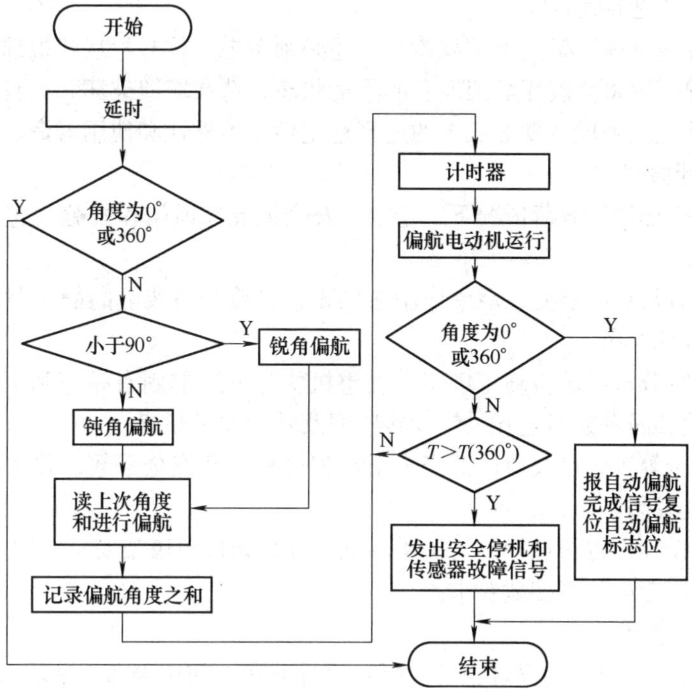

图 8-20 偏航方向控制流程

第三节 塔 架

水平轴风力发电机的塔架是支撑整个机舱和风轮的重量，并使机舱和风轮保持在风速较大的一定高度位置的构件。塔架除具有支撑作用外，还需要抵御风的推力对塔架形成的弯矩、机舱和风轮的偏心重量对塔架形成的弯矩、风轮转动时对塔架形成的反转力矩、阵风不稳定对塔架形成的弯矩、风力发电机的振动等载荷。

塔架是风力发电机组的主要承载部件。塔架的重量在风力发电机组中占总重的 1/2 左右，其成本占风力发电机组制造成本的 20%左右。随着风力发电机组的容量和高度的增加，塔架在风力发电机组设计与制造中的重要性越来越明显。

风力发电机组的塔架是一个组件，它主要由几段拼装的塔筒、若干个平台、内部爬梯、外部扶梯、电缆固定支架等部分组成。

一、塔架的使用与设计要求

塔架的主要功能是支承风力发电机组的机械部件和发电系统（重力负载），承受风轮的作用力和风作用在塔架上的力（弯矩、推力及对塔架的扭力）。塔架必须具有足够的疲劳强度，能承受风轮引起的振动载荷，包括起动和停机的周期性影响、阵风变化、塔影效应（塔影效应是风力发电机在发电的过程中出现的一种负面效果，主要是对于下风向风力发电机，由于一部分空气通过塔架后再吹向风轮。这样，塔架就干扰了流过叶片的气流，使发电机的性能有所下降）、弯曲及扭转等。塔架的自振频率还要避开运行频率（风轮旋转频率的

3倍）的整数倍，以免形成共振。

塔架的设计除应考虑塔架的正常载荷外，还必须考虑一枚叶片从叶根部断裂，即失去一枚叶片的极端情况。这将会破坏塔架原有的平衡状态，造成塔架破坏和人身伤害。因此，塔架设计的好坏直接关系到风力发电机组的运行稳定性、可靠性和使用寿命。

1. 塔架的设计原则

1）塔架应在全部设计载荷情况下，稳定、安全地支撑风轮和机舱（包括发电机和传动系统等部件）。

2）塔架应具有足够的强度，承受作用在风轮、机舱和塔架上的静载荷和动载荷，满足风力发电机组的设计寿命。

3）应通过计算分析或试验确定塔架（在整机状态下）的固有频率和阻尼特性，并进行共振计算分析，使其固有频率避开风轮旋转频率及叶片通过频率。

4）应根据安全等级确定载荷局部安全系数和材料局部安全系数，并按构件失效重要性后果选取局部安全系数。

5）通过塔架设计、材料选择和防护措施减少外部条件对塔架安全性和完整性的影响。

6）塔架设计应考虑防雷接地要求。

2. 塔架的设计条件

（1）设计条件　应给出的设计条件包括：设计载荷、使用寿命、环境条件和工作温度。

（2）塔架数据　应给出的塔架数据如下：

1）塔架分段数据（应考虑运输的限制、生产条件和批量等因素）。

2）塔架顶部直径，以及顶部法兰上的螺栓孔分布和尺寸。

3）塔架底部直径（需考虑塔架的强度和经济性及运输等条件）。

4）门框的尺寸（要求在满足安装作业、维修人员通过及维修物件搬运要求下，尺寸宜小。门孔处应具有足够的强度，强度不足处应采用强度不低于筒体材质性能的材料加强）。

3. 设计要求

（1）塔架计算分析

1）计算依据：《风力发电机组 塔架》（GB/T 19072—2010）规定的计算及其方法是验收塔架结构的最低依据，所有计算应以设计条件为基础。

2）塔架的强度分析：

①塔架的静强度分析：塔架静强度计算应符合GB/T 18451—2012中的规定。

②塔架的固有特性分析：

a. 弯曲固有频率$f_{0,n}$和激振频率f_R、$f_{R,m}$之间应有适当的时间间隔，可以根据下述公式计算：

$$\frac{f_R}{f_{0,1}} \leqslant 0.95$$

$$\frac{f_{R,m}}{f_{0,n}} \leqslant 0.95 \quad 或 \quad \frac{f_{R,m}}{f_{0,n}} \geqslant 1.05$$

式中　f_R——正常运行范围内风轮的最大旋转频率；

$f_{0,1}$——塔架（在整机状态下）的第一阶固有频率；

$f_{R,m}$——m个风轮叶片的通过频率；

$f_{0,n}$——塔架（在整机状态下）的第 n 阶固有频率。

b. 计算固有频率时，应考虑基础的影响。

c. 在计算固有频率时，为了考虑不确定性因素的影响，频率应有±5%的浮动。

d. 设计时还应考虑各种风况引起的不同方向的振动。塔架可能存在共振情况时，允许通过调整控制策略等方法来避开共振点。

③塔架的疲劳分析：塔架的疲劳分析应符合 GB/T 18451. 1—2012 中的规定。塔架焊缝疲劳分析包括以下方面：

a. 塔架环焊缝的疲劳分析。

b. 塔架门框与筒体连接位置上焊缝的疲劳分析。

3）塔架的涡激振动分析：应考虑塔架在安装或维修时可能产生的涡激振动对塔架的影响，并进行计算分析。

（2）法兰与螺栓强度分析

1）法兰极限强度分析：一般采用有限元分析或其他适用的计算方法。

对于法兰连接的计算可采用简化计算方法。当采用的计算方法没有考虑螺栓中的弯矩影响时，应用适当的疲劳等级来确定螺栓的频率安全。采用有限元方法而不考虑螺栓间隙的计算，以及其他导致相似计算结果的计算方法都是不允许的。

2）法兰联接螺栓极限强度和疲劳强度分析：法兰联接螺栓应进行极限强度和疲劳强度分析。

所有钢结构高强度大六角头螺栓、大六角螺母、垫圈的技术条件应符合 GB/T 1228—2006、GB/T 1229—2006、GB/T 1230—2006、GB/T 1231—2006 的规定。大于 M30 的螺栓可参照相关标准。

（3）塔架门框开口强度分析

1）筒体门框开口区域的屈曲安全可采用有限元分析来验证。

2）对于采用纵向加强筋的开口区域，如图 8-21a 所示，可按有关规范和标准进行简化的屈曲分析。

3）对于采用环形加强筋的开口区域，如图 8-21b 所示，以及未开口的筒体，可用简化的方法进行屈曲分析。

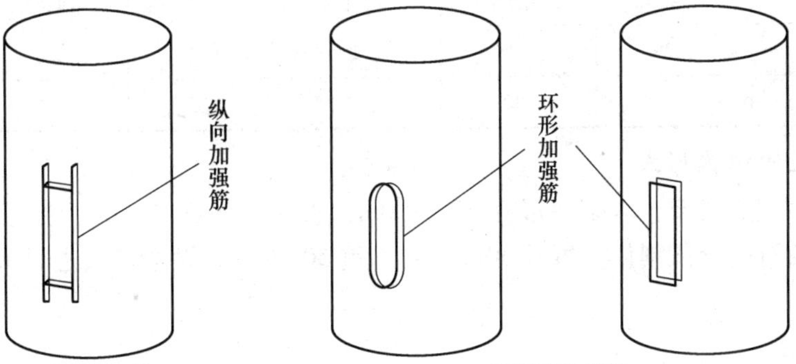

a) 纵向加强筋　　b) 环形加强筋

图 8-21　采用加强筋的开口区域

4）筒体门框开口区域应进行极限强度和疲劳分析。在进行极限强度分析时，应考虑应力集中。

（4）塔架内部附件 塔架内部附件的设计和安装应满足操作人员能安全地进行安装、维护和进入机舱的要求。塔架内部应设有：必要的防坠落装置等安全防护措施，导电轨及电缆固定设施，梯、栏，安全平台，照明及电气设备安装附件，门，必要时应设有助爬器、提升机、电梯等。

附件应尽可能设计成多功能，减少附件安装支耳与筒体的焊接。

二、塔架的类型

（一）塔架的刚度

大型水平轴风力发电机一般使用2~3枚叶片，风轮每旋转一周都会产生与叶片数目相同次数的振动。若规定振动次数为k，风轮转速为n，则每分钟就有kn次振动。研究表明：塔架的固有振动频率$f>kn$的称为“硬塔”，硬塔制造使用材料多，造价太高；塔架的固有振动频率$n<f<kn$的称为“软塔”，软塔制造使用材料也较多，造价也比较高；塔架的固有振动频率$f<n$的称为“甚软塔”。目前风力发电机塔架采用甚软塔的最为普遍，主要是因为甚软塔不易发生共振而且制造成本较低。

塔架越硬刚度越大，塔架越软刚度越柔。塔架的刚度取决于塔架的高度与直径的比值，该比值越高则塔架越柔。钢制塔架的优点是允许风力发电机加速而不用通过共振频率，发出的噪声比较小。在表8-3中我们通过一组不同刚度塔架的设计数据，强化大家对塔架刚度的认识。

表8-3 不同刚度塔架的设计数据

设计条件	塔架高度:50m 塔顶载荷:100t					
结构形式	等径圆筒	等径圆筒	等径圆筒	桁架形式	等径圆筒	圆锥筒形
材料	钢	钢	钢	钢	混凝土	混凝土
直径/m	2.6	3.75	4.4	—	3.8	3.0/6.0
壁厚/mm	20	30	70	—	300	300
刚度	软	半刚性	刚性	刚性	半刚性	刚性
自振频率/Hz	0.39	0.76	1.29	1.8	0.8	1.36
塔架重量/t	60	130	354	170	365	470

（二）塔架的结构形式

现在多采用钢制塔架，塔架一般在50~100m，直径一般在3~5m。受运输等条件的影响，一般将塔架进行分段制作，每段30m左右，重50t左右，两段塔架之间采用高强度螺栓联接。

1. 钢圆筒形

圆筒形塔架在当前风力发电机组中大量采用，其优点是美观大方，上下塔架安全可靠。钢圆筒形塔架是以钢板或钢管作为材料加工制造的，其结构形式又分为直圆柱形、阶梯圆柱形和圆锥形三种，如图8-22所示。钢圆筒形塔架的制造工艺比较简单，应用也比较普遍。

（1）直圆柱形塔架 这种塔架多用于小型风力发电机。当长径比较大时，存在压杆稳定性问题，需要在其中段用拉索固定。对于拉索式塔架，根据塔架的不同高度，拉索层次一般选用1~2层，每层选用3~4根拉索固定。塔架拉索所用材料应是采用防腐防锈处理的钢丝绳，其性能指标、规格应符合有关国家标准或行业标准。

（2）阶梯圆柱形塔架 这种塔架常用于中型风力发电机，制造工艺简单、成本低是其优势。

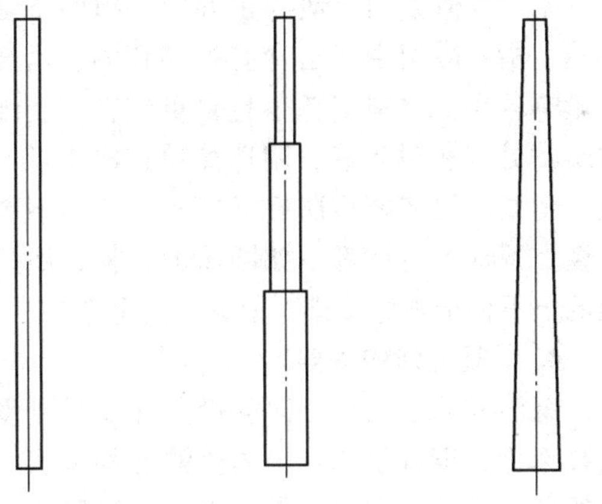

a) 直圆柱形 b) 阶梯圆柱形 c) 圆锥形

图 8-22 钢圆筒形塔架

（3）圆锥形塔架 大型的圆锥形塔架若在制造厂整体焊接成形，存在运输困难问题。考虑到整体塔架表面防护处理和运输的困难，钢筒圆柱形塔架可以采用分段的结构设计，分段制造后分段运输，到风电场再进行现场组装。如果订货合同没有明确规定，则塔架分段应考虑以下因素：运输能力、生产效率、制造成本和生产条件。

风电场一般都在没有铁路的边远地区，只能依靠公路运输。塔架的最大直径和最大长度主要受公路运输限制，因为我国公路桥涵的限高为4.5m，减去汽车底盘的高度，塔架最大直径一般不超过4m。如果使用无底盘的专用车辆，考虑道路的不平整度，塔架最大直径也不能超过4.3m。塔架的最大长度主要受公路宽度限制，塔架长度越大车辆的转弯半径越大，因此单段塔架的长度一般不超过40m。单段塔架的重量一般不能超过装配好的机舱重量，否则需要在现场安装时租用更大吨位的起重机，会造成安装成本的大幅度上升，在经济上得不偿失。

圆筒形塔架的上下部都焊接有法兰盘，法兰盘上加工有安装孔。底部的法兰盘用于和基础对接，顶部法兰盘用于和机舱底部的偏航轴承对接。法兰盘根据设计要求可以在塔筒内，也可以在塔筒外。分段制造的塔筒之间的连接一般也是采用法兰盘螺栓结构。

2. 多边形全拼装塔架

使用大型液压弯板机将规定厚度的钢板弯制成12或18边形的角度，每个拼装件为三个边，上边加工出安装螺栓孔，其截面形状如图8-23所示。在风力发电机安装现场，由四片或六片拼装成一段多棱锥台，将各段多棱锥台上下拼装完成后塔架就成形了。这种结构形式的加工过程比较简单，而且能够进行热镀锌防腐处理，运输也比较方便，具有广阔的前景。拼装塔架也可以制成阶梯多棱柱形。

图 8-23 多边形全拼装塔架构件的截面形状

3. 桁架结构塔架

桁架结构是现代成熟的塔桅钢结构形式，法国著名的埃菲尔铁塔就是桁架结构的代表作，至今已有100多年的历史了。桁架结构是使用铸造或轧制的钢铁型材，做成不同规格尺寸的杆件，根据力学原理使用铆钉、螺栓或焊接将这些杆件装配成铁塔。通过铆钉或螺栓产生摩擦力，铆钉或螺栓可以避免疲劳载荷。桁架结构塔架在早期的风力发电机组中就曾大量使用过。桁架塔架的结构如图8-24所示。

桁架的横截面一般为正方形，用四条腿与地基连接。桁架塔架由于自身有很多孔洞，风载荷对它的影响较小；材料消耗少且自重较轻，装配前热镀锌防腐处理相对容易，制造简单、成本低、运输方便。桁架塔架装配后防腐难度较大，承载能力、可靠性、视觉美观性都不如圆筒形结构，而且通向塔顶的上下梯子不好安排，上下时安全性差。

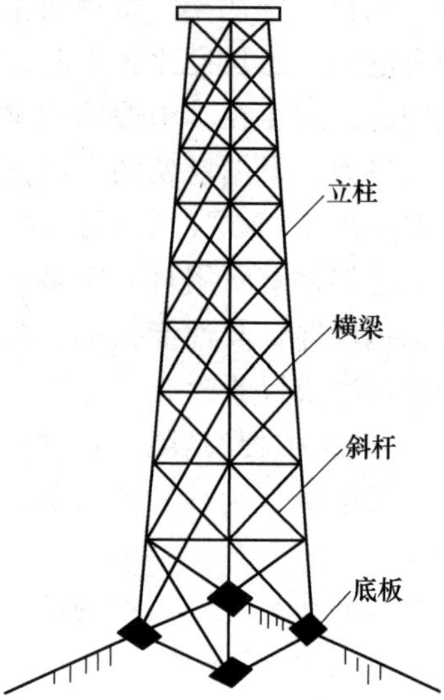

图 8-24　桁架塔架的结构

4. 混凝土结构塔架

钢筋混凝土结构塔架的最大优点是刚度大，自振频率低，很容易制作出需要的各种形状。但混凝土的砂、石、水泥使用量巨大，运输费用太高因而限制了它的应用。近年来随着风力发电机组容量的不断增大，塔架的体积也相对增大，使得塔架运输出现困难，又有以钢筋混凝土塔架取代钢结构塔架的趋势。

复习思考题

1. 机舱有哪些功能？
2. 机舱的设计要求有哪些？
3. 机舱的结构形式有几种？各有什么特点？
4. 底盘有哪些功能？
5. 底盘有哪些设计要求？
6. 底板按传动方式分为几种？各有什么特点？
7. 底板按与水平面有无夹角分为几种？各有什么特点？
8. 偏航系统有什么作用？
9. 偏航系统分为几类？各有什么特点？
10. 对偏航系统有哪些技术要求？
11. 偏航系统由哪些部分组成？
12. 偏航控制系统的硬件有哪些？各起什么作用？
13. 偏航控制系统的软件是如何达到最佳的控制效果的？
14. 偏航轴承有哪些工作特点？对偏航轴承有哪些技术要求？
15. 偏航驱动装置的结构是怎样的？对偏航驱动装置有哪些技术要求？
16. 对偏航制动器有哪些技术要求？
17. 扭缆保护装置由哪些部分组成？对扭缆保护装置有哪些技术要求？
18. 塔架的功能有哪些？
19. 塔架的设计条件有哪些？
20. 对塔架有哪些设计要求？
21. 塔架按结构形式分为几种？各有什么特点？
22. 塔架的分类方法有几种？
23. 塔架按刚度分为几种？各有什么特点？
24. 塔架内部有哪些附件？

第九章　控 制 系 统

通过本章的学习，应了解风力发电机组控制系统各部分的组成、功能和技术要求，熟悉控制功能及参数，了解安全保护系统的作用，掌握需要监控的参数和状态、安全处理方法及相关要求，了解远程监控系统的组成及工作原理。

第一节　风力发电机组控制系统概述

风力资源丰富的地区一般都在沿海地区、海岛、海上、戈壁荒漠、山口或草原，分散安装的风力发电机组要求能够无人值守运行和进行远程监控，因此对风力发电机组控制系统的自动化程度和可靠性提出了极高的要求。风力发电机组的控制系统是一个综合控制系统，它不仅要监视电网、风况和机组运行参数，对机组运行进行控制，而且要根据风速与风向的变化，对机组进行优化控制，以提高机组的运行效率和发电量。

控制系统的逻辑程序应保证风力发电机组在规定的外部条件下能有效、安全地运行。当控制系统不能使机组保持在正常运行范围内或有关安全的极限值被超过以后，则由保护系统执行安全方案。安全方案应考虑有关的运行值，如允许的超速、振动、减速力矩、短路力矩以及机组故障、操作失误等不安全因素。

风力发电机组的控制方法是：当风速变化时通过调节发电机的电磁力矩或风电机组桨距角使叶尖速比保持在最佳值，以实现风能的最大获取。控制方法基于线性化模型以实现最佳叶尖速比的跟踪，利用风速测量值或电功率测量值进行反馈控制。在随机扰动大、不确定因素多、非线性严重的风电系统中，传统的控制方法会产生较大的误差。近年来针对风力发电的特点，研究出了一些新的控制理论，使风力发电机控制向更加智能化的方向发展。

一、风力发电机组的控制目标

风力发电机组利用风轮系统实现了从风能到机械能的能量转换，再利用发电机和控制系统实现了从机械能到电能的能量转换过程。在考虑风力发电机组控制系统的控制目标时，必须结合它们的运行方式和工作特点。风力发电控制系统的基本目标就是保证风力发电机组安全可靠运行，获取最大风能并提供良好的电力质量。

1）控制系统应保持风力发电机组安全可靠运行，同时高质量地将不断变化的风能转化为频率、电压恒定的交流电送入电网。

2）控制系统采用计算机控制技术实现对风力发电机组的运行参数、工作状态进行监控、显示及故障处理，并完成对机组最佳运行状态的管理和控制。

3）利用计算机智能控制技术实现机组的功率优化控制。对定桨距恒速风力发电机组，主要是进行软切入、软切出及功率因数补偿控制；对变桨距变速风力发电机组，主要是进行最佳尖速比和额定风速以上的恒功率控制。

4）在大于起动风速并且转速达到并网转速的条件下，风力发电机组能自动起动、软切入自动并网，保证冲击电流小于额定电流。

二、控制系统的主要组成

风力发电机组控制系统主要由微机控制器、运行状态数据监测系统、控制输出驱动电路模板（输出伺服电动机、液压伺服机构、机电切换装置）等部分组成。风力发电机组的微机控制器用来采集机组数据及状态，通过计算、分析、判断来控制和保护机组，使单台风力发电机组实现全部自动控制，无需人为干预。具体控制内容有：信号数据的采集和处理、变桨距控制、偏航控制、自动解缆、转速控制、最大功率点自动跟踪控制、功率因数控制、并网解列控制、停机制动控制、安全保护系统、就地监控、远程监控。传感信号主要由信号接口电路完成，它们向机组控制器提供电气隔离标准信号，信号的电压和电流范围一般为工业标准信号。不同类型的风力发电机组控制单元会有所不同。

1）运行状态数据监测功能。

系统监测的参数有三相电压、三相电流、电网频率、功率因数、输出功率、发电机转速、风轮转速、发电机绕组温度、齿轮箱油温、环境温度、控制板温度、机械制动闸片磨损及温度、电缆扭绞、机舱振动、风速和风向等。为了得到系统运行的情况，系统还需监测各接触器的开关、液压阀压力状况、偏航运动和按键输入等情况。而控制系统输出控制的是并网晶闸管触发、无功补偿、旁路接触器的开合、断路器的开合、空气制动、机械制动和偏航运动。这些控制输出都需要状态反馈，所以系统的输入量包括 20 多个模拟量，包括发电机和电网的三相电压、三相电流和发电机绕组温度、齿轮箱油温、环境温度、传动机构等旋转机构的测点温度；10 个频率量，包括风轮转速、发电机转速、风速、风向，偏航正反向计数、扭缆正反向计数等；60 多个开关量，包括 16 个按键信号、制动闸片磨损、制动闸片过热、风向标 0°、风向标 90°、偏航顺时针传感器、偏航逆时针传感器、机舱振动传感器、偏航电动机过载、旁路接触器状态、风轮液压压力信号（风轮转速过高时出现）、机械制动液压压力高、机械制动液压压力低、外部错误信号等。

2）控制输出驱动功能。

系统的控制输出主要是控制各电磁阀、接触器线圈、断路器的开合。电磁阀和接触器的开合决定发电机的并网、变桨距和偏航电动机的动作、软并网和软脱网控制、相位补偿的三步投切、空气制动及机械制动系统的动作等。此外，对变桨距风力发电机组还要求根据风速变化调节变桨距控制输出。

3）人机交互功能。在控制面板上应能显示和查询风力发电机组的状态和参数，显示故障状态，查询故障地点，设置运行参数等。

通过控制面板应能实现对风力发电机组的人工起停控制、偏航控制以及修改参数等控制操作，为维护人员提供良好的操作界面。

4）故障处理功能。控制系统应具有故障处理功能，即在对风力发电机组运行过程中出现的故障进行适时检测的基础上，根据故障类型分别进行正常关机、紧急关机或报警。同时，针对可自恢复故障和不可自恢复故障实现风力发电机组重新自动起动或人工起动。

对于可自恢复故障（如电网失效或电网频率、电压偏差过大，发电机输出功率过大或发电机温度过高等），待这些故障自动消除后，可重新自动起动机组。对于不可自恢复故障（如机械制动器磨损过度而失效、机械零部件故障等），则应人工排除故障后才可以重新起动机组。

5）远程通信功能。控制系统应具有单台风力发电机组与中央控制室上位计算机的远程通信功能，以便中央控制室实时监测风力发电机组的运行状态、运行数据和故障情况等。

三、控制系统的常见类型

目前主流的风力发电机组控制系统的类型分为以下两大类：恒速恒频控制系统和变速恒频控制系统。对于不同类型的风力发电机，控制单元会有所不同，但主要是因为发电机的结构或类型不同而使得控制方法不同，加上定桨距和变桨距，形成多种结构和控制方案。根据桨叶的不同，分为两大类三种：

（1）定桨距失速调节型恒速恒频风力发电机组

1）恒速恒频异步风力发电机组的控制过程。在风力发电机组起动时，控制系统对风速的变化情况进行不间断的检测，当 10min 平均风速大于起动风速时，控制风力发电机组做好切入电网的一切准备工作，即松开机械制动，收回叶尖阻尼板（变桨距机型叶片由顺桨进入起动桨位），风轮偏航到迎风方向。控制系统将不间断地检测各传感器信号是否正常，如液压系统压力是否正常，风向是否偏离，电网参数是否正常等。如 10min 内平均风速仍大于起动风速，则控制系统内微处理机发出开始起动的命令。

当风力发电机组接收到由控制系统内微处理机发出的起动命令后，先检查发电机的相序与电网的相序是否一致。若相序正确，则检测风轮是否已开始转动。

接下来，发电机输出端的短路接触器打开，使发电机经一组双向晶闸管与电网连接，当风轮带动异步发电机转动并接近同步转速时，与电网相连的各相双向晶闸管的触发延迟角同时由 180°~0°逐渐打开（双向晶闸管导通角由 0°~180°逐渐同步增大），通过电流反馈对双向晶闸管导通角的控制，将并网时的冲击电流限制在 1.5 倍额定电流以内，从而得到一个比较平滑的并网暂态过程，进入正常的发电运行。

瞬态过程结束后，微处理机发出信号，利用短路接触器将双向晶闸管短接，从而结束了风力发电机的并网过程。晶闸管旁路后，限电流软起动控制器自动复位，等待下一次起动信号。这个起动过程约 40s，若超过这个时间，被认为是起动失败，发电机将被切出电网，控制器根据检测信号，确定机组是否重新起动。

在发电机并网后，应立即在发电机端并入补偿电容器，将发电机的功率因数（$\cos\varphi$）提高到 0.99 以上。

并网运行时的功率输出控制过程是：当风力发电机组传给发电机的机械功率及转矩随风速而增加时，发电机的输出功率及其转矩也相应增大，继续平稳运行。但是，当发电机的输出功率超过其最大转矩所对应的功率时，其反转矩减小，从而导致转速迅速升高，在电网上引起飞车，这是十分危险的。因此，必须具有可靠的失速叶片或变桨距机构，保证风速超过额定风速或阵风时，把风力发电机组输入的机械功率限制在一个最大值范围内，保证发电机的输出电功率不超过其最大转矩所对应的功率值。

异步发电机的最大转矩与电网电压的二次平方成正比，如果电网电压严重下降也会引起转子飞车；但是电网电压上升过高，会导致发电机励磁电流增加，功率因数下降，并有可能造成发电机过载运行。所以对于小容量电网应该配备可靠的过电压和欠电压保护装置，另外要求选用过载能力强（最大转矩为额定转矩 1.8 倍以上）的发电机。

2）定桨距恒速恒频风力发电机组控制系统的组成。定桨距恒速恒频双速异步发电机组控制系统组成框图如图 9-1 所示。

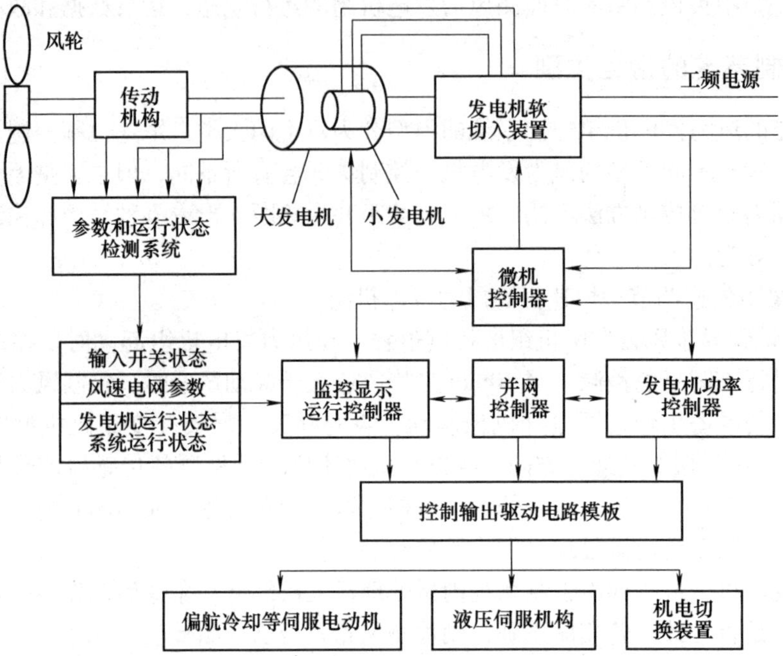

图 9-1　定桨距恒速恒频双速异步发电机组控制系统的组成

（2）变桨距变速恒频双馈风力发电机组

1）变桨距变速恒频风力发电机组的控制方法：变速发电不是根据风速信号控制功率和转速，而是根据转速信号进行控制，因为风速信号扰动大，而转速信号由于机组惯量大比较平稳和准确。变速恒频发电机组的运行控制过程分为三个阶段。三段式控制要求分别为：

①低风速段输出功率小于额定功率，按输出功率最大化要求进行变速控制。

②中风速段为过渡区段，发电机转速已达到额定值，而功率尚未达到额定值。桨距角控制投入工作，风速增加时，控制器限制转速上升，而功率则随着风速增加上升，直到达到额定功率。

③高风速段风速增加时，转速靠桨距角控制，功率靠变频器控制。

2）变桨距变速恒频风力发电机组的分类：变桨距变速恒频风力发电机组根据结构和控制原理的不同分为变桨距变速恒频双馈发电机组与直驱同步全馈风力发电机组两大类。

（3）变桨距变速恒频双馈发电机组

1）双馈型发电机的控制原理：双馈型发电机的结构类似于绕线转子异步发电机，定子绕组直接连接电网；所不同的是转子绕组经变频器连接电网，具有可调节频率的三相励磁电源，一般采用交—交变流器或交—直—交变流器提供低频电流。转子电压和频率与发电机的转差率成比例，随着转速变化而变化，变流器把恒压、恒频（50Hz）的转差功率输送至电网。

转速高于同步转速时，转差率 $s<0$，转差功率流出转子，经变频器送至电网，电网收到的功率为定子、转子功率之和，大于定子功率；转速低于同步转速时，转差率 $s>0$，转差功率从电网经变频器流入转子，电网收到的功率为定子、转子输出功率之差，小于定子功率。

双馈型发电机励磁可调量有三个：一是可以调节励磁电流的幅值；二是可以改变励磁电流的频率；三是可以改变励磁电流的相位。通过改变励磁频率，可调节转速，这样在负荷突然变化时，迅速改变发电机的转速，充分利用转子的动能，释放和吸收负荷，对电网的扰动远比常规发电机要小。通过调节转子励磁电流的幅值和相位，可以调节有功功率和无功功率。双馈型发电机应用于风力发电中，可以解决风电机组转速不可调和机组效率低的问题。

双馈型发电机控制系统的运行分为两个阶段：

①同步阶段：在此过程中风力发电机已经开始转动，当其转速大于起动转速后，充电回路先闭合，使变流器直流电容电压升高，电压大于80%额定值后，转子回路主接触器闭合，同时断开充电回路接触器。母线电压不断升高至额定值，这时变流逆变器开始工作，发电机转子中有电流，所以在定子中有电压产生，变流器通过检测电网电压和发电机定子电压，调节转子的电压电流，使这两个电压同步，并且闭合定子主接触器，系统便完成了同步切入。

②运行阶段：同步切入结束后便进入正常运行阶段，这时通过上述的三阶段控制方法使风力发电机组输出最大的额定功率。在实际运行中，变流器接收机组控制器传输过来的两个主要控制信号，即功率因数和发电机转矩。功率因数信号使变流器输入端的输入功率因数始终为1，发电机转矩信号使风力发电系统始终随着风速变化而输出最大的额定功率。控制方式可以采用矢量控制或直接转矩控制，这些都可以实现上述功能。

处于亚同步转速或超同步转速的双馈型发电机都可以在不同的风速下运行，其转速可随风速变化做相应的调整，使风力发电机组的运行始终处于最佳状态，机组效率提高。同时，定子输出功率的电压和频率却可以维持不变，既可以调节电网的功率因数，又可以提高系统的稳定性。与同步发电机交—直—交系统相比较，具有变频装置容量小、投资和损耗小、发电效率高、谐波成分吸收方便、重量轻的优点，更适合于风力发电机组使用。

2）变桨距变速恒频双馈型发电机组控制系统的组成：控制系统可分为三个单元，即转速调整单元、有功功率调整单元、电压调整单元（无功功率调整）。它们分别接受风速和转速、有功功率、无功功率指令，并产生一个综合信号，送给励磁控制装置，改变励磁电流的幅值、频率与相位，以满足系统的要求。双馈型发电机既可调节有功功率，又可调节无功功率。有风时，机组可以并网发电；无风时，也可作抑制电网频率和电压波动的补偿装置。

双馈型发电机控制系统结构框图如图9-2所示。

（4）永磁直驱型同步全馈风力发电机组 永磁直驱型同步全馈风力发电系统采用低速永磁同步发电机，取消了中间的齿轮变速箱；变频器采用双PWM型的中压变流器，主要应用在山区及海上的风力发电场中。

永磁直驱型风力发电机组采用同步发电机，发电机组发出的电能的频率、电压、电功率都随风速的变化而变化，这样有利于最大限度地利用风能资源，而恒频恒压并网的任务则由变流器完成。永磁同步全馈风力发电控制系统的运行和双馈系统基本类似（都是采用变速恒频运行方式），也分为同步阶段和正常运行阶段，控制方式也采用上述的三段式控制。

1）风力发电机组的起动、控制、保护功能基本上与变速恒频机组相似，所不同的是这类机组可以采用定桨距风轮，省去变桨距控制机构。

2）交—直—交变频系统的控制过程是：变流器将风力发电机组发出的电压和频率不断

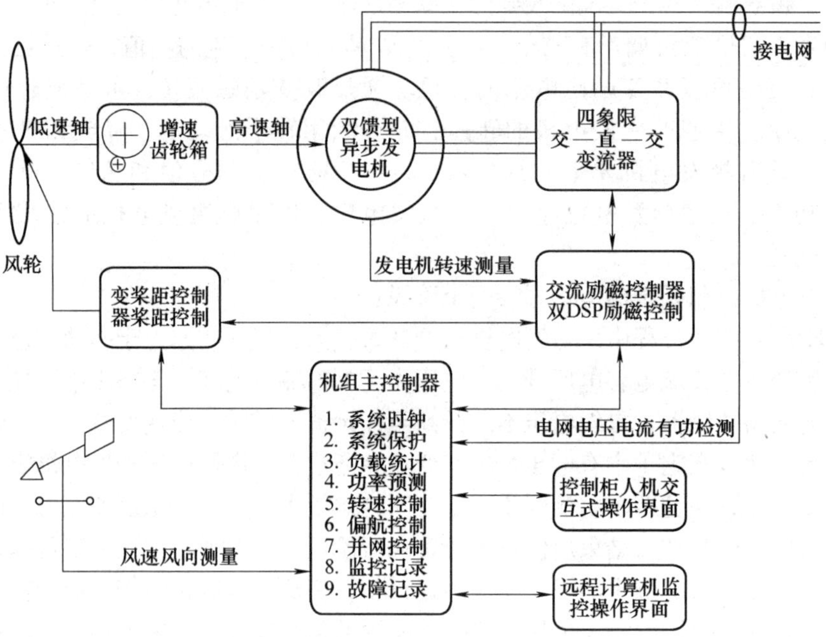

图 9-2　双馈型发电机控制系统结构框图

地变成频率和电压都稳定的电能，以便与电网的电压及频率相匹配，使风力发电机组能够并网运行。永磁同步全馈风力发电控制系统发电机发出的全部电功率都通过变流器，一般变流器功率要达到发电机额定功率的 120%以上。

永磁直驱型同步发电机的变流器比双馈系统容量大，投资和损耗也大，使用永磁同步发电机取消变速齿轮结构可以减轻整机重量，但使发电机重量增大。但是，发电机和变频器增加的投资可以从机械结构的节约中得到补偿。

永磁直驱型同步发电机控制系统的结构如图 9-3 所示。

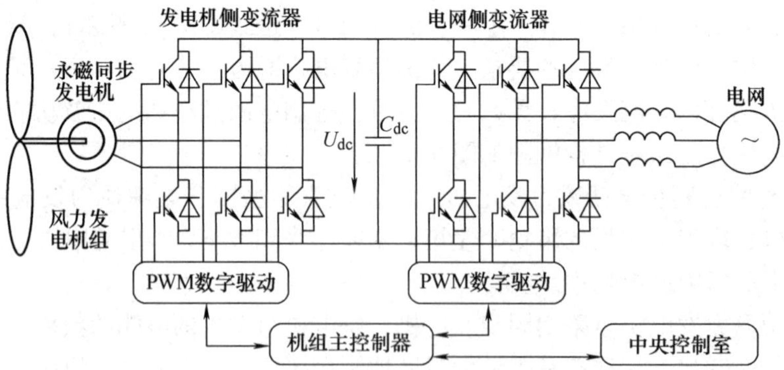

图 9-3　永磁直驱型同步发电机控制系统的结构

对风力发电机工作点的控制是通过控制变流器送到电网的电流实现对直流环节电压的控制，从而控制风轮的转速。永磁直驱型同步发电机除了可以直接并网外，还可以构成风力发电机群，统一进行并网。

四、控制系统的一般要求

在风力发电机组系统方案的设计阶段，应在总体框架内确定机组的运行管理和安全方案，从而确定电控系统的功能和要求，以便使机组运行最佳化，在万一发生故障时，仍能使风力发电机组保持在安全状态。

通常，风力发电机组的运行管理由控制系统执行，其程序逻辑应保证风力发电机组在规定的外部条件下能有效、安全地运行。当控制系统不能使机组保持在正常运行范围内，或有关安全的极限值被超过以后，则由保护系统执行安全方案。安全方案应考虑有关的运行值，如允许的超速、振动、减速力矩、短路力矩以及机组故障、操作失误等不安全因素。

风力发电机组控制系统应具有正常运行控制、变速变桨控制、参数检测和监控、电气安全保护等功能；电气变桨距控制系统应具有正常运行控制伺服驱动控制、后备电源管理、参数检测和监控以及电气安全保护等功能。

（1）环境条件和电网条件　控制系统的环境条件和电网条件要求与风力发电机组的要求完全相同。当实际环境条件和电网条件与规定范围不符合时，供方和用户有必要达成附加协议。

（2）控制柜和元器件

1）控制柜根据不同地区、不同要求确定相应防护等级，一般应具有不低于IP54的防护等级，控制系统的显示、键盘控制的防护等级应不低于IP41。控制装置应能防止外界固体物和液体的侵入。

2）电控系统中所装用的硬件设备，传感器和元器件应符合各自相应的标准及IEC 60204—1的有关规定。可编程序控制器应符合GB/T 15969. 1—2007和GB/T 15969. 2—2008的规定。

3）控制柜中所装用的印制电路板应符合GB/T 4588. 1—1996、GB/T 4588. 2—1996的规定。

4）电气接线和电气连接必须可靠。所采用的连接手段，如接插件，连接线、接线端子等，应能承受所规定的电（电压、电流）、热（内部或外部受热）、机械（拉、压、弯、扭等）和振动的影响。

导线和带电的连接件，按规定使用时，不应发生过热、松动或造成其他危险的变动。

5）采取电击防护措施，防止直接或间接接触带电体。

6）应对电控系统采取较完善的屏蔽措施，防止受雷电感应过电压损害。带面板的控制柜各侧一般宜用薄钢板做成，并连接到等电位连接带上。对电源线、数据线、信号线、传感器、计算机，宜用电涌保护器加以保护。

7）保护接地电路所有部件（包括保护接地端子、保护导线和控制柜中的导体结构件部分）的设计，应考虑能够承受保护接地电路中由于流过接地故障电流所造成的最高热应力和机械应力。保护导线应做出标记，使其容易识别。

8）控制和安全保护系统的调定值应予以保护，防止在非授权情况下随意改动。

9）手动或自动控制应不损害安全保护系统的功能。允许手动控制的任何装置应在必要处做出适当标记，以便于识别。

10）可导致机组关机的紧急关机按钮应优先于自动控制系统的功能，并应安装在每个主要的工作地点。

11）对于内部故障或危及风力发电机组安全的跳闸引起关机的情况，风力发电机组应不能自动重新起动。

12）当控制系统与安全保护系统冲突时，控制系统应服从安全保护系统的要求。

（3）电磁兼容性

1）电控系统应具有适当的抗电磁干扰的能力，应保证信号传输不受电磁干扰，执行部件不发生误动作。同时，设备本身产生的电磁干扰不应超过相关设备标准和涉及电磁兼容性电平的有关文件所规定的电平。

2）采用适当的滤波器和延时装置，选择一定功率的电平，采取合理的布线（如采用绞合线、屏蔽线、分束或交叉走线等）或者把一些灵敏的设备或部件同一些开关设备（如晶闸管、电磁继电器、接触器等）分离、屏蔽等措施，可避免或降低电磁干扰。

（4）单一失效

1）与安全保护系统功能有关的单个元器件（如传感器或制动器）的失效，应不会导致安全保护系统失效。

2）两个独立元器件同时失效可归入不可能事件，因此可不予考虑。如果两个或多个元器件相互关联，则它们同时失效可视为单一失效。

3）就可用性和可靠性而言，对安全保护系统各个元器件应有最高技术要求。

（5）冗余技术和相异技术

1）采用冗余技术可使电路或系统中单一故障引起危险的可能性降至最低。可设计成使冗余器件或系统在正常运行中有效的在线冗余；也可设计成专用电路或系统，仅在操作功能失效时接替保护功能的离线冗余。在正常工作期间离线冗余技术不起作用的场合，在需要时应采取措施确保这些电路或系统可供使用。

在方案上，安全保护系统应与控制系统完全分开。安全保护系统应至少能启用两套相互完全独立的制动系统。此处的“独立”意味着在系统的工程设计阶段应严格避免因共同原因而引发的故障。因此，单一元器件的失效必定不会导致所有制动系统（因而也是整个安全保护系统）失效。

2）相异技术是指采用具有不同操作原理或不同类型器件的控制电路，可以减少故障的可能性和故障引起的危险。例如：由联锁防护装置控制的常开和常闭触点的组合；电路中不同类型控制元件的运用；在冗余结构中，机电和电子电路的组合；电和非电（如机械、液压、气压）系统的结合。

第二节　两类典型控制系统的技术要求

一、恒速恒频控制系统

（一）控制系统

1. 设计原则和要求

1）控制系统应设计成在规定的所有外部条件下都能使风力发电机组的运行参数保持在正常运行范围内。

2）控制系统通过输入的运行管理程序，对风力发电机组进行控制，使风力发电机组有效、安全地运行；尽可能避免故障，降低机组所承受的应力水平，使机组运行最佳化。

3）控制系统应能检测超速、超功率、过热等故障，并采取适当的措施。

4）控制系统应从为风力发电机组配置的所有传感器获取信息，并应能起动两套制动系统。

5）当安全保护系统起动制动系统时，控制系统应自行降至服从地位。

6）控制系统通过主动或被动方式控制风力发电机组的运行，并使运行参数保持在其正常范围内。

控制方式的选择应认真考虑。例如，对维修而言，除紧急关机按钮外，这种控制方式应超越所有其他控制方式。控制方式的选择应通过一个选择器来进行，它可以被锁定在与每个单一控制方式相应的位置上。

当某些功能用数字控制时，应提供选择相应功能的数字码。

2. 控制功能和参数

1）控制系统应能完成风力发电机组的正常运行控制。控制系统可以控制的功能和参数包括：机组的起动和关机程序；电器负载的连接和发电机的软并网控制；大、小发电机的自动切换；补偿电容器的分组投入和切换；功率限制风轮转速；偏航对风；扭缆限制；电网失效或负载丢失时的关机等。

2）控制系统应包括对风力发电机组运行参数和状态的检测和监控。如：风速和风向；风轮和发电机转速电参数，包括电网电压和频率，发电机输出电流、功率和功率因数；温度，包括发电机绕组和轴承温度，齿轮箱油温，控制柜温度和外部环境温度；制动设备状况电缆缠绕；机械零部件故障电网失效等。

3）在控制柜的面板上，应能显示和查询风力发电机组的运行状态及参数，显示故障状态，查询故障地点，设置运行参数等。

通过控制柜面板，应能实现对风力发电机组的人工起停控制、偏航控制以及修改参数等控制操作，为维护人员提供良好的操作界面。

4）控制系统应具有故障处理功能，即在对风力发电机组运行过程中出现的故障进行适时检测的基础上，根据故障类型分别进行正常关机、紧急关机或报警。同时，针对可自恢复故障和不可自恢复故障实现风力发电机组重新自动起动或人工起动。

对于可自恢复故障（如电网失效或电网频率、电压偏差过大，发电机输出功率过大或发电机温度过高等），待这些故障自动消除后，可重新自动起动机组。

对于不可自恢复故障（如机械制动器磨损过度而失效、机械零部件故障等），则应人工排除故障后才可以重新起动机组。

5）控制系统应具有单台风力发电机组与中央控制室上位计算机远程通信功能，以便中央控制室适时监测风力发电机组的运行状态、运行数据和故障情况等。

3. 起动

1）风力发电机组的起动方式包括自动起动、面板人工起动、顶部机舱人工起动和远程起动。各种起动方式的优先级由高到低依次为：顶部机舱人工起动、面板人工起动、远程起动、自动起动。当存在高级别起动控制时，对较低级别起动控制应不予响应。

2）在系统第一次上电或电网故障停电后又恢复正常时，电控系统应对电网及系统安全链进行检测，无故障情况下，使系统处于待机状态。

3）起动过程中应完成液压系统压力检测、叶尖复位、风速检测、偏航对风、机械制动器松闸、根据风速判断起动大发电机或小发电机、闭合发电机连接电网的断路器、触发晶闸管进行软并网、闭合晶闸管旁路接触器等程序。在并网完成后，根据无功功率情况投入相应的补偿电容。

4. 并网

（1）异步发电机的并网条件

1）转子转向应与定子旋转磁场转向一致，即异步发电机的相序应与电网相序相同。

2）发电机转速尽可能接近同步转速。

（2）大容量机组并网技术　对于容量较大的风力发电机组（>100kW），宜采用晶闸管软并网技术。发电机经一组双向晶闸管与电网连接，当风轮带动异步发电机转速至接近同步转速时，与电网相连的各相晶闸管的控制角同时由180°~0°逐渐打开（晶闸管导通角由0°~180°逐渐同步增大），控制并网瞬间的冲击电流在规定的限度内（一般应不超过1.5~2倍额定电流）。暂态过程结束后，晶闸管通过旁路接触器短接。

5. 大、小发电机切换控制

1）大、小发电机切换控制包括由小发电机向大发电机的切换控制和由大发电机向小发电机的切换控制。

2）应慎重选择由大发电机向小发电机切换时的功率或风速设定值，防止切换过程中出现超速飞车现象。

3）在大、小发电机切换程序中，应首先切除补偿电容，防止发电机自励出现过电压，切换完成后再投入相应电容。

6. 电容器投切控制

1）风力驱动的异步发电机正常运行时，向电网输送变化的电能，其所需要的无功补偿功率也相应随机变化。无功补偿电容器应按照风力发电机组运行的实际需要分组匹配。分组电容器按各种容量组合运行时，不得发生谐振。

2）分成几组的并联电容器装置应采用自动投切方式。自动投切装置应具有防止保护跳闸时误合电容器组的闭锁功能。自动投切的控制量可选用无功功率、无功电流或功率因数。

3）每组电容器投入和切除的控制量设定值应有适当的回差，以避免频繁投切。

4）当风力发电机组脱网或电网失电时，应立即断开与发电机并联的电容器组，以避免发电机自励出现过电压。

7. 偏航控制

1）偏航控制包括风向标控制的自动偏航、面板人工控制偏航、顶部机舱人工控制偏航和远程控制偏航。各种偏航控制的优先级由高到低依次为：顶部机舱人工控制偏航、面板人工控制偏航、远程控制偏航、风向标控制的自动偏航对风。当存在高级别偏航控制时，对较低级别偏航控制应不予响应，并应清除原有的较低级别偏航控制。

2）在大风情况下，为保证风力发电机组的安全，宜采用90°侧风控制。在90°侧风时，应根据风向标传感器信号确定机舱与主风向的相对位置，使机舱走最短路径，以最短时间偏离主风向。

8. 扭缆限制和自动解缆

1）解缆包括扭缆传感器控制的自动解缆和扭缆开关控制的安全链保护。当扭缆达到设定的下限值时，扭缆传感器向控制系统发出信号，通过偏航驱动装置的适当操作，自动使电缆解绕。如果有必要，可使机组正常关机，随后进行解缆操作。若自动解缆未能执行，扭缆达到设定的上限值，则应触发安全保护系统，使风力发电机组紧急关机，同时通知计算机为不可自恢复故障，等待进行人工解缆操作。

2）当执行解缆操作时，系统应自动屏蔽所有其他偏航请求，包括顶部机舱人工偏航、面板人工偏航、远程控制偏航和自动偏航。

9. 关机

1）在控制系统控制下进行的关机属于正常关机。在风速很低、发电机输出功率很小甚至从电网吸收功率时，或者机组出现除紧急关机以外的需要进行关机的故障时，则应进行正常关机。

2）通常，正常关机时，应先使气动制动器动作，待转速下降至某一设定值时再投入机械制动器。

（二）安全保护系统

1. 安全保护系统的设计原则和要求

1）由于风力发电机组的内部或外部发生故障，或监控的参数超过极限值而出现危险情况，或控制系统失效，风力发电机组不能保持在它的正常运行范围内，则应起动安全保护系统，使风力发电机组维持在安全状态。

2）安全保护系统的设计应以失效-安全（fail-safe）为原则。当安全保护系统内部发生任何部件单一失效或动力源故障时，安全保护系统应能对风力发电机组实施保护。

3）安全保护系统的动作应独立于控制系统，即使控制系统发生故障也不会影响安全保护系统的正常工作。

4）应调定安全保护系统的触发电平，使其不超过作为设计基础的极限值，以免风力发电机组发生危险，同时也应使控制系统不会受到安全保护系统不必要的干扰。

5）保护系统应能优先使用至少两套制动系统以及发电机的断网设备。一旦偏离正常运行值，安全保护系统即被触发并立即执行其任务，使风力发电机组保持在安全状态。通常在它的处理下，利用所有的制动系统使风轮减速。

与电网脱离不必在安全保护系统的触发瞬间立即执行。在任何情况下应避免风力发电机组加速和发电机作为电动机运行。

6）如果已启用了安全保护系统，则应按照通过人的介入来完成必要的修理或消除故障的原因，然后放开风力发电机组使其运行。排除故障以授权人在场和积极参与为前提。安全系统的这种故障应与控制系统无关，并且这种故障不可能自动被清除。

7）安全保护系统的软件设计中应采取适当措施，防止由于用户或其他人的误操作引起风力发电机组误动作。在机组的任何状态下，非法的键盘及按键输入应不被承认。

2. 安全保护系统的功能

在下列情况下应起动安全保护系统：超速；发电机过载或故障；过度振动；在电网失效、脱网或负载丢失时关机失效；由于机舱偏航转动造成电缆的过度缠绕。

此外，在控制系统功能失效或使用紧急关机开关时，也应起动安全保护系统。

3. 制动系统

（1）制动系统要求

1）应至少配置两套相互独立的制动系统，利用它们可在任何时候使风轮减速或使其停机。

2）在电网或负载丢失同时一套制动系统失效的情况下，其他制动系统应能使风轮转速保持在最大转速以下，并应能将风轮制动到静止。最大转速应在设计阶段考虑到系统的固有频率和可能的不稳定性予以确定。

（2）制动原理的选择　制动系统可选择一种或多种类型，如机械的、电气的、气动的、液压的或气压的，使风力发电机组由任何工作状态进入停机或处于空转状态。

至少应有一套制动系统按气动原理工作，并直接作用在风轮上。如果不能满足这一要求，则应至少有一套制动系统作用在以风轮驱动旋转的部件（如轮缘、轴）上。超速触发所需的测量装置应设置在低速部件上。

（3）外部动力源

1）制动器宜设计成：如果外部动力源发生故障，它们仍能执行其功能（由离心力直接触发的叶尖制动可满足这一要求）。

2）如果制动器执行功能需要来自储能器（例如液压装置或蓄电池）的辅助动力源，则必须自动监控储能器所储存的能量，该能量应至少能满足一次紧急制动的需要。如果这种监控不能连续进行，则至少每周应进行一次测试。如果监控或测试显示出否定结果，则风力发电机组应立即关机。

（4）转矩限制装置的布置　如果设置限制转矩的部件，则所配备的任何机械制动器应位于转矩限制装置和风轮轮缘之间。

（5）用于维修的安全装置——风轮和方位锁定装置

1）基本要求：风力发电机组的风轮和机舱应至少各装设一套锁定装置或等效的装置，其功能是锁定这些部分以防止它们发生转动。

通常情况下，制动设备不可以同时被当作所要求的锁定装置。在特殊情况下，若装置设计保证制动系统各个部件的工作均能可靠地执行，则可以偏离这一规则。

2）锁定装置的设计：

①锁定装置的设计应使它们在即使放开制动器的情况下也能可靠地防止风轮或机舱的任何转动。

②风轮和机舱锁定装置的设计应以每年的阵风以及安装和维修时可能出现的阵风为基础。

③风轮的锁定装置应安排作用在邻近轮毂的驱动链上，并且形状吻合。用绳索将风轮叶片捆绑到塔架或其他地方是不够的。

④机舱锁定装置用来防止机舱的偏航运动。

3）安全要求：锁定装置的设计是基于这样一种假设：维修人员从容进入，停留在里面，并在确信装置起作用的情况下，在一个危险区域工作。因此，对于锁定装置的工作可靠性、质量、易接近以及它与要锁定的机组部件（例如风轮叶片、轮缘、轴）的啮合等应强制性地有特别高的要求。

4）锁定装置的起动：如果在风力发电机组运行期间转动的那些部件上进行工作，则总是应起动锁定装置。即使机组通过制动保持在停止状态或提供方位制动，也应起动锁定装置。操作维修人员应十分重视这一安全措施，在操作手册中应写入适当注意事项。

（三）监控和安全处理

1. 概述

监控装置应完成风力发电机组运行状态和运行参数的检测功能。检测的参数包括风速、风向、风轮或发电机转速、电气参数（频率、电压、电流、功率、功率因数、发电量等）和温度（发电机绕组温度、轴承温度、齿轮箱油温、控制柜温度、外部环境温度）等，状态监测包括振动、电缆缠绕、电网失效、发电机短路、制动闸块磨损、控制系统和偏航系统运作情况以及机械零部件故障和传感器状态等。

上述信息均应汇入控制系统，其中对安全尤为重要的信息还应输入保护系统中。当监测的参数或状态超过极限值或者发生故障时，则安全保护系统起动和（或）通过控制系统进行安全处理。

2. 转速

（1）转速测量

1）明确测量转速是不需要的，如果一个和转速显然有关的参数（如离心力）被连续监控以判断转速是否超过极限值，就满足需要了。对此，先决条件是可靠，应按照失效-安全的原则进行测量。

2）转速信号应由两个独立的传感器分别采集，并提供给控制系统和安全保护系统。其中至少有一个传感器应直接设置在风轮上。

3）根据叶尖调节原理工作，由离心力触发的空气动力制动系统不需要直接的转速测量装置，但用作紧急制动的叶尖触发信号应提供给安全保护系统和控制系统。

（2）传感器工作的可靠性　原则上，速度传感器应像制动设备一样满足有关功能和可靠性的同样要求。

（3）转速超过运行范围　如果风轮转速超过运行范围，即 $n>n_2$（最高运行转速），则控制系统应做出响应，使风轮减速。

（4）转速超过临界转速　如果风轮转速超过临界转速 n_A，则安全保护系统应做出响应。临界转速 n_A 应尽可能少地超过最高运行转速 n_2。在设计中规定的最大转速至少应为最高运行转速 n_2 的 1.25 倍。

（5）安全保护系统触发后的状态　如果超速后安全系统做出响应，则任何时候都不应超过最大转速，即使短时超过也是不允许的。对于气动制动器和时间上交错作用的制动器尤其应考虑到这点。

3. 功率

（1）功率的测量

1）通常情况下，用电功率（有功功率）作为测量参数。如果风力发电机组的设计方案包括超过过载功率 P_T 的可能性，则应将功率作为控制参数来采集。功率测量被看作是一种运行中的测量，并进行相应的处理。可以借助其他物理参数，只要这些参数与功率之间有一个明确认可的关系，则应在试验阶段通过测量确定运行中检测的替代参数与功率之间的关系，并以适当的形式（例如以性能图表的形式）记录下来。

2）功率测量设备应能采集平均值（1~10min 的平均值）和短时功率峰值（扫描速率

至少每秒一次）。

3）测得的功率和转速一起可看作是整个风力发电机组平均负载的测量，也可以将其用作由于极大风速引起保护措施起动的替代测量值。

（2）超过过载功率 P_T　如果功率超过过载功率 P_T，则控制系统应自动起动适当的保护措施。但实际功率的长期平均值应不超过额定功率，以免发电机过载和过热，实际措施取决于设计。否则，在任何情况下，风力发电机组均应关机。通常 P_T 应不大于额定功率的1.25倍。

（3）瞬时功率超过临界功率 P_n　如果瞬时功率超过临界功率 P_n，则安全保护系统应立即自动起动保护措施。实际措施取决于设计，在任何情况下风力发电机组均应关机。在这个过程中，应不超过最大功率 P_q。

传感器应能起动保护措施的自动触发装置，即使功率过载是短时的，也应立即起动。通常，P_q 应不大于额定功率的1.5倍。

（4）自动起动　如果由于超过过载功率 P_T 而导致风力发电机组关机，只要设计方案中有相应规定，并且系统中没有故障，则该风力发电机组无须排除故障就可以自动重新起动。

由于过高风速而超过过载功率 P_T 可看作是一个外部事件，如果这种情况不再出现，则可认为该风力发电机组仍然是可使用的。

4. 风速

（1）风速的测量

1）通常情况下，不需要测量风速。但是，如果风力发电机组的安全运行除了取决于其他因素外，还取决于风速，或者风速是控制系统的输入参数之一，则应提供可靠的和适当的风速测量方法。

2）若必须测量风速，则可以通过直接测量风速或者借助于另一个与风速有明确认可关系的参数并加以处理来满足这一要求。原则上，用作控制系统输入参数的测量应选择适当的检测点和测量技术，可以考虑将轮毂高度处尽可能未受干扰的风速作为相关的测量参数。

3）若选择一种在结冰情况下会导致很大误差的测量方法，则有必要对测量值进行连续的检验（例如和其他有关的风速测量值相比较），并给传感器安装一个适当的在结冰情况下即可起动的加热装置。

（2）超过切出风速　如果将切出风速 V_0 作为风力发电机组设计的一个基本参数，则当超过切出风速时，风力发电机组应通过控制系统自动关机。

（3）超过短时切出风速　如果将切出风速作为风力发电机组设计的一个基本参数，则当超过风力发电机组发电运行的最大瞬时风速时，风力发电机组应通过控制系统立即自动关机。

（4）自动起动　如果由于超过切出风速或短时切出风速而导致风力发电机组关机，只要设计方案中有相应规定，并且系统中没有故障，则该风力发电机组无须排除故障就可以自动重新起动。

（5）风速测量装置发生故障时的控制　如果控制系统检测出风速测量装置有故障，则风力发电机组应关机。

5. 振动

（1）概述　这里所说的振动指的是由于不平衡和运行在固有频率附近而引起的风力发

电机组的强迫振动。不平衡可能是由于损伤、故障或其他外部影响（如风轮叶片结冰）所致。

（2）振动的测量　应连续地测量振动并将其振幅与极限值进行比较。传感器应安装在机舱高度处并偏离塔架轴线。由于检测的振动一般以整个机舱的运动最明显，所以应采用检测总体运动的测量技术。如果机舱运动没有传到塔架，也可以检测适当的相关运动作为代替。

通常情况下，振动监控可以得出风力发电机组状态的定性结论。如果观测到振动的水平过高，应认为是不正常运行。

（3）传感器的安全工作　传感器的灵敏度应与主要状态相匹配，应有效地保护传感器，以免受到所有外部的影响（包括未经允许的人员的干扰）。建议在装置运行时调整其灵敏度。

（4）超过极限值　如果实际测量的振动超过预先设定的极限值，则安全保护系统应做出响应。

如果控制系统连续地检测振动并进行处理，而且如果已知振动的原因，则可以通过控制系统控制振动水平。

6. 电网失效/负载脱落

（1）概述　如果风力发电机组失去负载（例如电网负载），则风轮可能迅速升速，这将危及各个部件（风轮叶片、传动装置、发电机）的安全。

（2）电网失效后的操作　电网失效，则风力发电机组失去其负载，这种情况应由控制系统和安全保护系统检测出来，并使风力发电机组关机。

（3）电网恢复后的操作　电网失效可视为外部事件，因此一旦电网能重新接受负载，则风力发电机组可以由控制系统自动起动。

7. 发电机短路

风力发电机组应配备适当的短路保护装置。如果保护装置检测出短路，则应做出响应，并同时触发安全保护系统。

8. 发电机温度监控

（1）测量　应监控发电机的绕组温度，以保证绕组温度保持在允许的运行范围内。为此，应选择一种功能可靠、无须维护的自动监控测量系统。

（2）极限值　绕组温度的极限值一般根据制造商所提供的有关电机绝缘等级的资料来确定。

（3）超过允许温度后的操作　如果超过允许的绕组温度，则控制系统应降低发电机的功率输出，以给其一个冷却的机会。

即使只是稍微超过允许的温度值，也会减少发电机的使用寿命。当显著超过这个限值时会在短时间内导致发电机损坏。

过大的电流或功率可能导致零部件机械过载和电气过载，应通过控制装置减少额定运行值的短时超出。如果超过最大允许限值，则风力发电机组安全保护系统应做出响应。

9. 制动系统状态监控

（1）概述　制动系统对风力发电机组的安全特别重要。机械制动系统易受磨损，因此，制动器应尽可能按低磨损或无磨损原理工作。风力发电机组制动系统的设计，应能对加剧了的可导致制动失效而又不被注意的磨损做出响应。需要时，应提供制动设备状态的监控。

（2）测量　机械制动器的制动片厚度和（或）制动间隙，以及实现制动的时间或功率消耗（取决于设计），都可以用作状态监控的相关测量参数。

（3）安全要求　如果状态监控被用来作为失效-安全设计的一种替代，则应符合与制动设备相同的安全标准（例如监控失效，制动器应做出响应）。监控设备应能尽早（至少应在不再能达到所要求的制动功率之前）检测出制动器递增的缺陷，并起动防范措施。

（4）检测出故障后的操作　如果状态监控显示出制动器的磨损或磨蚀达到最大允许的程度，则控制系统应使风力发电机组关机，做出失效检测的明确报告。

10. 电缆缠绕

（1）概述　风力发电机组的运行可能导致柔性电缆，特别是旋转部件（如机舱）和固定部件（如塔架或基础）之间连接电缆的缠绕，应采取技术措施防止这些电缆因过度缠绕而损坏。

（2）测量　用于辨别机舱总转数的与方向有关的计数或类似的方法可视为测量柔性电缆缠绕情况的合适方法。

（3）极限值　柔性电缆缠绕的可接受程度由制造商或供应商确定。

（4）过度缠绕后的操作

1）监控缠绕的设备应在达到最大可接受的缠绕程度之前做出响应。

2）在风力发电机组具有主动偏航系统的情况下，通过偏航驱动装置的适当操作，可以自动使电缆解绕。如果必要，可使机组关机。如果柔性电缆已自动解绕，则风力发电机组无须排除故障就可以重新起动。

3）在机组没有主动偏航系统的情况下，应采取措施防止在达到最大可接受的缠绕程度之后机舱进一步旋转，使风力发电机组处于安全状态。

11. 偏航系统

（1）风向的测量　风向测量对风力发电机组的控制是必需的，应以一种适当的方法对测量设备（例如风向标）连续地进行监控，并装设一个合适的在结冰时可起动的加热装置。

（2）风向测量发生故障时的控制　如果控制系统检测出风向测量发生故障，则风力发电机组应关机。

（3）主动偏航系统　在机舱带有主动偏航系统的情况下，应保证即使直接操作不当，也不会由于计算中未包括的应力而使风力发电机组的完整性处于危险状态。具有主动偏航系统的机舱驱动装置应能自锁，将弹簧操作的方位制动与无自锁的驱动装置相结合可满足这一要求。起动前，应确定或调整机舱与风向一致。在长时间停机后，这一点尤其重要。

（4）被动偏航系统　在被动偏航系统的情况下，机组起动前应确定机舱的偏航误差小于设计值。

12. 频率和电压

在风力发电机组并网运行的情况下，可假设电网频率是固定的。通常情况下，电网的频率和电压强加于风力发电机组，要达到维持满意的并网运行所要求的程度，应有专门的监控和运行管理。

13. 紧急关机开关

（1）概述　作为人工干预的一种手段，在机舱内及在控制和调节装置中，至少应各设一个紧急关机开关。这些开关应这样设置和构成：它们只能按其功能要求工作，而不能被改作其他用途。

（2）要求　启用紧急关机开关是为了使人或风力发电机组本身脱离危险。这意味着安全保护系统在尽可能短的时间内使风力发电机组的所有运动都停止。这个目的不应是缓慢实现的，而应在与装置强度相适应的情况下最快速地制动到静止，因此应避免可能出现的任何时间延误。

（3）紧急关机开关起动后的操作　紧急关机开关起动后的操作，可以与安全保护系统由于过度振动而被触发时的操作相同。紧急关机开关接通后应保持在接通位置。

14. 机械零部件故障

机械零部件应根据技术水平实施监控。其监控范围包括能用作运行可靠性测量的物理参数（例如齿轮箱油压和油温、轴承温度等）。监控设备应配置到何种程度，基本上取决于总体设计方案和针对的安全标准。超过极限值时应由控制系统关闭风力发电机组，并且只有在排除故障后才能重新起动。

15. 控制系统的操作

1）运行管理定义为在预定条件下对风力发电机组的操作程序。如果运行管理由控制系统执行，则该系统应承担风力发电机组的控制和调节。

2）如果检测到控制系统已失去对风力发电机组的控制，则控制系统应触发安全保护系统。

3）如果设置了对控制系统的监控（如看门狗），并且该监控装置在24h内不止一次做出响应，则也应触发安全保护系统。

4）如果安全保护系统被触发，则控制系统应将最后运行情况的数据储存下来（即使多次使用了复位开关）。

二、变速恒频控制系统

1. 设计原则

1）控制系统应满足在规定的外部条件下都能使风力发电机组的运行参数保持在正常运行范围内。

2）控制系统通过对执行机构的控制，应优化风力发电机组运行效率，实现风力发电机组高效、安全运行。

3）控制系统应能检测出风力发电机组出现的故障，如超速、过振动、超功率、过热等，并采取完善的保护措施。

4）控制系统应具备至少对两套独立制动系统的控制能力。

5）电气变桨距控制系统应在规定的所有外部条件下都能使风力发电机组运行在安全工作区内。

6）电气变桨距控制系统应能接收风力发电机组控制系统指令，实时调节桨距角，降低机组所承受的载荷水平，使机组运行最佳化。

7）电气变桨距控制系统应能够检测出后备电源故障、电网掉电、电网过电压/欠电压、轮毂过温、通信故障、变桨伺服驱动器内部故障、变桨电动机过热、变桨电动机过速、编码器故障等，并进行自动顺桨。

8）电气变桨距控制系统应具备冗余的测量角度系统及限位开关。

9）在电网掉电时，电气变桨距控制系统应自动投入后备电源驱动桨叶顺桨。

10）电气变桨距控制系统应具备手动和自动调节桨距角的功能。

2. 控制功能

（1）概述　控制系统应能实现风力发电机组的正常运行控制。控制系统功能包括：起动控制、关机控制、并网控制、变速控制、恒功率运行控制、偏航控制和解缆控制等。

电气变桨距控制系统的功能包括：独立变桨控制、桨叶位置控制、变桨电动机运动控制、后备电源充放电管理、电网失效时的紧急顺桨等。

（2）起动　控制系统的起动方式包括自动起动、塔底手动起动、机舱手动起动和远程起动。

在系统第一次上电或电网故障停电后又恢复正常时，控制系统应对电网进行检测，在无故障情况下，使系统处于待机状态。

无论是手动起动还是自动起动，都应该先检测风力发电机组允许的起动条件（包括系统压力、温度、风速、电网电压和频率等），当以上条件均在正常范围内时，进入起动程序。

电气变桨距控制系统的起动方式包括自动起动（接收到控制系统发出的起动命令）、手动起动。

电气变桨距控制系统的起动过程中应完成后备电源、变桨电动机、变桨伺服驱动器、温度等状态的检测。起动过程完毕后，根据风力发电机组控制系统的指令调节叶片桨距角。

（3）关机　关机通常包括正常关机和紧急关机。

1）正常关机：在手动关机、负功率关机或出现除紧急关机以外的需要关机的故障时，应能控制风力发电机组脱网，执行正常顺桨。

2）紧急关机：当风力发电机组出现过振动、扭缆超限、超速、手动急停或看门狗信号丢失等情况时，应能使安全链断开，风力发电机组脱网，同时执行紧急顺桨。

（4）并网控制　起动电气变桨距控制系统，电气变桨距控制系统通过闭环控制桨距角的变化，使发电机转速按设定曲线上升。当发电机转速升至变流器运行范围内时，起动变流器，完成并网控制。

（5）变速控制（最大功率跟踪）　风力发电机组在切入电网后且在额定转速以下时，应运行在变速控制方式。该阶段控制发电机的电磁转矩使发电机转速在较宽的转速范围内可调，以实现最大功率跟踪。

（6）恒功率控制　风力发电机组应在额定风速以上切出风速以下范围内运行时，通过调节桨距角和变速控制实现风力发电机组的恒功率控制。

（7）偏航控制　偏航控制包括自动偏航和手动偏航。手动偏航包括控制柜手动偏航、机舱手动偏航、中央监控室手动偏航。

优先级别：机舱手动偏航>控制柜手动偏航>中央监控室手动偏航>风向标控制的自动偏航。

（8）解缆控制　解缆包括自动解缆和手动解缆。自动解缆应至少设置两级限制，当扭缆达到设定限值时，控制系统发出信号，通过对偏航驱动装置的控制，自动解缆。若自动解缆未能执行，扭缆达到扭缆保护限值即发生扭缆超限时，则应触发安全链，使风力发电机组紧急关机，等待进行手动解缆操作。

当执行解缆操作时，系统应自动屏蔽所有偏航请求。

（9）在线不间断电源（UPS） 控制系统应当配置在线不间断电源（UPS），该电源至少需要维持10min电源支撑，支撑包括控制系统控制单元、变流器控制单元、电气变桨距控制系统控制单元等部分。

（10）变桨伺服驱动器 变桨伺服驱动器控制桨距角精度应不低于0.1°。变桨伺服驱动器应具备自身故障保护能力，当系统出现内部硬件故障时，能够输出故障信号。变桨伺服驱动器应具备对变桨电动机的保护能力，当出现输出短路、断路等故障时，能够停机并输出故障信号。

（11）后备电源 电气变桨距控制系统应当配置后备电源，在电网掉电或电网欠电压条件下为伺服驱动系统提供能量。后备电源的容量设计应至少能满足3次以上满载下的全程顺桨需求。电气变桨距控制系统根据后备电源的状态进行充放电控制。

3. 参数检测

控制系统应对风力发电机组运行参数进行检测，如电量参数、环境参数、变流器参数、电气变桨距控制参数和其他参数等。

（1）电量参数 包括：三相电压、三相电流、有功功率、无功功率、功率因数、频率、发电小时数和发电量。

（2）环境参数 包括：风速、风向和环境温度。

（3）变流器参数 包括：变流器测量发电机转速、发电机电磁转矩和其他所需参数。

（4）电气变桨距控制参数 包括：桨距角、变桨速率、轮毂温度及其他所需参数。

（5）其他参数 包括：温度（包括发电机绕组温度、轴承温度、控制柜温度等）、转速（包括风轮转速和发电机转速）、压力和油位（包括液压系统压力、液压油位等）、偏航系统状态（包括偏航角度、偏航方向等）、制动系统状态、机舱振动、电缆缠绕、传动链相关参数（如齿轮箱油压、温度、油位）、电气变桨距控制系统状态（变桨电动机故障情况；后备电源状态，欠电压、充电故障等；变桨电动机电枢电流，绕组温度；变桨伺服驱动器状态；编码器状态；叶片同步状况）。

4. 安全保护

1）由于风力发电机组内部或外部发生故障，或监控的参数超过极限值而出现危险情况，或控制系统失效，风力发电机组不能保持在它的正常运行范围内，则应起动安全保护系统，使风力发电机组维持在安全状态。

2）安全保护系统的设计应以失效-安全为原则。当安全保护系统内部发生任何部件单一失效或动力源故障时，安全保护系统应能对风力发电机组实施保护。

3）安全保护系统应具有较高的优先权，控制系统的功能应服从安全保护系统的要求。

4）安全保护系统应至少能起动两套完全独立的制动系统，当安全保护系统起动制动系统时，控制系统应自动降至服从地位。

5）应考虑触发安全保护系统的限制值，使其不超过设计基础的限制值，而且不会对风力发电机组造成危险，但也应使安全保护系统不会产生对控制系统的不必要干扰。

6）由于内部故障或风力发电机组达到安全极限而发生跳闸时，风力发电机组不应自动起动。

7）若安全保护系统已经起动过，则应要求人工排除故障。

8）在风轮超速、发电机超速、过振动、过扭缆、人工急停、控制系统失效等情况下，应起动安全链紧急关机保护。

9）控制系统应具有故障处理功能，根据故障类型分别进行报警或者关机。同时，针对可自恢复故障和不可自恢复故障实现风力发电机组重新自动起动或手动起动。

对于可自恢复故障，如电网掉电或电网频率电压偏差过大、发电机输出功率过大或发电机温度过高等，待这些故障自动消除后，可重新自动起动机组。

对于不可自恢复故障，如机械制动器磨损过度而失效、机械零部件故障等，则应手动排除故障后才可以重新起动风力发电机组。

10）电气变桨距控制系统应具有故障处理功能，根据故障类型分别进行正常顺桨、紧急顺桨等故障方式处理。电气变桨距控制系统至少要有以下保护功能：

①电网掉电保护：当电网掉电时，电气变桨距控制系统执行紧急顺桨。

②电网欠电压/过电压保护：当电网出现欠电压或过电压时，电气变桨距控制系统执行正常顺桨。

③变桨电动机保护：当变桨电动机的温度、电枢电流、转速等参数和运行状态超出正常运行范围时，将执行正常顺桨。

④编码器故障保护：当发生编码器故障时，电气变桨距控制系统执行紧急顺桨。

⑤通信故障保护：当发生通信故障时，电气变桨距控制系统执行正常顺桨。

⑥变桨伺服驱动器保护：当发生变桨伺服驱动器内部故障时，电气变桨距控制系统执行紧急顺桨；如果不能完成紧急顺桨，需要控制系统或手动切断电气变桨距控制系统主回路电源。

⑦后备电源保护：当发生后备电源故障时，电气变桨距控制系统执行正常顺桨。

⑧叶片不同步保护：对三个桨叶的角度进行监控，当偏差超过规定范围时，电气变桨距控制系统执行正常顺桨。

5. 通信要求

控制系统应配置通信接口，具备与外部通信能力，实现与变流器、电气变桨距控制系统、本地及远程监控等通信功能，监测风力发电机组的运行状态、运行数据和故障情况等。通信接口可以采用现场总线、工业以太网、串口或I/O等方式。

电气变桨距控制系统具有与风力发电机组控制系统的通信功能，以便风力发电机组主控系统实时发送位置控制指令和监测电气变桨距控制系统的运行状态、运行数据和故障情况等。

6. 人机界面

控制系统显示和查询风力发电机组的运行状态及参数、故障状态等。人机界面应能实现对风力发电机组的手动起停控制，偏航控制以及修改参数等控制功能，为维修人员提供良好的操作界面。

电气变桨距控制系统应配置人机界面接口，显示和查询电气变桨距控制系统的运行状态及参数、故障状态等。通过人机界面实现对电气变桨距控制系统的手动启、停控制，角度和速度控制、角度校验以及修改参数等控制操作，为维修人员提供良好的操作界面。

第三节 控制系统的主要功能

控制系统应以主动或被动的方式控制机组的运行，使系统运行在安全允许的规定范围内，且各项参数均保持在正常工作范围内。控制系统可以控制的功能和参数包括：功率极限、风轮转速、电气负载的连接和起动及停机过程、电网或负载丢失时的停机、扭缆限制、机舱对风、运行时电量和温度参数的限制等。

运行状态的控制是使风力发电机组由一种运行状态到另一种运行状态的转换过渡过程控制。风力发电机组的运行状态包括：待机状态、起动状态、发电运行状态、暂停状态、停机状态和故障紧急停机状态。

风力发电机组只能工作在一种状态。为了便于控制还可以设置其他工作状态，或者将上述过程进一步细分。只要确定了由一个状态向另一个状态的转换条件，控制系统将自动完成所需要的系列控制。例如：恒速变桨距风力发电机组（即主动失速型风电机组）起动过程的相应控制步骤如下：

1）起动变桨距执行机构。

2）释放刹车系统。

3）以恒定的速度将桨距角调整到起动位置。

4）等待风轮转速超过某个设定的较小值。

5）投入变桨距闭环控制，用以控制发电机转速。

6）以恒定的斜率将转速调整到同步转速。

7）在一定时间内等待转速接近给定转速，吸合并网接触器。

8）投入变桨距闭环控制，用以控制发电机功率。

9）以恒定的斜率将给定功率调整到额定功率。

在执行下一个操作步骤前，控制系统必须检查并确保每个操作步骤均已成功完成。如果在规定的时间内存在没有成功完成的步骤，或者检测到某种故障，控制系统应将机组切换到停机模式。

每种工作状态可以看作是风力发电机组的一个活动层次，运行状态处在最高层次，急停状态处在最低层次。为了能够清楚地了解机组在各种状态条件下控制系统是如何反应的，必须对每种工作状态做出准确的定义。这样，控制软件就可以根据机组所处的状态，按照设定的控制策略对偏航系统、液压系统、变桨系统、制动系统和变流器等进行操作，实现状态之间的转换。

控制系统应能完成风力发电机组的运行控制，控制系统的功能包括：

（一）机组的起动（以恒速机型为例）

1）风力发电机组的起动方式分为自动起动、面板人工起动、顶部机舱人工起动和远程起动。起动方式的优先级由高到低依次为：顶部机舱人工起动、面板人工起动、远程起动、自动起动。当存在高级别起动控制时，对较低级别起动控制应不予响应。

2）在系统第一次上电或电网故障停电后又恢复正常时，电气控制系统应对电网及系统安全链进行检测，在无故障情况下，使系统处于待机状态。

3）当控制系统检测到风速10min平均值在风机起动风速以上时，控制系统完成液压系统压力检测、风速检测、机械制动解除、叶尖或叶片复位、偏航对风，然后发出起动命令。

4）风力作用于风轮旋转平面上，机组缓慢起动。起动过程中应根据风速判断起动大型发电机或小型发电机。当发电机转速大于20%的额定转速持续5min，转速仍达不到60%额定转速时，发电机进入电网软拖动状态，软拖动方式视机组型号而定。在正常情况下，风力发电机组转速连续增高，不必通过采用软拖动方式来增加发电机的转速。当转速达到软切入转速时，首先打开发电机连接电网的旁路接触器、触发晶闸管进行软并网，当转速上升到发电机同步转速时，旁路接触器闭合晶闸管切除，机组并入电网运行。在并网完成后，根据无功功率情况投入相应的补偿电容器。

5）风力发电机组自动起动时间应小于60s。

6）为了避免风小时发生频繁开、停机现象，在并网后10min内不能因风速小而自动停机。同样，在风小自动脱网停机后，5min内也不允许并网。

（二）机组的停关机

1. 正常关机

在控制系统控制下进行的关机属于正常关机。在风速很低、发电机输出功率很小甚至从电网吸收功率时，或者机组出现除紧急关机以外的需要进行关机的故障时，应进行正常关机。风力发电机组自动停机时间应小于60s。

机组运行时发生参数越限、状态异常等普通故障后，风力发电机组进入普通停机程序，切除补偿电容器，机组投入气动制动，进入软脱网状态，待低速轴转速低于一定数值后，再投入机械制动。若出现制动故障则收桨，机舱偏航90°背风。如果是由于内部因素产生的可恢复性故障，计算机可自行处理，无需工作人员到现场维护即可恢复正常开机。

2. 紧急停机

当控制系统发生紧急故障，如风力发电机组发生飞车、超速、振动及负载丢失等故障时，风力发电机组进入紧急停机程序。

1）恒速机型首先切除补偿电容器，叶尖阻尼板动作；而变速机型则发生顺桨，且延时0.3s后制动钳动作。

2）检测瞬时功率为负或发电机转速小于同步转速时，发电机解列（即脱离电网）。

3）若制动时间超过20s，转速仍未下降到设定值，则控制系统收桨，机舱偏航90°背风。

3. 安全链动作停机

安全链动作停机是指电气控制系统软保护控制失败时，如在电网中断、断相和过电压的情况下，风力发电机组应停止运行，此时控制系统不能供电。遇到这种情况时，为安全起见应采取硬性停机。空气动力制动、机械制动和脱网应同时动作，使风力发电机组在几秒内停下来。此时偏航机构不会动作，风力发电机组的机械部分应能承受这一考验。

如果是由于外部原因而停机，例如风速过小或过大，或因电网故障，风力发电机组停机后将自动处于待机状态。如果是由于机组内部故障而停机，控制器需要得到已修复指令才能进入待机状态。

（三）电气负载的连接和发电机的软并网控制

风力发电机组在进入电网运行时，必须进行软切入控制，当机组脱离电网运行时，也必须进行软脱网控制。利用软并网装置可以完成软切入/切出的控制。通常软并网装置主要由大功率晶闸管或IGBT和有关控制驱动电路组成。控制的目的就是通过不断检测机组的三相电流和发电机的运行状态，通过控制主电路功率器件的导通角，以控制发电机的端电压，达到限制并网电流的目的。在发电机转速接近同步转速时，旁路接触器动作，将主电路功率器件断开，软切入过程结束，软并网成功。

为了保障电网的稳定和安全运行，在并网过程中允许的最大冲击电流（有效值）应小于1.5倍的额定电流。根据发电机种类的不同，采用的并网控制方法也不同。

1. 异步发电机的软并网控制

当风速达到风力发电机组起动条件时机组开始起动，异步发电机被带到同步转速附近（一般为98%~100%同步转速）时合闸并网。异步发电机并网运行时，是靠转差率来调整负荷的，其输出的功率与转速近乎呈线性关系，因此对机组的调速要求不像同步发电机那么严格和精确，只要检测到转速接近同步转速时就可以并网。由于发电机并网时本身无电压，故并网时必将伴随一个过渡过程，使异步发电机在并网瞬间会出现较大的冲击电流（相当于发电机额定电流的5~7倍）。虽然一般零点几秒后即可转入稳态，也会影响风力发电机组的寿命。如果异步发电机比同步转速低很多，并网瞬间会引起电网电压大幅度下跌，还影响接在同一电网上的其他电器设备的正常运行，甚至会影响到小电网系统的稳定与安全。随着风力发电机组单机容量的不断增大，这种冲击电流对发电机自身部件的安全及对电网的影响也越来越严重。过大的冲击电流，有可能使发电机与电网连接的主电路中的断路器断开；而电网电压的较大幅度下降，则可能会使电压保护回路动作，从而导致异步发电机根本不能并网。在异步发电机以稍高于同步转速的转速运行后，就可以安全地直接并入电网，也可以通过晶闸管调压装置与电网连接。

异步发电机的并网条件：一是转子旋转方向应与定子旋转磁场旋转方向一致，即异步发电机的相序应和电网相序相同；二是发电机转速应尽可能接近同步转速时并网。

并网的第一个条件必须满足，否则发电机并网后将处于电磁制动状态，在接线时应调整好相序。第二个条件不是非常严格的，但越是接近同步转速时并网，冲击电流衰减的时间越短。

对于功率较大的风力发电机组（100kW），必须采用晶闸管软并网技术，如图9-4所示。在异步发电机定子输出与电网之间每相串入一只双向晶闸管，三相均由晶闸管对起动电流进行控制，将发电机并网瞬间的冲击电流控制在允许的限度内。当发电机达到同步转速时电流骤然下降，控制器发出指令，接触器K闭合将晶闸管旁路。

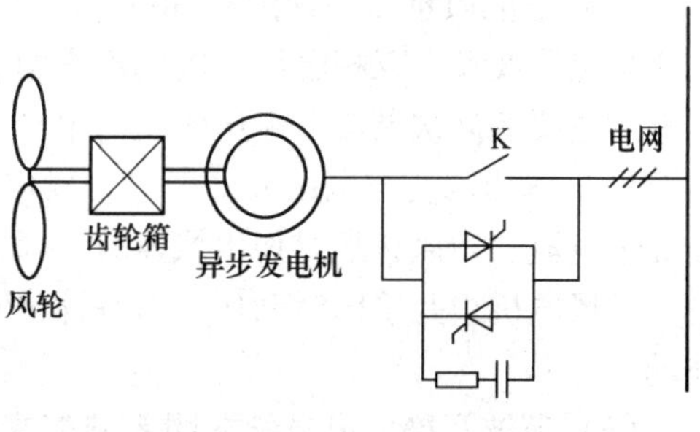

图9-4 异步发电机的软并网控制

2. 变速恒频双馈型风力发电机组的并网运行

双馈型发电机定子三相绕组直接与电网相联，转子绕组经交—交或交—直—交循环变流器连入电网。这种系统并网运行有如下特点：

1）风力机起动后带动发电机至接近同步转速时，由循环变流器控制进行电压匹配、同步和相位控制，以便迅速地并入电网。并网时基本上无电流冲击。

2）风力发电机的转速可随风速及负载的变化及时做出相应的调整，使风力发电机组以最佳叶尖速比运行，产生最大的电能输出。

3）双馈型发电机励磁可调量有三个，即励磁电流的频率、幅值和相位。调节励磁电流的频率，保证发电机在变速运行的情况下发出恒定频率的电力；通过改变励磁电流的幅值和相位，可达到调节输出有功功率和无功功率的目的。当转子电流相位改变时，由转子电流产生的转子磁场在发电机气隙空间的位置有一个位移，从而改变了双馈型发电机定子电动势与电网电压向量的相对位置，也即改变了发电机的功率角，所以调节励磁不仅可以调节无功功率，也可以调节有功功率。

3. 同步发电机的并网运行控制

同步发电机运行于由发电机极数和频率所决定的同步转速，由于发电机有固定的旋转方向，只要使发电机的输出端与电网相序互相对应即可满足并网条件。不使用变流器的同步发电机并网技术与火力和水力发电相同，对转速要求比较严格。由于风力发电机进行转速调节比较困难，所以一般采用交—直—交变流器进行输出并网控制。而使用变流器的同步发电机并网运行的特点如下：

1）由于采用频率变换装置进行输出控制，所以并网时没有电流冲击，对系统几乎没有影响。

2）采用交—直—交转换方式，同步发电机的工作频率与电网频率是彼此独立的，风轮及发电机的转速是可以变化的，不会出现同步发电机直接并网运行时可能出现的失步问题。

3）由于频率变换装置采用静态自励式逆变器，虽然可以调节无功功率，但有高频电流流向电网。

4）在风电系统中采用阻抗匹配和功率跟踪反馈来调节输出负荷，这样可以使风力发电机组按最佳效率运行，能够向电网输送更多的电能。

4. 并网后需要注意的问题

（1）电能质量　根据国家标准，对电能质量的要求有 5 个方面：电网高次谐波、电压闪变与电压波动、三相电压及电流不平衡、电压偏差和频率偏差。风力发电机组对电网产生影响的主要有高次谐波和电压闪变与电压波动。

（2）电压闪变与电压波动　风力发电机组采用软并网方式，在起动时仍然会产生较大的冲击电流。当风速超过切出风速时，风机会从额定出力状态自动退出运行。如果整个风电场所的风电机组几乎同时动作，这种冲击对电网的影响特别明显，容易造成电压闪变与电压波动。

（3）谐波污染　风电给电网系统带来高次谐波的途径主要有两个：一个是风力发电机组本身配备的电力电子装置可能产生谐波。对于直接与电网相连的恒速风机，软起动阶段要通过电力电子装置与电网相连，因此会产生一定的谐波，不过过程很短。由于变速风电机组是通过整流和逆变装置接入系统的，如果电力电子装置的切换频率恰好在产生谐波的范围内，则会产生很严重的谐波问题，不过随着电力电子器件的不断改进，这个问题已经得到解决。另一个是风力发电机组并联的补偿电容器可能和线路电抗发生谐振。与电压闪变问题相比，风电并网带来的谐波问题不是很严重，但是谐波可能造成并联补偿电容器的损坏。

（4）电网稳定性　在风电领域，经常遇到薄弱的电网短路容量、电网电压的波动和风力发电机组的频繁掉线。随着电力电子技术的发展，大量新型大容量风电机组开始投入运行，风电场装机容量达到可以和常规机组相比的规模直接接入输电网，与风电场并网有关的电压、无功控制、有功调度、静态稳定和动态稳定等问题会越来越突出。这时需要对电力系统的稳定性进行计算和评估。还要根据电网的结构、负荷情况，决定最大的发电量和系统在发生故障时的稳定性。

风电的随机性使风电厂输入系统的有功功率处于不易控制的变化之中，风电场吸收的无功功率也处于变化之中。在电网系统重负荷或临近功率极限运行时，风速的突然变化将成为系统电压失稳的扰动。风电场所在地区往往远离负荷中心，处于电网的末端，需要消耗感性无功功率，除非采取必要的预防措施，如动态无功补偿，否则会造成线损增加，送电距离远的末端用户电压降低。陆上风电场大多采用异步发电机，需要系统提供无功支持，否则有可能导致小型电网的电压失稳或电网稳定性降低。在发生三相接地故障时，将导致全网的电压崩溃。由于大型电网具有足够的备用容量和调节能力，一般不必考虑风电进入引起频率稳定性问题。但是对于孤立运行的小型电网，风电带来的频率偏移和稳定性问题是不容忽视的。

由于变频技术的不断发展，我们可以利用交—直—交变频调节装置的控制功能，很容易地根据电网采集到线路电压波动情况、功率因数等状况。根据电网的要求来调节和控制变频装置的频率、相位和幅值，使之达到调节电网的功率因数，满足弱电网提供无功能量的要求。风力发电机组可以根据电网需要调节无功能量，对系统来说，起到了一定的稳压作用。

（四）大、小发电机的自动切换控制

有些失速型风力发电机组使用双速发电机。在因风速变化而引起发电机的输出功率发生变化时，控制系统应能根据发电机输出功率的变化，按风速范围对大、小发电机进行自动切换，从而提高风力发电机组的效率。但大发电机和小发电机的工作转速不同，通常为1000r/min和1500r/min。控制大、小发电机切换包括由小发电机向大发电机的切换控制和由大发电机向小发电机的切换控制。

应慎重选择大发电机向小发电机切换时的功率及风速设定值，防止切换过程中超速飞车。在大、小发电机切换程序中，应首先切除补偿电容器，防止发电机产生自激过电压，切换完成后再投入相应的补偿电容器。在小发电机脱网和大发电机并网的切换过程中，控制要求非常严格，通常必须在几秒钟内完成控制。具体控制方法如下：

1. 小发电机向大发电机的切换

在小发电机并网发电期间，控制系统对其输出功率进行检测，若1s内瞬时功率超过小发电机额定功率的20%，或2min内的平均功率大于某一定值，则实现小发电机向大发电机的切换。切换过程为：首先切除补偿电容器，然后使小发电机脱网，等风轮自由转动到一定速度后，再实现大发电机的软并网；若在切换过程中出现风速突然变小，使风轮转速反而降低的情况，应再将小发电机软并网，重新实现小发电机并网运行。

2. 大发电机向小发电机的切换

检测大发电机的输出功率，当2min内平均功率小于某一设定值（此值应小于小发电机的额定功率）时，或50s瞬时功率小于另一个更小的设定值时，立即切换到小发电机运行。切换过程为：切除大发电机的补偿电容器并脱网，然后使小发电机软并网，计时20s，测量小发电机的转速，若20s后未达到小发电机的同步转速，则停机，待控制系统复位，重新起动。若20s内转速已达到小发电机旁路转速，则旁路晶闸管软起动装置，再根据系统无功功率情况投入补偿电容器。

（五）补偿电容器的分组投入和切换

一般大型异步发电机励磁电流为额定电流的20%~25%，再加上漏磁无功功率，异步发电机总共所需的无功功率约为发电机功率的30%。接在电网上的负载，一般来说，其功率因数都是落后的，需要滞后的无功功率，而接在电网上的异步发电机也需从电网吸取滞后的无功功率，这无疑加重了电网上其他同步发电机提供无功功率的负担，造成不利的影响。

由于异步发电机要从电网吸收无功功率，使风电机组的功率因数降低，而并网运行的风力发电机组一般要求其功率因数达到0.99以上，所以必须用电容器组进行无功补偿。由于风速变化的随机性，在达到额定功率前，发电机的输出功率大小是随机变化的，因此对补偿电容器的投入与切除需要进行自动控制。在控制系统中设有4组容量不同的补偿电容器，由计算机根据输出无功功率的变化，控制补偿电容器分段投入或切除，保证功率因数达到要求。双馈型发电机不需要电容器补偿，是直接由控制系统控制和调节无功功率的。

电容器投切控制应遵循以下原则：

1）风力驱动的异步发电机正常运行时，向电网输送变化的电能，其所需要的无功补偿功率也相应随机变化。无功补偿电容器应按照风力发电机组运行的实际需要分组匹配。分组电容器按各种容量组合运行时，不得发生谐振。

2）分成几组的并联电容器装置应采用自动投切方式。自动投切装置应具有防止保护跳闸时误合电容器组的闭锁功能。自动投切的控制量可选用无功功率、无功电流或功率因数。

3）每组电容器投入和切除的控制量设定值应有适当的回差，以避免频繁投切。

4）当风力发电机组脱网或电网失电时，应立即断开与发电机并联的电容器组，以避免发电机自励出现过电压。

5）电容器补偿后功率因数在未满功率时应达到0.6~0.92。

（六）功率限制

功率限制的对象是主发电机的额定输出功率，不允许发电机超过的最大输出功率等于1.2倍的额定输出功率。

1. 小风和逆功率脱网

当10min平均风速小于小风脱网风速或发电机输出功率负到一定值后，风力发电机组不允许长期并网运行。为了避免机组长期逆功率运行，造成电网损耗，必须脱网处于自由状态，机组可以依靠自身的摩擦阻力缓慢停机，进入自由转动的待风状态。当风速再次上升时，机组又可自动旋转起来，待达到并网转速后，机组再次投入并网运行。

2. 功率调节

由于自然界的风力变幻莫测，风速总是处在不断地变化之中的。风能与风速的三次方呈正比例关系，风速的较小变化都会造成风能的较大变化，导致风力发电机的输出功率处于不断变化的状态。

当风力发电机组在额定风速以上并网运行时，失速型机组由于叶片的失速特性，发电机的功率一般不会超过额定功率的15%。一旦发生过载，必须脱网停机。对于变桨距机组，必须进行变桨距调节以改变叶片攻角，减小风轮的捕风能力，以便达到调节功率的目的，从而保证发电机的输出功率在允许的范围内变化。

3. 桨距调节

对于变桨距机组，当风速高于额定风速后，变桨距机构为了限制发电机的输出功率，将调整桨距以调节输出功率。如果风速变化幅度较大且频率较高，将导致变桨距机构频繁大幅度动作，这种情况将使变桨距机构容易发生损坏。同时，变桨距机构控制的叶片桨距为大惯量系统，存在较大的滞后时间，桨距调节的滞后也将造成发电机输出功率的较大波动，对电网产生一定的不良影响。

双馈型发电机为了减小变桨距调节方式对电网的不良影响，采用转子电流控制方式来配合变桨距机构，使发电机成为可变转差率发电机，完成发电机输出功率的调节。转子电流控制是一种快速的电气控制方式，用于克服风速的快速变化。采用了变桨距控制的风力发电机，变桨距机构主要用于风速缓慢上升或下降的情况，通过调整叶片攻角来调节输出功率；转子电流控制单元则应用于风速变化较快的情况，当风速突然发生变化时，转子电流控制单元调节发电机的转差率，使发电机的转速可在一定范围内变化，同时保持转子电流不变，发电机的输出功率也就保持不变。

（七）偏航对风控制

1. 主要功能

偏航控制系统有 3 个主要功能：

（1）自动对风　正常运行时偏航控制系统将自动对风，使风轮稳定地跟踪变化的风向。当机舱偏离风向一定角度时，控制系统发出向左或向右调向指令，机舱开始对风，直至达到允许的误差范围内自动对风才会停止。

（2）自动解缆　当风力发电机组由于偏航作用，机舱内引出的电缆发生缠绕时，偏航控制系统将自动解除缠绕。

（3）超速保护　当有特大强风发生时应立即停机，释放叶尖阻尼板或将桨距调整到最大，偏航 90°背风，以保护风轮免受损坏。

2. 偏航控制原则

偏航控制应遵循的原则如下：

1）偏航系统一般应通过控制电动机或液压马达来实现控制功能。

2）偏航控制包括风向标控制的自动偏航、面板人工控制偏航、顶部机舱人工控制偏航、远程控制偏航。偏航控制的优先级别由高到低依次为：顶部机舱人工控制偏航、面板人工控制偏航、远程控制偏航、风向标控制的自动偏航。当存在高级别的偏航控制时应对较低级别的偏航控制不予响应，并清除原有的较低级别的偏航控制。

3）风力发电机组在工作风速区时，应根据机舱的控制灵敏度来确定每次偏航的调整角度。需要采用两种方法来判定机舱与风向的偏离角度，并根据偏离的程度和风向传感器的灵敏度，时刻调整机舱偏左和偏右的角度。

4）当风速大于开机风速时，要求机组的偏航系统能始终自动跟风，且跟风精度范围是 ±15°。

5）在大风情况下，为保证风力发电机组的安全宜采用 90°侧风控制。在 90°侧风控制时，应根据风向标传感器发出的信号确定机舱与主风向的相对位置，进而使机舱走最短路径，以最短时间偏离主风向。

（八）扭缆控制和自动解缆控制

1）解缆包括扭缆传感器控制的自动解缆和扭缆开关控制的安全链保护。当扭缆达到设定的下限值（600kW 机组塔架内的悬挂电缆只允许扭转±2.5 圈，机型不同圈数有差异）时扭缆传感器（正/反向扭缆计数器）向控制系统发出信号，通过偏航驱动装置的适当操作，自动使电缆解绕。当机舱向同一方向累计偏转 2.5 圈后，若此时风速小于风电机组起动风速且无功率输出，应使机组正常关机。控制系统使机舱反方向旋转 2.5 圈解绕；若此时机组有功率输出，则暂不自动解绕；若机舱继续向同一方向偏转累计达 3 圈时，则控制停机，随后进行解缆操作。达到要求后再自动开机，恢复运行发电。

2）若自动解缆因故障未能执行或不成功，扭缆达到设定的上限值（600kW 机组为 4 圈，机型不同圈数有差异）时，则扭缆机械开关将动作并应触发安全保护系统，使风力发电机组紧急关机，同时通知计算机为不可自恢复故障，等待进行人工解缆操作。

3）当执行解缆操作时，系统应自动屏蔽所有其他偏航请求，包括顶部机舱人工偏航、面板人工偏航、远程控制偏航和自动偏航。

4）解缆时间应不大于 5min。

第四节　安全保护系统

一、安全保护系统的设计原则

为了使风力发电机组能够可靠地运行，应在风电机组控制系统的保护功能设计上加以重视。在设计控制系统时，往往只注重系统的最优化设计和提高可利用率，而忽略安全保护系统的设计。然而安全保护系统的设计是进行风电机组控制系统设计的前提条件，只有在确保机组安全运行的前提下，才可以讨论机组的最优化设计以及提高可利用率等问题。因此，控制系统必须具备完善的安全保护功能，这是风电机组安全运行的必要条件。

1）由于风力发电机组的内部或外部发生故障，或监控的参数超过极限值而出现危险情况，或控制系统失效，风力发电机组不能保持在正常运行范围内，则应起动安全保护系统，使风力发电机组维持在安全状态。

2）安全保护系统的设计应以失效-安全为原则。当控制失败或安全保护系统内部发生任何部件单一失效或动力源故障出现危险情况，以致引起机组不能正常运行时，安全保护系统应能对风力发电机组实施保护。

3）安全保护系统的动作应独立于控制系统，即使控制系统发生故障也不会影响安全保护系统的正常工作。保护环节应为多级安全链互锁，在控制过程中具有逻辑“与”的功能，而在达到控制目标方面可实现逻辑“或”的结果。

4）应调定安全保护系统的触发电平，使其不超过作为设计基础的极限值，以免风力发电机组发生危险，同时也应使控制系统不会受到安全保护系统不必要的干扰。

5）安全保护系统应能优先使用至少两套制动系统以及发电机的断网设备。一旦偏离正常运行值，安全保护系统即被触发并立即执行其任务，使风力发电机组保持在安全状态。通常在它的处理下，利用所有的制动系统使风轮减速。

与电网脱离不必在安全保护系统的触发瞬间立即执行。在任何情况下应避免风力发电机组加速和发电机作为电动机运行。

6）如果已起用了安全保护系统，则应通过人为介入来完成必要的修理或消除故障原因，然后放开风力发电机组使其运行。排除故障以授权人在场和积极参与为前提。安全保护系统的这种排除故障应与控制系统无关，并且这种故障不可能自动被清除。

7）安全保护系统的软件设计中应采取适当措施防止由于用户和其他人的误操作引起风力发电机组误动作。在机组的任何状态下，非法的键盘及按键输入应不被确认。

8）风力发电机组控制系统应具有防电压穿透功能。系统还应设计有防雷装置，对主电路和控制电路分别进行防雷保护，并提供简单而有效的外部疏雷通道。控制电路中每一电源和信号输入端均设有防高压元件，主控柜应设有良好的接地。

二、控制系统安全运行的技术要求

控制系统与安全保护系统是风力发电机组安全运行的指挥中心，控制系统的安全运行也就保证了机组的安全运行。通常风力发电机组运行所涉及的内容相当广泛，其运行工况包括起动、停机、功率调节、变速控制和事故处理等方面的内容。

风力发电机组在起停过程中，机组各部件将受到剧烈的机械应力的变化，而对安全运行起决定作用的因素是风速变化引起的转速变化，所以转速的控制是机组安全运行的关键。风力发电机组的运行是一项复杂的操作，涉及的问题也很多，如风速、转速和温度的变化以及振动等都直接威胁到风力发电机组的安全运行。

（一）风力发电机组工作参数的安全运行范围

（1）风速　自然界风的变化是随机的且没有规律的，当风速在规定的切入风速至切出风速范围内工作时，只对风力发电机组的发电有影响；当风速变化率较大且风速超过切出风速时，则对机组的安全性产生威胁。

（2）转速　风力发电机组的风轮转速通常低于额定转速，发电机的最高转速应不超过额定转速的20%（不同型号的机组数值不同）。当风力发电机组超速时，将对机组的安全性产生严重威胁。

（3）功率　机组在额定风速以下运行时，不作功率调节控制，只有在额定风速以上时才进行限制最大功率的控制。通常运行安全最大功率不允许超过设计值的20%。

（4）温度　运行中风力发电机组的各部件运转将会引起温升，通常控制器环境温度应为0~30℃，齿轮箱油温小于120℃，发电机温度小于150℃，传动等环节温度小于70℃。

（5）电压　发电电压允许的范围在设计值的10%，当瞬时值超过额定值的30%时，应视为系统发生故障。

（6）频率　机组的发电频率应限制在50Hz±1Hz，否则视为系统发生故障。

（7）压力　机组的许多执行机构由液压执行机构完成，所以各液压泵站系统的压力必须进行监控，并由压力开关按照设计额定值加以确定。

（二）控制系统的安全保护要求

1. 主电路保护

在变压器低压侧三相四线进线处设置低压配电断路器，以实现机组电气元件的维护操作安全和短路过载保护，该低压配电断路器应配有分动脱扣和辅助动触点。发电机三相电缆线入口处，应设有配电断路器，用来实现发电机的过电流、过载及短路保护。

2. 过电压与过电流保护

主电路、计算机电源进线端、控制变压器进线端和有关伺服电动机进线端，均应设置过电压与过电流保护措施，如整流电源、液压控制电源、稳压电源、控制电源一次侧、变桨系统、偏航系统、液压系统、机械制动系统、补偿控制电容都有相应的过电流与过电压保护控制装置。

3. 防雷设施及熔丝

主避雷器与熔丝合理可靠的接地可以为系统提供主避雷保护，同时控制系统应设有专门设计的防雷保护装置。在计算机电源及直流电源变压器一次侧，所有信号的输入端均设有相应的瞬时超电压和过电流保护装置。

4. 热继电保护

运行的所有输出运转机构，如发电机、电动机、各传动机构，都应有过热、过载保护控制装置。

5. 接地保护

由于设备因绝缘破坏或其他原因可能引起出现危险电压的金属部分，均应实现保护接地。所有风力发电机组的零部件、传动装置、执行电动机、发电机、变压器、传感器、照明器具及其他电器的金属底座和外壳；电气设备的传动机构；塔架、机舱、配电装置的金属框架及金属门；配电、控制和保护用的柜（箱）的框架；交、直流电力电缆的接线盒和终端盒金属外壳及电缆的金属保护层和穿线的钢管；电流互感器和电压互感器的二次线圈；避雷器、保护间隙和电容器的底座、非金属护套信号线的 1~2 根屏蔽芯线。上述部位都要求保护接地。

三、控制系统的安全保护功能

控制系统是风力发电机组的核心部件，也是风力发电机组安全运行的根本保证，所以为了提高风力发电机组运行的安全性，必须考虑控制系统的安全性和可靠性问题。在下列情况下应起动安全保护系统：

（一）运行安全保护

1. 大风安全保护

风速连续 10min 达到切出风速（即停机风速），机组必须按照安全保护程序进行停机。当有特大强风发生时，定桨距恒速机组应使叶尖限速、变桨距机组顺桨并脱离电网，机械制动器制动停机，而在脱离电网的同时，风力发电机组偏航 90°背风，然后机舱保持与风向偏 90°跟风控制，跟风精度范围为±15°，以保护风轮免受损坏。停机后，待风速降低到工作风速区间时，风力发电机组又可自动起动并入电网运行。

2. 参数越限保护

对于各种采集、监控的参数量，应根据情况设定上、下极限值，当数据达到限定值后，控制系统应根据设定好的程序进行自动处理。

1）欠电流保护范围：连续 30s 小于 0. 95 倍的额定电流。

2）发电机过功率保护值：连续 60s 大于 1. 2 倍的额定功率。

3）风轮转速超速极限：小于 1. 2 倍的切出转速。

4）发电机转速超速极限：小于 1. 2 倍的额定转速。

3. 过电压和过电流保护

当装置元件遭到瞬间高压冲击和过电流时所进行的保护。通常采用隔离、限压、高压瞬态吸收元件、过电流保护器等。

发电机过电流保护值：连续 30s 大于 1.5 倍的额的电流。

超电压保护范围：连续 30s 大于 1.3 倍的额定电压。

4. 振动保护

对于过度振动，机组应设有三级振动频率保护，即振动球开关、振动频率上限 1、振动频率极限 2。当开关动作时，控制系统将分级进行处理。

5. 开机关机保护

设计机组开机的正常顺序控制，确保机组运行安全。在小风、大风、故障时控制机组按顺序停机。

6. 其他保护

主要包括发电机过载或故障保护，机舱偏航转动造成电缆的过度缠绕保护，在控制系统功能失效或使用紧急关机开关时，也应起动安全保护系统。

（二）电网掉电保护

风力发电机组离开电网的支持是无法工作的，一旦有突发故障而停电时，控制器计算机由于失电会立即终止运行，并失去对风电机组的控制。此时，安全保护系统应控制空气动力和机械制动系统动作，执行紧急停机。紧急停机就意味着在极短的时间内，风机的制动系统将使风轮转速由运行转速变为零。大型机组在极短的时间内完成制动过程，将会对机组的制动系统、齿轮箱、主轴和叶片以及塔架产生强烈的冲击，会对风机的寿命造成一定影响。突然停电往往出现在天气恶劣、风力较强时，使机组控制器突然失电且无法将风机停机前的各项状态参数及时存储下来，这样就不利于及时对风机发生的故障作出判断和处理。因此，应在控制系统电源中加设在线 UPS 后备电源，当电网突然停电时，UPS 后备电源将自动投入运行，并为机组控制系统提供电力，使机组控制系统按正常程序完成停机过程。

（三）风电机组控制器抗干扰保护

风电场控制系统的主要干扰源有：

（1）工业干扰　高压交流电场、静电场、电弧、功率电子器件等。

（2）自然界干扰　雷电冲击、各种静电放电、磁爆等。

（3）高频干扰　微波通信、无线电信号、雷达等。

这些干扰会通过直接辐射或由某些电气回路传导的方式进入到控制系统中，干扰控制系统工作的稳定性。从干扰的种类来看，可分为交变脉冲干扰和单脉冲干扰两种，它们均以电或磁的形式干扰控制系统。

根据国家关于电磁兼容的有关标准，风电场控制设备应满足《工业过程测量和控制装置的电磁兼容性》相关要求，并应通过按照《电磁兼容 试验和测量技术》（GB/T 17626—2005~2017）（IEC61000）进行的检测，以保证设备的安全性和可靠性。

（四）接地保护

接地保护是一个非常重要的环节。良好的接地将确保控制系统免受不必要的损害。在整个控制系统中，通常采用工作接地、保护接地、防雷接地、防静电接地、屏蔽接地几种接地方式来达到安全保护的目的。

接地的主要作用是：一方面保证电气设备的安全运行，另一方面防止设备绝缘被破坏时可能带电，导致危及人身安全；同时能使保护装置迅速切断故障回路，防止故障扩大。

系统的接地安全保护要求如下：

1）配电设备接地。变压器、开关设备和互感器的外壳、配电柜、控制保护盘，以及金属构架、防雷设施及电缆头等设备必须接地。

2）变压器中性点的工作接地和保护地线，要分别与人工接地网连接。

3）避雷线宜设置单独的接地装置。

4）整个系统接地网的接地电阻应小于 4Ω。

5）电缆线路的接地。当电缆绝缘损坏时，在电缆的外皮、铠甲及接线头盒均可能带电，要求必须接地。

6）如果电缆在地下敷设，两端都应接地。低压电缆除在潮湿的环境下必须接地外，其他正常环境不必接地。高压电缆任何情况都应接地。

（五）雷击安全保护

风力发电的特点是：风力发电机组分散安置在旷野，叶片高点达 100 多米，极易遭受雷击；风力发电机组的电气绝缘低，就防雷来说环境远比常规发电机组的环境恶劣。电闪雷鸣释放的巨大能量，会造成风机叶片爆裂、电气绝缘击穿、自动化控制和通信元件烧毁。风力发电机组是风电场的贵重设备，价格占风电工程投资 60%以上。雷害是威胁风力发电动机组安全经济运行的严重问题。若遭受雷击，除了损失修复期间应该发电所得之外，还要负担受损部件拆装和更新的巨大费用。

安装在多雷雨区的风力发电机组受雷击的可能性很大。由于控制系统大多为计算机和电子器件，最容易因雷电感应而造成过电压损坏，因此需要解决防雷问题。

当雷电击中电网中的设备后，大电流将经接地点泄入接地网，使接地点电位大大升高。若控制设备接地点靠近雷击大电流的入地点，则引起过电压，严重时会造成相关设备绝缘击穿。统计数据显示，风力发电机组的被雷击中率在 5%左右，高度较大的风力发电机组被雷击中的概率更高。因雷击损坏造成机组损失的天数在 20 多天，雷击停机后可再次顺利起动的只有 10.5%左右，这说明防雷保护是非常重要的。

统计数据表明，风电场因雷击而损坏的主要风电机组部件是控制系统和通信系统。其中雷击事故中的 40%~50%涉及风电机组的控制系统，15%~25%涉及通信系统，15%~20%涉及风机叶片，5%涉及发电机。雷击损坏的部件主要是控制系统和监控系统的通信部件。

防雷是一个系统工程，不能仅仅从控制系统来考虑，需要在风电场整体设计上进行考虑，并采取多层次防护措施。雷击安全保护系统的结构如图 9-5 所示。现代的雷电保护，可分为外部雷电保护和内部雷电保护两部分。

1. 外部雷电保护

外部雷电保护一般使用避雷器或防雷组件来吸收雷电波，然后通过接地系统将雷电引入大地接地网。避雷器或防雷组件试验时的防雷感应电压应大于 3500V。

2. 内部雷电保护

（1）接地保护设备　控制系统的防雷（过电压）保护系统采用等电位连接，机舱的所有组件如主轴承、发电机、齿轮箱、液压站等以合适尺寸的接地带连接到机舱底盘作为等电位地；风速计和风向标与避雷针一起接等电位地；控制柜、箱也要连接到等电位地。

（2）隔离保护设备　在机舱上的处理器和地面控制器通信可采用光缆连接；对处理器和传感器，应使用分开供电的直流电源。

（3）过电压保护设备　在发电机、开关柜、控制器模块电子组件、信号电缆终端等，应采用避雷器或压敏电阻作为过电压保护。

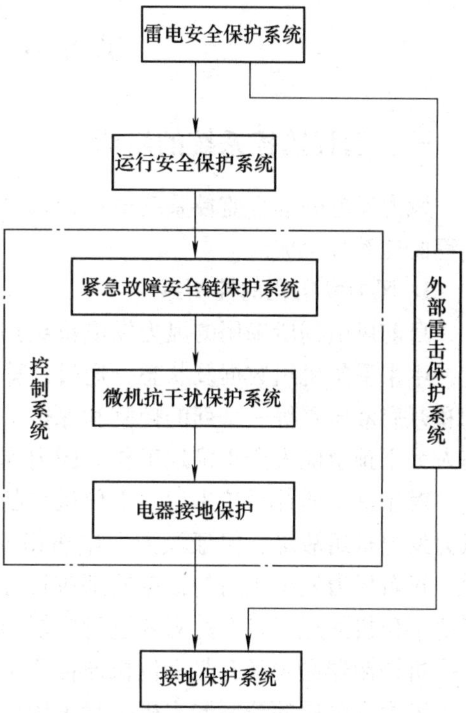

图 9-5　雷击安全保护系统的结构

（六）制动安全保护

制动系统是风力发电机组中最重要的安全保护装置，也是其他全部安全保护功能赖以实现的物理基础。风轮的制动系统采用液压的盘式刹车系统，一般安排在高速轴上。具有三种刹车方式：正常停机方式、安全停机方式、紧急停机方式。

制动系统的要求请参阅第六章相关内容。

（七）转矩限制保护

如果设置限制转矩的部件，则所配备的任何机械制动器均应位于转矩限制装置和风轮轮毂之间。常用的转矩限制装置有变桨距装置、液力耦合器等。

（八）维修安全保护

风轮和机舱的方位锁定装置是用于维修的安全装置，防止在维修过程中风轮和机舱转动造成对维修人员的人身伤害或使故障扩大进一步损坏机件。对风轮和方位锁定装置的要求如下：

1）锁定装置的设计应使它们在即使放开制动器的情况下也能可靠地防止风轮或机舱的任何转动。

2）风轮和机舱锁定装置的设计应以每年的阵风以及安装和维修时可能出现的阵风为基础。

3）风轮的锁定装置应安排作用在临近轮毂的传动链上，并且形状吻合。一般叶片的锁定装置使用齿轮；风轮的锁定装置使用插销。只用绳索将风轮叶片捆绑到塔架或其他地方是不可靠的。

4）机舱锁定装置用来防止机舱的偏航运动，一般使用机械制动器进行机舱的锁定。

（九）紧急停机安全链保护

系统的安全链是独立于计算机系统的硬件保护措施，即使控制系统发生异常，也不会影响安全链的正常动作。安全链是将可能对风力发电机造成致命伤害的超常故障串联成一个回路，当安全链动作后将引起紧急停机，执行机构失电，机组瞬间脱网，控制系统在 3s 左右将机组平稳停止，从而最大限度地保证机组的安全。发生下列故障时将触发安全链：风轮超速、机组部件损坏、机组振动、扭缆、电源失电和紧急停机按钮动作等。

第五节　远程监控系统

一、远程监控系统的结构

风力发电的远程监控系统由每台风力发电机的控制器、风电场的中央监控系统和计算机远程监控系统组成。

1. 风力发电机的控制器

目前风电场所采用的风力发电机组都是以大型并网型机组为主，各机组有自己的控制系统，用来采集机组数据及状态，通过计算、分析、判断来控制机组的起动、停机、调向、制动和开启液压泵等一系列的控制和保护动作，能使单台风力发电机组实现全部自动控制，无需人为干预也能安全正确地工作。国内规定风力发电机组的控制器是监控系统的下位机。

对于整个监控系统来说，下位机控制器是一个子系统，具有在各种异常工况下单独处理风力发电机组故障，保证风力发电机组安全稳定运行的能力。从整个风电场的运行管理来说，每台风力发电机组的控制器都应具有与上位机进行数据交换的功能，使上位机能够随时了解下位机的运行状态并对其进行常规的管理和控制。为了能够对风电场的管理提供方便，下位机控制器必须具有与上位机通信联系的专用通信接口。

风力发电机的控制器主机一般采用专门设计的工业控制计算机或单片机，也可以采用可编程序控制器（PLC）。要求硬件的可靠性和稳定性好，尤其是海上风力发电机组维护不便，更需要高可靠性的控制器。PLC模块化的结构可以方便地组成各种所需要的控制单元，控制器之间的连接也很方便，易于构成主从式集中控制系统。

2. 风电场的中央监控系统

风电场的中央监控系统负责管理各个风力发电机组的运行数据、状态、保护装置动作情况、故障类型等。为了实现上述功能，下位机（风力发电机的控制器）控制系统应能将机组的数据、状态和故障情况等通过专用的通信装置和接口电路与上位计算机（风电场的计算机监控系统）通信，同时上位机应能向下位机传达控制指令，由下位机的控制系统执行相应的动作，从而实现远程监控功能，实现无人值守。

风电场的中央监控系统作为风力发电机组中程监控系统，该系统主要由监控计算机、数据传输介质、信号转换模块、监控软件等组成。风电场的中央监控系统又是远程监控系统的下位机。

中央监控系统的结构如图9-6所示。

3. 计算机远程监控系统

电力计算机远程监控系统一般设置在电网的中央调度控制室，以便于对整个电网的发电资源包括火电厂、水电厂、核电厂、风电场、太阳能电场进行集中的统一调度，以提高电网运行效率和电能质量，获取良好的经济效益。远程监控系统通过通信网络来实现远程监控。只要通信网连通，远程监控系统能够实现的功能和风电场的中央监控系统一样。但是为了安全起见，目前国内远程监控系统只完成监视功能。

远程监控系统的功能是：对风力发电机进行实时监测、远程控制、故障报警、数据记录、数据报表、曲线生成、实时查看风电场风力发电机组的运行情况。

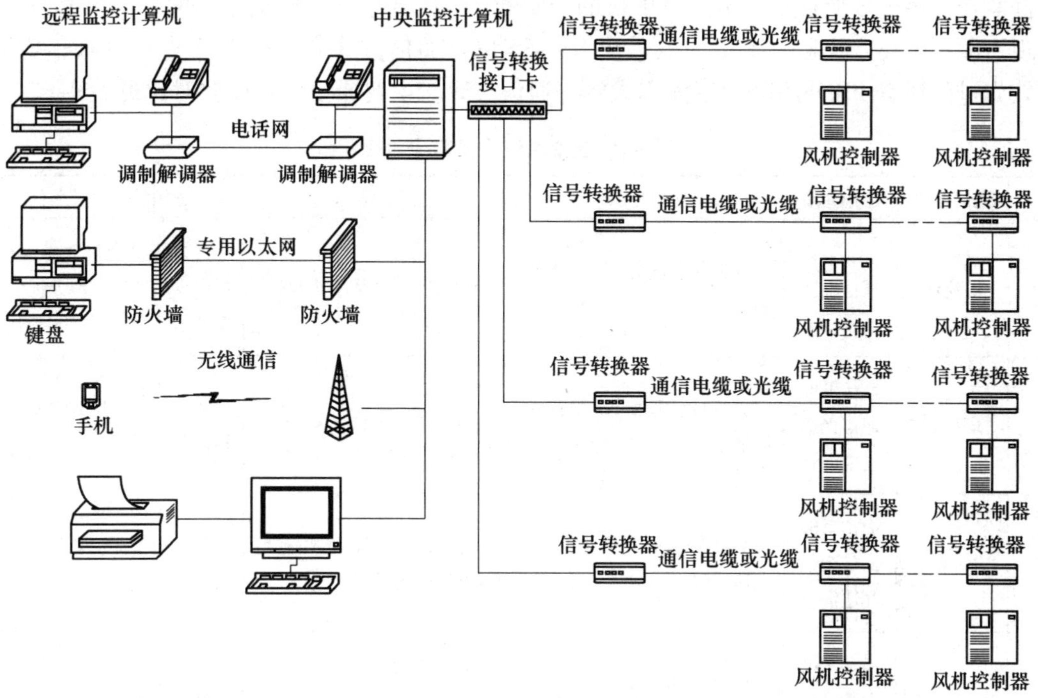

图 9-6　中央监控系统的结构

通信网络是实现远程监控系统的关键环节，远程监控系统通常只能使用专线或电力调度数据网络。考虑到实际情况和需要，现在实现的风电场远程监控系统一般采用电话线进行通信。

二、上、下位机的通信

（一）风电场通信的特点

当风力发电机组安装在某一风电场时，风电场集中监控管理各机组的运行数据、状态、保护装置动作情况、故障类型等，十分重要。为了实现上述功能，机组控制器应能将机组的数据、状态和故障情况等通过专用的通信装置和接口电路与风电场中央控制室的上位计算机通信；同时上位机应能向下位机传达控制指令，由下位机的控制系统执行相应的动作，从而实现中程监控功能。

风电场通信有如下特点：

1）一台上位机能监控多台风力发电机组的运行，属于一对多通信方式。

2）下位机应能独立运行，并能与上位机通信。

3）上、下位机之间的安装距离比较远，超过 500m。

4）下位机之间的安装距离也比较远，超过 100m。

5）上、下位机之间的通信软件必须协调一致，并应开发出工业控制专用功能。

（二）通信网络

风电监控系统一般运行在位于风电场及电网调度室的一台通用计算机或工控机上，通过与分散在风电场上的每台风力发电机组现场控制系统进行通信，实现对全场风力发电机组的集群监控。风电场监控机与风力发电机的控制器之间的通信属于较远距离的一对多通信。国内现有的风电场中央监控系统一般采用 RS-485 串行通信方式和 4~20mA 电流环通信方式。比较先进的还有 PROFIBUS、工业以太网等通信方式。主要通信方式简要对比见表 9-1。

表 9-1 主要通信方式简要对比

序号	通信方式	传输介质	性能特点	工程造价	适用的风机及条件
1	电流环	通信电缆	数据传输稳定，抗干扰性能强	较高，元器件需要进口	适应现场环境非常复杂，雷电少的地区。部分进口设备采用
2	RS-485	通信电缆 通信光缆 光电混合	数据传输稳定，抗干扰性能强	较低，元器件国内采购	适应现场环境非常复杂的地区
3	PROFIBUS	通信电缆 通信光缆 光电混合	数据传输非常稳定，抗干扰性能强	较高，元器件需要满足 PROFIBUS 协议	适应现场环境非常复杂的地区
4	工业以太网	通信电缆 通信光缆 光电混合	数据传输非常稳定，传输量大，抗干扰性能强	高	适应各种现场环境

（三）通信方式

为了适应远距离通信的需要，目前国内风电场的监控系统主要采用如下两种通信方式：

（1）异步串行通信方式　用 RS-422 或 RS-485 通信接口。它的传输距离可达 1.2km，传输速度也可达每秒数百万位。由于所用传输线缆较少，所以成本较低，很适合风电场监控系统采用。同时因为这种通信方式的通信协议比较简单，所以是风电场监控系统较远距离通信的首选方式。对于中距离通信来说，采用 RS-485 通信接口的串行通信方式更加经济一些。

（2）调制解调器（MODEM）方式　这是将数字信号调制成一种模拟信号，通过工作介质传输到远方，在远方再用解调器将信号恢复，取出信息进行处理，是一种实现远距离信号传输的方式。此种传输方式的传输距离不受限制，且抗干扰能力比较强，可靠性也很高，但是相对成本较高，在电网调度远程监控系统与风电场中央监控系统通信中应用较多。

调制解调方式一般适用于远距离传输，用于多站互联，可用于远程监控系统。此种通信方式的特点是采用平衡差分方式，是半双工的，具有 RS-422A 的优点。用一对双绞线即可实现通信，可节省电缆投资。

（四）上、下位机的通信接口

1. 上位机的通信接口

在风电场控制应用中，通常采用工业控制计算机作为上位计算机，一般通过 RS-232 串行口与下位机通信，构成集散式监控系统。其缺点是带负载能力差，仅适于 15m 以内近距离通信，无法满足分散的、中远距离的风电场监控的通信要求。无论是采用异步串行通信方式还是调制解调方式，均要在计算机 RS-232 串行接口的基础上进行适当的改进与扩展。

RS-422/RS-485 则采用平衡驱动和差分接收的方法，从根本上消除信号地线。当干扰信号作为共模信号出现时，接收器只接收差分输入电压，因而这种电路保证了较长的传输距离和较高的传输速率。两者之间可用异步通信用 RS-232/RS-422A/RS-485 转换接口板进行转换。

2. 下位机的通信接口

可编程序控制器（PLC）具有功能齐全、可靠性高和编程方便的特点，在工业控制领域受到广泛的欢迎。尤其是近年来，为了适应现场控制及集散控制的要求，国外的 PLC 厂家纷纷推出与各自 PLC 相配套的通信模块。这些模块提供了 RS-232/422 适配器或 RS-232 接口，与计算机之间实现数据通信，并有专门的编程软件，使软件开发更加方便。

三、抗干扰措施

抗干扰措施应从以下几方面着手：

（1）在机箱、控制柜的结构方面　对于上位机来说，要求机箱能有效地屏蔽来自空间辐射的电磁干扰，尽可能地将所有的电路、电子器件均安装于机箱内。还应防止由电源进入的干扰，所以应加入电源滤波环节，同时要求机箱和机房内有良好的接地装置。

（2）在通信线路方面　通过使用屏蔽电缆，可以保证信号传输线路有较好的信号传输功能，衰减较小，而且不受外界电磁场的干扰。

（3）在通信方式及电路方面　不同的通信方式对干扰的抵御能力是不同的。一般来说，风电场中上、下位机之间的距离不会超过几千米，这种情况下经常采用串行异步通信方式，其接口形式采用 RS-485 接口电路。RS-485 串行通信接口电路适合于点对点、一点对多点、多点对多点的总线型或星形网络，它的信号发送和接收是分开的，所以组成双工网络非常方便，很适合于风电场监控系统。

四、监控软件的编制

（一）监控软件的要求

我国各大风电场都配有相应的监控系统，但不同类型的机组各有自己的设计思路和通信协议，使风电场监控技术互不兼容。为此，国家在科技攻关计划中除了对大型风电机组进行攻关外，也把风电场的监控系统列入攻关计划，以期开发出适合我国风电场运行和管理的监控系统。目前，已有一些国产的监控系统成功开发并投入运行。

风电场监控应用软件是根据具体对象来实施工业监控而开发出的软件，用在监控系统中执行监视、控制生产过程和实时调整的应用程序。对于风电场的中央监控系统，首先要显示出风电场整体及机组安装的具体位置，而后要了解各台风力发电机组之间的连接关系及每台风力发电机组的运行情况。

监控软件的开发应尽可能在现有工业控制软件的基础上进行二次开发，现有的工业控制软件技术成熟、应用广泛，因此稳定性好，同时这样可以缩短开发周期，方便软件的升级。同时，在软件的编制过程中，应当采用模块化程序设计思想，有利于软件的编制和总体调试。

（二）监控软件的功能

（1）友好的控制界面　在编制监控软件时，应充分考虑到风电场运行管理的要求，应当使用中文菜单，使操作简单，尽可能为风电场的管理提供方便。

（2）能够显示各台机组的运行数据　比如每台机组的瞬时发电功率、累计发电量、发电小时数、风轮及电机的转速和风速、风向等，将下位机的这些数据调入到上位机，在显示器上显示出来，必要时还应当用曲线或图表的形式直观地显示出来。

（3）显示各风电机组的运行状态　如开机，停车，调向，人工/自动控制以及大、小型发电机的工作情况。通过各风力发电机组的状态可以帮助我们了解整个风电场的运行情况，这对整个风电场的调度管理是十分重要的。

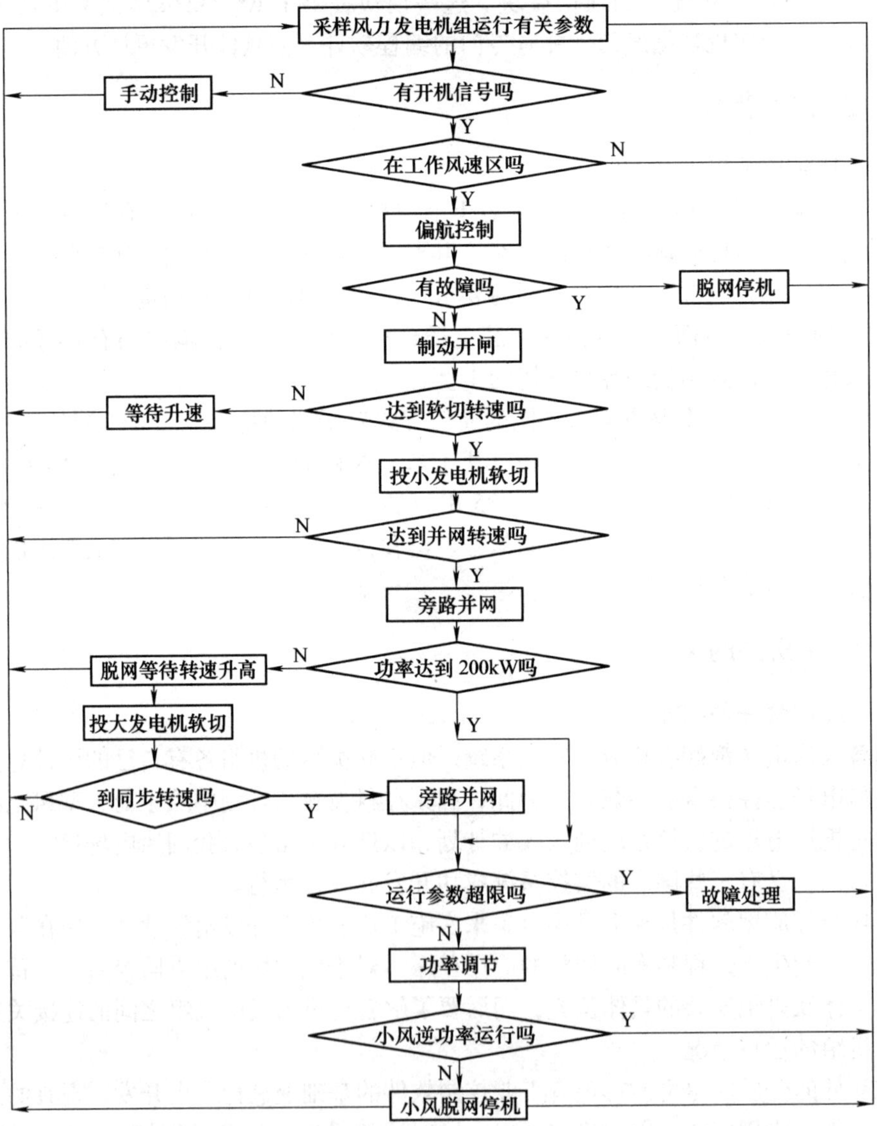

图9-7　风力发电机组控制软件的工作原理流程

（4）能够及时显示各机组运行过程中发生的故障　在显示故障时，应能显示出故障的类型及发生时间，以便运行人员及时处理和消除故障，保证风电机组的安全和持续运行。

（5）能够对风电机组实现集中控制　值班人员在集中控制室内就能对下位机进行状态设置和控制，如开机、停机、左右调向等。但这类操作必须有一定的权限，以保证整个风电场的安全运行。

（6）历史记录　监控软件应当具有运行数据的定时打印和人工即时打印以及故障自动记录的功能，以便随时查看风电场运行状况的历史记录，为维修和保养提供科学依据。

（三）监控软件的工作原理

1）主开关合上后，风力发电机组控制器准备自动运行。

2）首先系统初始化，检查控制程序、微控制器硬件和外部设备、传感器来的脉冲及经过比较后所选取的操作参数，备份系统工作表，接着就正式起动。

3）起动的第一秒钟内，先检查电网，设置各个计数器、输出机构初始工作状态及功率电子器件的导通角。

4）上述所有工作完成后，风力发电机组开始自动运行。叶片由 90°背风归位到 0°，风轮开始转动。

5）计算机开始时刻监测各个参数及输入数据，判断是否可以并网；还要判断参数是否超过极限值、执行偏航、相位补偿、空气动力制动或机械制动。

风力发电机组控制软件的工作原理流程如图 9-7 所示。

第六节　低电压穿越控制

风力发电机组的低电压穿越控制属于风力发电机组并网控制技术的范畴，我国在 2011 年以前生产的并网型风力发电机组基本上都没有低电压穿越控制功能。

低电压穿越（LVRT）是对并网风机在电网出现电压跌落时仍保持并网的一种特定的运行功能要求。低电压穿越是指在风力发电机并网点电压跌落时，风机能够保持并网，甚至向电网提供一定的无功功率，支持电网恢复，直到电网恢复正常，从而“穿越”这个低电压时间（区域）。风力发电机组低电压穿越能力的深度对机组造价影响很大，根据实际系统对风力发电机组进行合理的低电压穿越能力设计很有必要。本节对风力发电机组低电压穿越原理进行了理论分析，对多种实现方案进行了比较。设计风力发电机组低电压穿越能力时，机组运行曲线的电压限值应根据具体接入方案进行分析计算。

一、低电压穿越问题的提出

在风电发展初期由于技术和认识的限制及从经济角度考虑，一些风机不具备低电压穿越能力，导致一些风电基地不断发生风电机组脱网的事故。

据《风电安全监管报告》统计，仅 2011 年，我国发生规模超过 10 万 kW 的风力发电机组脱网事故 193 次，超过 50 万 kW 的大型事故 12 次。风力发电机组脱网事故给电网安全稳定运行和可靠供电带来很大风险，同样也使风电场业主遭受电量损失。据事故调查分析，部分并网运行的风力发电机组不具备低电压穿越能力，且故障期间未能有效地提供动态无功支撑，是造成风电大规模脱网的主要原因之一。

由于发生了连续的风机脱网事故，国家电监会 2011 年 5 月 9 日下发了《关于切实加强风电场安全监督管理，遏制大规模风电机组脱网事故的通知》并提出风电机组必须具备低电压穿越能力，要求不具备低电压穿越能力的机组，要尽快制订切实可行的低电压穿越能力改造计划，督促设备制造厂商配合实施。为防止类似事故再次发生，国家电监会要求从 2012 年起国内风机制造企业新推出的风力发电机组都必须具备低电压穿越能力，并完成旧风机的低电压穿越能力升级改造。

二、国家标准对低电压穿越的要求

低电压穿越要求是电力系统功率平衡与频率稳定的需要，也是局部电网电压稳定及电压恢复的需要。2011 年 12 月，国家标准化管理委员会批准发布《风电场接入电力系统技术规定》（GB/T 19963—2011）。该标准对低电压穿越、接入系统测试等都提出了更多和更严格的标准。针对接入系统测试，这一标准提出了当接入同一并网点的风电场装机容量超过 40MW 时，需要向电力系统调度机构提供风电场接入电力系统测试报告；累计新增装机容量超过 40MW 时，需要重新提交测试报告。

1. 对风电机组的低电压穿越要求

对于风电装机容量占其他电源总容量比例大于 5%的省（区域）级电网，该电网区域内运行的风电场应具有低电压穿越能力。图 9-8 为对风电场的低电压穿越要求。由于风电场是由大量的风力发电机组构成的，所以对风电场的低电压穿越要求等同于对风力发电机组的低电压穿越要求，因此风力发电机组的设计和制造的低电压穿越能力也应符合图 9-8 规定的要求。

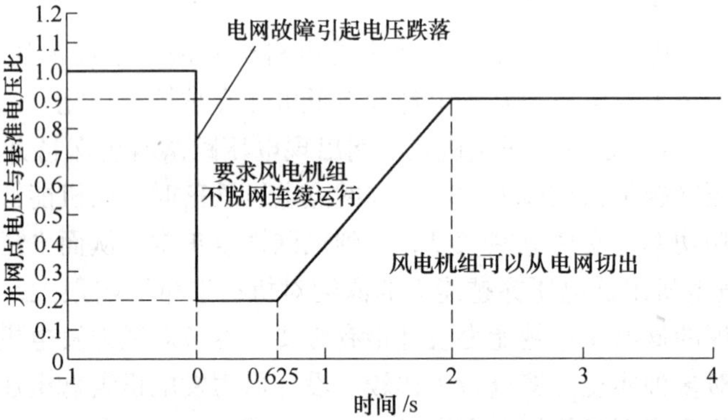

图 9-8　风电场低电压穿越要求

1）风电场内的风电机组具有在并网点电压跌至 20%额定电压时能够保证不脱网连续运行 625ms 的能力。

2）风电场并网点电压在发生跌落后 2s 内能够恢复到额定电压的 90%时，风电场内的风电机组能够保证不脱网连续运行。

2. 故障情况对风电场低电压穿越的要求

电压跌落是电网中最为常见的故障之一，有单相和两相对地故障、相间故障和三相故障等类型。其故障类型和比例为：单相对地故障 70%，两相对地故障 15%，相间故障 10%，三相故障 5%。还可以分为对称故障和不对称故障，大部分电压跌落故障属于不对称故障；

电压跌落的深度不等，最低可以到零，持续时间为0.5个电网电压周期到数秒。电力系统发生不同类型故障时，对风电机组低电压穿越的要求如下：

1）当电力系统发生三相短路故障引起并网点电压跌落时，风电机组并网点线电压在图9-8中电压轮廓线及以上区域内时，风电机组必须保证不脱网连续运行；风电机组并网点任意线电压低于或部分低于图9-8中电压轮廓线时，允许风电机组切出。

2）当电力系统发生两相短路故障引起并网点电压跌落时，风电机组并网点线电压在图9-8中电压轮廓线及以上区域内时，风电机组必须保证不脱网连续运行；风电机组并网点任意线电压低于或部分低于图9-8中电压轮廓线时，允许风电机组切出。

3）当电力系统发生单相接地短路故障引起并网点电压跌落时，风电机组并网点相电压在图9-8中电压轮廓线及以上区域内时，风电机组必须保证不脱网连续运行；风电机组并网点任意相电压低于或部分低于图9-8中电压轮廓线时，允许风电机组切出。

3. 有功功率的恢复

对电力系统故障期间没有切出的风电场，其有功功率在故障清除后应快速恢复，自故障清除时刻开始，以至少10%额定功率/s的功率变化率恢复至故障前的值。

4. 机组低电压穿越过程中对动态无功电流支撑能力要求

对于总装机容量在百万千瓦以上风电基地内的风电场，在低电压穿越过程中应具有下列动态无功电流支撑能力：

1）电网发生故障或扰动，机组出口电压跌落处于额定电压的20%~90%区间时，机组需通过向电网注入无功电流支撑电网电压恢复。动态无功电流控制的响应时间不大于75ms，持续时间应不少于550ms。

2）风电场注入电力系统的动态无功电流为：$K(1.0-U_T)I_N$，式中，I_N为风电场的额定电流；U_T为故障期间并网点电压标幺值，$U_T=U/U_N$；$K\geqslant 2$。

三、电网电压跌落与恢复时对不同风力发电机组暂态的影响

研究低电压穿越的前提是分析风机在电网电压出现跌落与恢复时的一些暂态过程。

1. 定速异步风电机组

定速异步风电机组的定子侧直接连接电网。这种直接耦合使得电网电压的降落直接反映在发电机定子端电压上，导致定子磁链出现直流成分，不对称故障时还会出现负序分量。定子磁链的直流量和负序分量相对于以较高转速运转的发电机转子会形成较大的转差，从而感生出较大的转子电动势并产生较大的转子电流，导致转子电路中电压和电流大幅增加。对于定速异步风机，从电压跌落到恢复的时间内，其笼型转子结构能承受此短时过电流而不会受损烧毁。机组的过电流能力取决于发电机绕组和导线的耐受能力。

2. 双馈型风电机组

双馈型风电机组定子侧也直接连接电网，在电网电压出现跌落与恢复时双馈型风电机组的暂态现象与定速异步风电机组基本相同。不同的是双馈型风电机组为绕线转子，转子通过变流器与电网连接；定子的过电流能力取决于发电机绕组和导线的耐受能力，转子的过电流能力取决于变流器的耐受能力。如果对电压跌落不采取控制措施限制故障电流，较高的暂态转子电流会对脆弱的电力电子器件构成威胁；而控制转子电流会使变流器电压升高，过高的电压一样会损坏变流器；且变流器输入输出功率的不匹配有可能导致直流母线电压的上升或

下降（与故障时刻发电机超同步速或次同步速有关）。因此双馈型异步风机的低电压穿越实现较为复杂。

3. 同步直驱型风电机组

对于同步直驱型风机，定子经 AC/DC/AC 变流器与电网相接，转子系统为永磁体，发电机和电网不存在直接耦合。电网电压的瞬间降落会导致输出功率的减小，而发电机的输出功率瞬时不变，显然功率不匹配将导致直流母线电压上升，这势必会威胁到电力电子器件的安全。如采取控制措施稳定直流母线电压，必然会导致输出到电网的电流增大，过大的电流同样会威胁变流器的安全。发电机的过电流能力取决于变流器的耐受能力。当变流器直流侧电压在一定范围波动时，发电机侧变流器一般都能保持可控性，在电网电压跌落期间，发电机仍可以保持很好的电磁控制。所以同步直驱型风电机组低电压穿越的实现相对双馈型异步风机而言较为容易。

四、低电压穿越功能的实现方法

（一）不同风力发电机组电压跌落主要问题

1. 定速异步风电机组

电压跌落期间定速异步风机的主要问题是电磁转矩衰减导致转速飞升，其简单的结构使得能采取的措施也很有限。最简单的方法是在可靠判断出故障后，利用快速变桨来减小输入机械转矩，限制转速上升。但风机桨叶具有很大的惯性，该方案需要风机具有快速的变桨性能。变桨控制不足之处在于，无法提供无功功率以支持电网恢复，笼型异步风机的运转反而需要吸收电网的无功功率。遗憾的是，大多数定速异步风机采用失速型叶片，其桨距角不能调节。

一般减少无功功率吸收的方法是按最大功率输出安装电容器组。但是，风力发电这种能量波动大的场合会带来系统电压的波动，且磨损发电机械，故障时临近母线会出现过电压，因此可以采用静态无功功率补偿方案。安装一个静态无功功率补偿器，实时补偿各种功率等级的无功功率。也可以采用静态同步补偿器来调节电压，在适当的额定功率下，实现低电压穿越。与静态无功功率补偿器相比，其补偿电流不依赖于连接点电压，所以补偿电流在电压下降时不会降低，于是稳态运行波形得到改善，故障穿越能力得以提高。

2. 同步直驱型风电机组

电压跌落期间同步直驱型风机的主要问题在于能量不匹配导致直流电压的上升，可采取措施储存或消耗多余的能量以解决能量的匹配问题。可以考虑从变流器设计入手，选择器件时放宽电力电子器件的耐压和过电流值，并提高直流电容的额定电压。这样在电压跌落时可以把直流母线的电压限定值调高，以储存多余的能量，并允许网侧逆变器电流增大，以输出更多的能量。但是考虑到器件成本，增加器件额定值是有限度的，而且在长时间和严重故障下，功率不匹配问题会很严重，有可能超出器件容量，因此这种方法较适用于短时的电压跌落故障。

上面的方法考虑增大功率输出和储能以解决功率匹配，同样可以考虑减小发电机的发电功率来平衡功率。如果减小同步发电机的电磁转矩设定值，那么将引起发电机的转速上升，从而达到允许转速的暂时上升来储存风机部分输入能量，这样可以有效减小了发电机的输出功率。如果故障不严重，可以不采取变桨控制；一旦发电机转速上升过多或不便用上升转速来储存能量，则可以直接采取变桨控制措施。变桨控制可以从根本上减小风机的输入功率，有利于电压跌落时的功率平衡。这种方法结合增加器件容量的方法可进一步提高穿越裕度。

对于更长时间的深度故障，可以考虑采用额外电路单元储存或消耗多余能量。下面给出两种外接电路单元实现低电压穿越的方案，如图 9-9 所示。

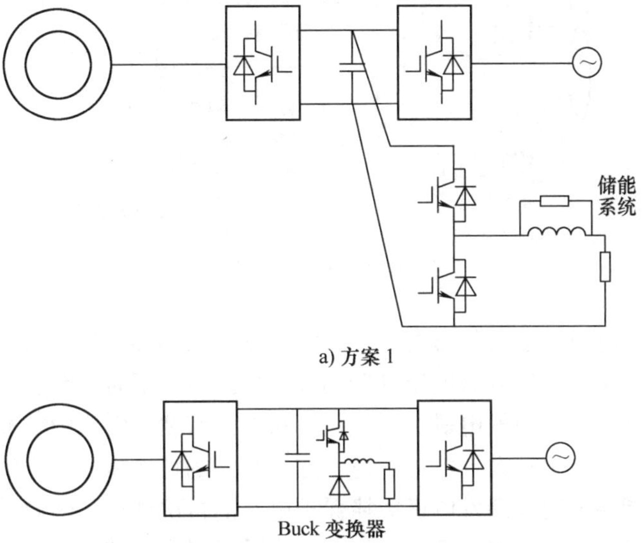

a) 方案 1

b) 方案 2

图 9-9　两种用于同步直驱型风机的低电压穿越方案

图 9-9a 为在直流母线上接一个储能系统。当检测直流电压过高时，触发储能系统的 IGBT，转移多余的直流储能，故障恢复后将所储存的能量馈入电网。图 9-9b 采用 Buck 变换器，直接用电阻消耗多余的直流母线的能量。

3. 双馈型风电机组

与前两种机型相比，双馈型风电机组在电压跌落期间面临的威胁最大。电压跌落出现的暂态转子过电流、过电压会损坏电力电子器件，而电磁转矩的衰减也会导致转速的上升。由于直流母线会出现过电压和欠电压，因此可以考虑与同步直驱型风机一样在直流母线上接储能系统，以保持直流母线电压的稳定。这种基于能量管理的控制方案主要是从维持 AC/DC/AC 变流器直流母线电压的角度考虑问题，没有直接涉及双馈型风电机组本身的低电压穿越特性。

（二）变速恒频风力发电机组实现低电压穿越功能的几种方法

1. 转子短路保护技术

电网故障引起双馈发电机过电流和过电压，其中过电流会损害变流器，而过电压会损坏发电机的转子绕组。为了保护连接在转子侧的变流器，采用过电压、过电流保护措施势在必行。其中比较常见的保护措施便是在转子侧采用撬棒电路，为转子侧大电流提供旁路，达到限制过电流、保护变流器的目的。

撬棒技术是较早用于双馈发电机转子变流器保护的技术，目前主要分为被动式撬棒和主动式撬棒。被动撬棒即所谓的“晶闸管（SCR）”撬棒。对风机更高的要求催生了可控关断的“主动式撬棒”，利用强迫换流功能的 SCR、GTO、IGBT 等可关断器件代替晶闸管撬棒电路中的晶闸管。主动撬棒电路如图 9-10 所示。

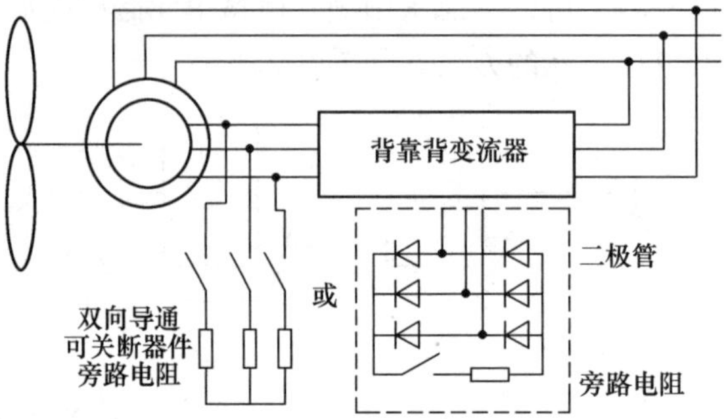

图 9-10　主动撬棒电路

撬棒动作后，发电机的运行状态类似于传统的基于笼型异步发电机的风电机组。当双馈发电机转子电流和转子变流器直流电压降低到设定保护值以下时，需要重新恢复对双馈发电机的控制，双馈发电机从笼型发电机的恒速运行状态到双馈发电机的变速运行状态。应该指出的是，撬棒切除时会产生较大的电流振荡，这一状态的切换需要一定的逻辑顺序和相应的控制策略，否则可能会引起双馈发电机撬棒保护电路的再次动作。因此，需要对两种不同运行状态之间的切换过程进行严密的逻辑规划，这样既可以照顾到有功功率和风力发电机转速的控制，又能兼顾双馈发电机无功功率的控制，以支撑电网的稳定性。

采用撬棒电路的转子短路保护技术存在的缺点是：首先，需要增加新的保护装置从而增加了系统成本。另外，电网故障时，虽然励磁变流器和转子绕组得到了保护，但此时按异步电动机方式运行的机组将从系统中吸收大量的无功功率，这将导致电网电压稳定性的进一步恶化，而且传统的撬棒保护电路的投切操作会对系统产生暂态冲击。可以通过定子功率因数控制，实现对双馈发电机定子吸收无功功率的控制，从而减小发电机对电网电压恢复的影响，甚至对电网电压恢复起到一定支撑作用。

2. 直流侧保护电路

直流侧保护电路如图 9-11 所示。图 9-11a 在直流侧增加卸荷单元，当电网电压跌落时，转子侧过电流，网侧变流器受到限制，能量在直流侧积累造成直流侧电压升高，这样可能会造成直流侧电容或桥上功率器件损坏。当电压升高时，投入卸荷单元电路，消耗掉直流侧多余的能量，确保直流侧电压稳定。

卸荷电路是由降压式变换电路（Buck）和卸荷电阻构成的。这种保护电路只能把电压跌落时刻直流侧的多余能量消耗掉。为了回收这部分能量，图 9-11b 采用能量存储设备，它可以是超级电容或者是蓄电池，通过一个能量可双向流动的 DC-DC 电路与直流侧电容相连接。

随着风电机组转速的变化，可以将直流侧的多余能量存储到储能设备中。当电网故障清除时，它可以把多余的能量回馈给电网；同时当电网需要无功功率时，它可以支撑直流侧电压，向电网发送无功功率。这种方法可以解决使用撬棒必须在不同运行状态间切换的问题，这样既避免了工况切换造成的暂态过程，又可以对系统进行持续调控。

此种电路的缺点是，直流侧保护电路无法对转子电流进行有效控制，直流侧增加保护电

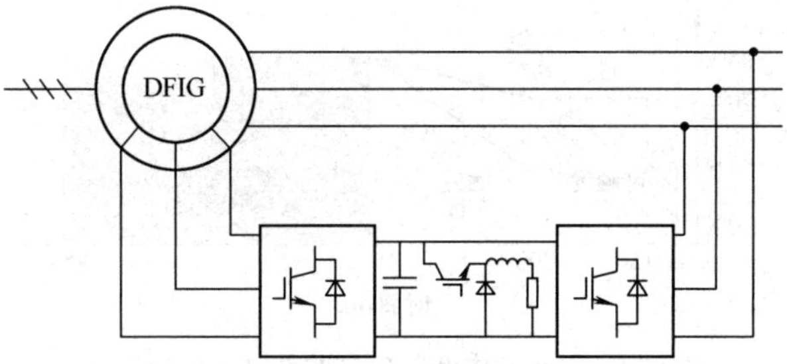

a) 直流侧增加卸荷单元

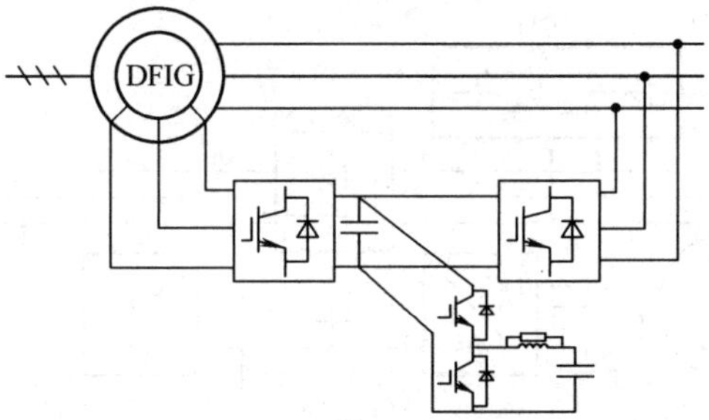

b) 采用能量存储设备

图 9-11　直流侧双馈型风电机组的能量管理电路

路会在一定程度上增加转子侧变换器设计的难度。若要保证变流器不因为转子过电流而损坏，就必须增加转子侧变流器的容量，因此增加了成本。

3. 紧急变桨

电压跌落会导致转速飞升，可以采用紧急变桨控制方案，使风力发电机组的桨距角以 5°/s 的速度迅速增加，风力发电机组的输出机械转矩迅速降低，从而减缓双馈发电机的转速上升速度，进而减少了故障切除后电网电压恢复时双馈发电机从电网吸收的感性无功功率，减少对电网电压恢复的阻碍作用。但是，这种方案仅从减少吸收无功功率的角度分析问题，而忽视了双馈发电机及其转子侧变流器本身对电网电压的控制作用。

4. 短暂中断（STI）的低电压穿越控制策略

转子撬棒控制能满足电网故障情况下不脱离电网的要求，但是这种策略存在以下缺点：

1）撬棒动作后，双馈型风电机组以传统的定速特性运行，成为一个消耗感性无功功率的负载，不能起到对电网电压的控制作用，而且阻碍故障切除后电网电压的恢复。

2）双馈发电机不同运行状态间的切换，需要较为复杂的控制逻辑，否则可能会引起较大的振荡过程。

3）撬棒动作后，双馈型风电机组仍有较大的振荡，这种振荡会影响机械传动轴、齿轮箱等机械部件的安全运行和寿命。为此提出了“短暂中断”的概念，将低电压穿越特性划分为四个区域，如图 9-12 所示。

在区域 1 和区域 2 中风力发电机必须保持并网状态，但是在当电网电压跌落至区域 2 时，如果出现过载、稳定性等技术难题，允许短暂脱离电网，即实施短暂中断控制；当电网电压跌至区域 3 时，采用短暂中断控制；当电网电压跌落至区域 4 时，风力发电机按照一定规律脱离电网，进行自我保护。基于短暂中断控制的低电压穿越拓扑结构如图 9-13 所示。

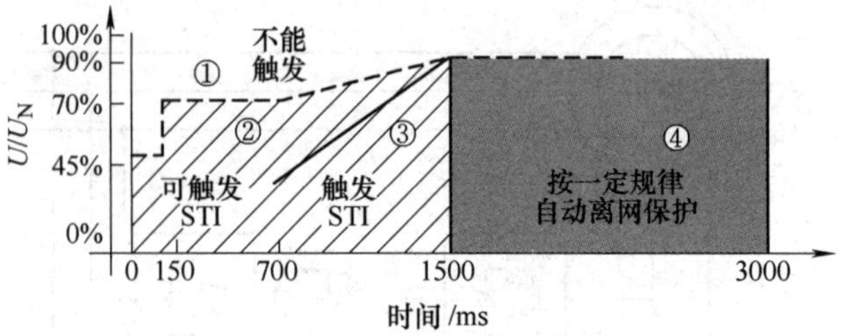

图 9-12 “短暂中断”定义的低电压穿越要求

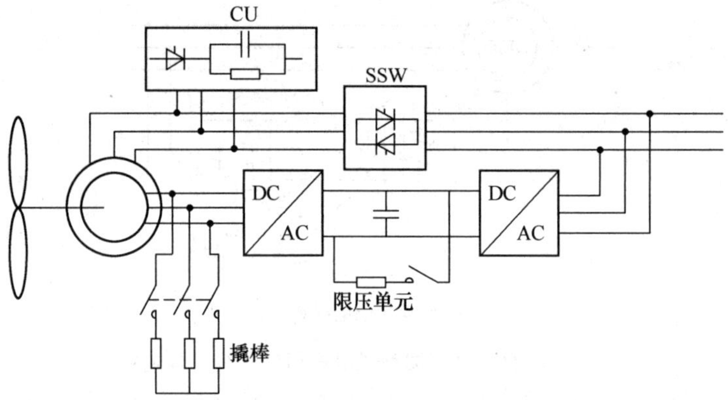

图 9-13 基于短暂中断控制的低电压穿越拓扑结构

图 9-13 中 CU 为换向单元，SSW 为定子侧反并联晶闸管。在电网电压恢复时一旦出现过电流现象，则双馈发电机定子侧晶闸管 SSW 被阻止，使得双馈发电机定子能在 10ms 之内从电网脱离。在定子与电网脱离后，触发定子侧换向单元，并且转子变流器停止工作时双馈发电机的转子电路通过 IGBT 反并联二极管与直流母线相连，从而和定子侧换向单元共同起着强迫双馈发电机去磁的作用，以利于双馈发电机在脱离电网后快速地再次实施并网操作。图中转子撬棒电路起备用的保护作用，防止过渡过程中直流母线电压过高。

基于短暂中断控制方式虽然能够很好地避开双馈发电机的振荡过程和消耗电网无功功率的不利影响，但这一控制方式需要解列后再并网。这一过程通常需要 200~300ms。在这段时间内发电机和电网之间完全没有无功功率和能量的交换，也就失去了对电网电压的控制作用。尤其在故障期间，不利于电网的稳定。

通过提高转子变流器 IGBT 功率电子器件的电流容量，使转子变流器能够在短期内处理更大的电流，避开在故障发生时，即电网电压跌落时的短暂中断，仅在电网电压恢复时，可能触发短暂中断动作。这种方式既避免了由于撬棒保护电路的动作所产生的不利后果，又使得在电网故障期间，转子变流器能够快速地恢复对双馈发电机定子侧和电网之间的有功功率和无功功率交换的控制作用。

（三）实现低电压穿越的控制流程

实现低电压穿越的控制流程如图 9-14 所示。

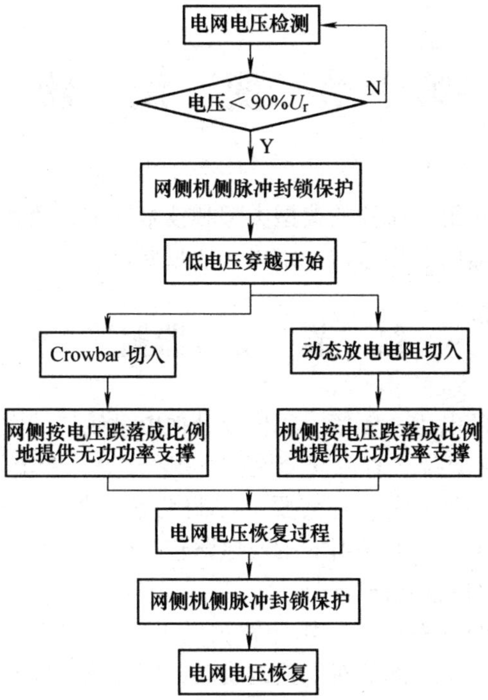

图 9-14 低电压穿越软件控制流程

复习思考题

1. 风力发电机组的控制目标有哪些？机组控制器应具有哪些功能？风电控制系统由哪些子系统组成？
2. 风力发电机组控制系统的主要类型有哪些？叙述其控制过程。
3. 定桨距失速调节恒速恒频机组的控制系统由哪些部分组成？
4. 简述变桨距变速恒频双馈机组和永磁直驱同步全馈机组的控制方法、控制原理和系统组成。
5. 风电机组控制系统有哪些一般要求？有哪些环境条件要求？有哪些技术要求？
6. 风电机组控制系统对电网条件、控制柜和元器件、电磁兼容有什么要求？
7. 恒速恒频控制系统和变速恒频控制系统有哪些技术要求？
8. 风电机组有几种启动方式？优先级如何排列？停机关机控制程序及要求是什么？
9. 风电机组对并网控制有哪些要求？使用变频器并网控制的特点有哪些？
10. 异步发电机并网的条件是什么？软并网控制过程及要求有哪些？
11. 双馈型风电机组并网运行的特点是什么？风电机组并网后需要注意哪些问题？
12. 简述大、小发电机自动切换的控制方法。补偿电容器的分组投入和切换有哪些原则？
13. 风电机组功率限制、偏航控制的控制方法有哪些？风电机组安全保护系统设计原则有哪些？
14. 电网掉电保护的作用及要求有哪些？风电机组接地保护的方式有哪些？接地保护有哪些要求？
15. 简述风电机组紧急停机安全链保护的作用和要求。
16. 风电机组的远程监控系统由哪几部分组成？各有什么功能？
17. 风电场的通信有哪些特点？主要网络类型及其特点有哪些？
18. 风电控制系统的干扰源有哪些？控制系统应采取哪些抗干扰措施？
19. 画出风力发电机组控制软件工作原理流程图，画出实现低电压穿越的控制流程图。
20. 简述电网对风电机组低电压穿越的要求及变速恒频机组控制系统实现低电压穿越功能的方法。

第十章 变 流 器

通过本章的学习，应了解变流器的典型类型和技术要求，熟悉双馈型风电机组变流器和永磁直驱型风电机组变流器的工作原理、组成、质量要求、性能指标和通信要求。

第一节 变流器概述

变流器是使电网系统的电压、频率、相位及其他电量或特性发生变化的电器设备，包括整流器（交流变直流）、逆变器（直流变交流）、变频器等。变流器除主电路（分别为整流电路、逆变电路、斩波电路等）外，还需要有控制功率开关元件通断的触发电路和实现对电能的调节、控制的控制电路。变流器的触发电路包括脉冲发生器和脉冲输出器两部分。变流器是风电机组控制系统的主要组成部分。

变速恒频风力发电机组的变流器作用非常关键，它负责实现电能从发电机到电网的转换，要求最大限度地提高效率，降低对电网的扰动，同时兼顾成本、可靠性等因素。机组的调速控制可以通过机械或电气控制等不同的途径来实现，但是利用变流器的技术方案目前最为成熟，也是应用范围最为广泛和最具发展前景的技术。变流技术的应用不仅有利于机组提高效率，同时对机组的并网和对电网的安全稳定运行起到了良好作用。变速恒频机组为了安全可靠地实现并网运行，必须利用变流器将风力发电机组发出的电能变换成与电网的电压相同、频率相同的电能。

变流器作为风电机组与电网的接口，既要对风力发电机进行控制，又要向电网输送优质电能，还要实现低电压穿越等功能。随着风力发电的快速发展和风电机组单机容量的不断增大，变流器的容量也要随之增大，因此大容量多电平变流器也开始得到应用。风力发电变流装置采用经过验证的成熟电力电子变频技术，可以根据要求进行有功功率、无功功率及频率输出的任意调节，谐波分量低，具有很强的低电压穿越能力以适应电网扰动，并网特性完全满足目前国际上最新风电并网技术标准的要求。

一、逆变器

我们习惯上将把交流电能变换为直流电能的整流装置称为正变换器或整流器，把直流电能变换为交流电能的变流装置称为逆变器。逆变器的工作原理是：电子电路振荡器产生受控振荡信号，然后用振荡器的输出去控制半导体功率器件的导通角，从而实现逆变功能。逆变器是风电变流器的技术基础，我们有必要先介绍一下逆变器。

（一）逆变器的主要参数

（1）额定输出参数　交流电压、交流电流、频率、波形、功率等。

（2）额定输入参数　电压、电流、发电机功率等。

（二）逆变器的技术要求

1）风力发电机组逆变器应符合相关国家标准的规定，并按照经规定程序批准的图样和技术文件进行制造。

2）逆变器应能够在风力发电机组限定的条件下连续、可靠地工作。

3）逆变器应有电压调节装置，当输入电压在额定值的85%~120%范围时，其输出端电压不超过额定电压值的±5%。

4）逆变器的输出频率变化范围应不超过规定值的±1%。

5）逆变器的输出波形应为正弦波，波形中电压峰值偏差应不大于20%。用户对输出波形有要求时，由用户和制造厂协议确定波形及谐波含量。

6）逆变器在额定状态下的效率应大于90%。

7）逆变器的温升。逆变器在额定负载及正常使用条件下，其主要零部件的温升为：电力半导体器件及其他元器件（整流管、晶闸管、IGBT等）用温度计法测量时，温升应符合有关标准规定。变压器及电抗器用电阻法测量时，E级绝缘温升不超过75℃，A级绝缘温升不超过60℃。与半导体器件相连接的塑料导线、橡胶导线，其温升不应超过45℃。

8）逆变器应设有以下保护装置：

①输出短路保护：其短路保护动作时间应不大于0.5s。

②输入反接保护：当输入端极性接反时，逆变器应有防护措施及显示装置。

③输入欠电压保护：当输入电压低于额定电压的85%时，逆变器应有保护装置及显示装置。

9）负载等级。在规定的环境条件和额定输出情况下，逆变器应能连续制（不间断）进行工作。

10）振动与自由跌落。逆变器按规定进行振动及自由跌落试验后，其主要性能仍能满足正常工作的要求。

11）绝缘电阻与介电强度。在环境温度为20℃、相对湿度为85%时，带电电路对地（外壳）之间的绝缘电阻应不小于20MΩ。电路与外壳之间应能承受频率为50Hz、实用正弦波电压为1500V、历时1min的试验而不击穿。

12）输入输出端的标志。输入端正负极和输出端在接线处应有明显的标志。

13）噪声。逆变器噪声应不大于65dB（A）。

14）外观。逆变器的前、后面板及其他外露部分应涂漆或镀层，镀层前应表面平整光滑，色泽一致和牢固。

15）首次故障前平均运行时间应不少于1500h。

二、风力发电机组变流器的主要技术

1. 风力发电的变流装置的主要关键技术

1）针对风力模型本身的不确定性，采用更优的如非线性控制、鲁棒控制技术，使得风力机组得到更好的特性。

2）针对机组和系统的多种特殊情况采取有效的控制应对措施，能够适应复杂恶劣环境的要求。

3）在控制策略的设计上采取自诊断、冗余等技术，尽可能提高系统的可靠性。

2. 支撑风电大功率变流器的技术

（1）正弦脉宽调制技术　正弦脉宽调制的基本原理是将参考波形与输出调制波形进行

比较，并根据两者的比较结果确定逆变桥臂的开关状态。

采用SPWM整流器作为AC/DC变换的SPWM逆变器，就是所谓的双SPWM变频器。它具有输入电压、电流频率固定，波形均为正弦，功率因数接近1，输出电压、电流频率可变，电流波形也为正弦的特点。这种变频器可实现四象限运行，从而达到能量的双向传送。

（2）大功率变流技术　由于大功率风力发电机组的风能利用率高，经济效益好，风力发电机组的容量不断增大。而半导体开关功率器件受电压等级和额定电流的制约，容量有限，无法满足大功率的要求，必须采取技术手段来解决工程需要。主要技术方法有：

1）采用器件串联技术来提高电压等级。

2）采用器件并联技术来提高逆变器的输出电流。

3）采用模块并联技术。模块并联就是用小额定工作电流的器件并联使用，以完成大电流控制任务。模块有利于批量生产，方便维修。逆变器模块的并联必须考虑环流和均流问题。

大功率变流器一般使用IGBT器件。IGBT变流器的好处有：

1）开关时间短，导通时间不到1ms，关断时间小于6ms，器件功耗小。

2）目前单只管容量已经较大，如Eupec公司的FZ600R65KF1等器件，可以在6kV电压下控制1.2kA的电流；FZ3600R12KE3等低电压器件，可以在1.2kV电压下控制3.6kA的电流。采用水冷却方式，单组变流器的功率已经达到1MW以上。

3）大功率IGBT的驱动功率很小。并联使用时有很好的自动均衡分配的特性。采用并联使用很容易达到风力发电机组所需的功率水平，风小时可以减少运行组数，提高变流器的工作效率。

4）使用脉宽调制（PWM）获得正弦波形转子电流，发电机内不会产生低次谐波转矩，不仅改善了谐波性能，而且使有功功率和无功功率的控制更为方便。

（3）多重化技术　多重化技术是指在电压源型变流器中，为减少谐波，提高功率等级，将输出的PWM波错位叠加，使输出波形更加接近正弦波。

（4）低电压穿越技术　电网运行规则要求，当电网发生故障（如电压跌落）时，风力发电机组仍需要保持与电网的连接，只有故障严重时才允许离网，这就要求风力发电机组具有较强的低电压穿越能力。

电压跌落时，在发电机的转子侧会产生过电压和过电流。过电流会损害变流器，而过电压会损坏发电机的转子绕组。为了保护逆变器，必须采用过电压、过电流保护措施。

（5）计算机软件控制技术　风力发电机组变流器的组成除电子和电器元件构成的硬件系统外，还利用机组控制器或专门的计算机芯片对硬件系统进行控制，计算机软件便于修改和设定具有无法替代的优势。

三、变流技术在风力发电机组中的应用

大功率变流技术的发展可以说是日新月异，前景无限。变流技术的发展重点是新型功率器件以及先进的控制技术。对于功率器件，目前主要用的是IGBT，以后可能往IGCT、光控功率器件、高温功率器件（耐高温，散热更加简单）和高功率密度功率器件（单管容量大，损耗更低）方向发展，这样可能会带来整个系统价格的降低、控制的简易化和效率的提高。通过光纤直接控制电力电子器件开关的光控器件，省去了传统的驱动系统，提高了系统的可靠性并简化了结构。新型材料的电力电子器件，可以提高器件结温和开关频率，达到提高器

件功率密度的目的，从而减小了电力电子装置的体积并降低了对散热系统的要求。双向可关断器件可以控制两个方向的电流，适用于矩阵变换器。使用矩阵变换器可以减小变流器装置体积。

大功率变流技术的发展为风力发电技术向容量更大、效率更高方向的发展奠定了基础，变流技术和风力发电技术的有机结合也将会使风力发电的成本更低。但随着机组容量的不断提高，变流器容量也不断增大，随之而来的一系列问题需要得到较好的解决。诸如：受单管功率器件容量的限制，需采取多重化并列技术等解决方案，但其实现具有一定的难度；受安装空间的限制，要求变流器的结构更加紧凑，以方便制造和维护（模块化设计）等。可以肯定，变流技术将会在今后风电技术发展过程中发挥越来越重要的作用。

第二节 双馈型机组变流器

双馈风力发电机的转速随风速及负荷的变化能及时作出相应的调整，依靠转子动能的变化，吸收或释放功率，减少对电网的扰动。通过变频器控制器对逆变电路中功率器件的控制，可以改变双馈发电机转子励磁电流的幅值、频率及相位角，达到调节其转速、有功功率和无功功率的目的，既提高了机组的效率，又对电网起到稳频、稳压的作用。

一、双馈型机组变流器的工作原理

1. 双馈型机组转子励磁变流器的工作原理

双馈型机组变流器在双馈型发电机的转子侧施加三相交流电进行励磁，通过变流器控制器对逆变电路小功率器件的控制，调节励磁电流的幅值、频率和相位，可以改变双馈型发电机转子励磁电流的幅值、频率及相位，实现定子侧输出恒频恒压。通过控制励磁电流的幅值和相位，可以调节发电机的无功功率；通过控制励磁电流的频率，可调节发电机的有功功率；通过风力发电机变桨距控制与发电机励磁控制相结合，可按最佳运行方式调节发电机的转速。这样既提高了机组的效率，又对电网起到稳频、稳压的作用，而且提高了发电质量。使用功率为发电机额定功率30%左右的电力电子变流器，即可控制整个发电机组的输出功率。

在变速恒频风力发电机组中，由于风能的不稳定性和捕获最大风能的要求，发电机转速在不断地变化，而且经常在同步转速附近上、下波动，这就要求转子励磁变流器不仅要有良好的变频输入、输出特性，而且要有能量双向流动的能力。它必须是四象限双PWM背靠背变频器。为满足各种工况的要求，双向变流器应满足输出电压（或电流）幅值、频率、相位和相序可调的要求。双馈型发电机在亚同步转速运行时，变流器向转子绕组馈入交流励磁电流，在同步转速运行时变流器向转子绕组馈入直流电，而在超同步转速运行时转子绕组输出交流电通过变流器馈入电网。亚同步、同步和超同步三种不同运行状态的动态转换是变速恒频双馈型机组变流器励磁控制的关键技术。

跨越同步点的三种运行状态的转换可采用两种不同的方法，第一种是采用“交—直—交”控制模式，第二种是采用“交—交”控制模式。“交—直—交”控制模式是随着发电机转速的增高逐渐降低转子绕组电流的频率，当转速接近同步转速时供给转子绕组直流（此时转子三相绕组为“两并一串”的连接方式，而变流器以PWM方式控制不同桥臂的三个功率开关器件同时导通或关闭，输出可控的直流励磁电流)。当转速超过同步转速后，变流器停止直流供电，此时转子绕组向变流器输出转差频率的交流电。"交—交"控制模式因省去了向转子绕组供直流电的环节，控制过程稍微容易一些，但三种运行状态转换的平滑性稍差一些。

采用电压型交—直—交变流器，由于这种整流变频装置具有结构简单、谐波含量少、定子和转子功率因数可调等优点，可以明显地改善双馈型发电机的运行状态和电能输出质量，并且该结构通过直流母线侧电容器完全实现了网侧和转子侧的分离。电压型交—直—交变流器的双馈型发电机磁场定向矢量控制系统，实现了基于风机最大功率点跟踪的发电机有功和无功的解耦控制，在双馈型风力发电机组中应用最多。

双馈型机组的变速恒频控制就是根据风力发电机转速的变化相应地控制转子励磁电流的频率，使双馈型发电机输出的电压频率与电网保持一致。实现变速恒频控制一般采用转速传感器(光电编码器)。当定子绕组电压频率为恒定值时，在不同转速下只要保持转子绕组励磁电流值不变便可使定子绕组的端电压保持不变。当发电机负载运行时，由于定子绕组电阻和漏电抗压降，以及由于受到定子电流电枢反应磁场的影响，即使转子励磁电流不变，每极磁通和定子绕组的端电压也不再是常数。为了使在不同运行状况下发电机端电压保持恒定，需要通过电压反馈调节转子励磁电流来实现闭环恒压控制。试验表明，双馈型发电机输出电压采用闭环控制后，转速由 1300r/min 增加到 1480r/min，定子绕组输出电压仅变化了 0.2V。

为了控制发电机转速和输出的功率因数，必须对发电机的有功功率、无功功率进行解耦控制。双馈型发电机本质上是同步发电机，所以可以调节双馈型发电机吸收电网的无功功率。由于变流器采用矢量控制技术，交流励磁使发电机和电网构成"柔性连接"，即可以根据电网的电压、电流和发电机的转速来调节励磁电流。这一过程是采用磁场定向的矢量变换控制技术，通过对励磁变流器各分量电压、电流的调节来实现的。

双馈型系统的矢量控制结构通常将转子交流量分解成有功分量和无功分量，并对之进行闭环控制。矢量控制变频的做法是：将双馈型发电机在三相坐标系下的定子交流电流 I_a、I_b、I_c 通过三相—二相变换，等效成两相静止坐标系下的交流电流 I_{a1}、I_{b1}；再通过按转子磁场定向旋转变换，等效成同步旋转坐标系下的直流电流 I_{m1}、I_{t1} (I_{m1} 相当于直流发电机的励磁电流，I_{t1} 相当于与转矩成正比的电枢电流)。然后模仿直流发电机的控制方法，求得直流发电机的控制量，经过相应的坐标反变换，实现对双馈型发电机的控制。

2. 双馈型机组转子励磁变流器的电路分析

变流器是由两个背靠背连接的电压型 PWM 变换器构成的交—直—交变换器。PWM 整流器是一个三相电压型 PWM 高功率因数整流器。因为发电机的输出电压是根据风速变化的，PWM 整流器可以为网侧变换器提供恒定的直流母线电压，并使得交流输入电流跟随输入电压进行变化，其波形近似正弦波；网侧变换器实际上是一个三相电压型逆变器，直流母线电压经逆变、滤波后并入电网。双馈型机组变流器主电路结构如图 10-1 所示。

风力发电机并网时要求输出电流为三相正弦波，并且和电网的电压、频率、相位相同。当电网电压跌落时，变流器电流要增加以便向电网注入不变的功率。网侧滤波器采用 LCL 型滤波器，该滤波器可以在较小总电感的条件下实现同样的滤波效果，而且其体积比较小，造价也比较低，动态性能也得到大大改善。

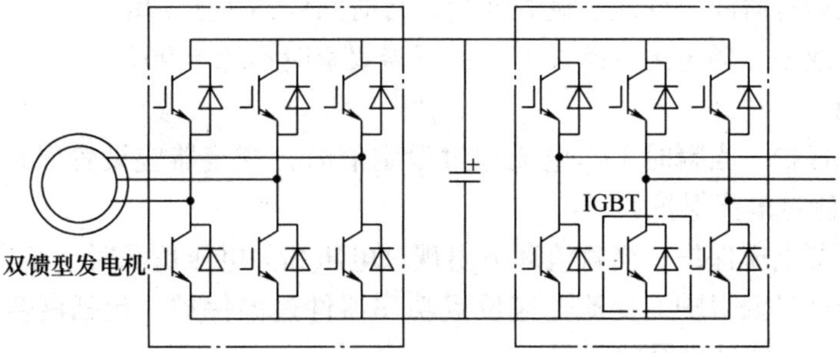

图 10-1 双馈型机组变流器主电路结构

控制系统采用双闭环级联式控制结构：电压外环、电流内环。电压外环的主要作用是控制直流母线电压；电流内环的主要作用是，根据电压外环给出的电流指令对交流侧输入电流进行控制。双馈型风力发电机组变流器的控制原理如图 10-2 所示。

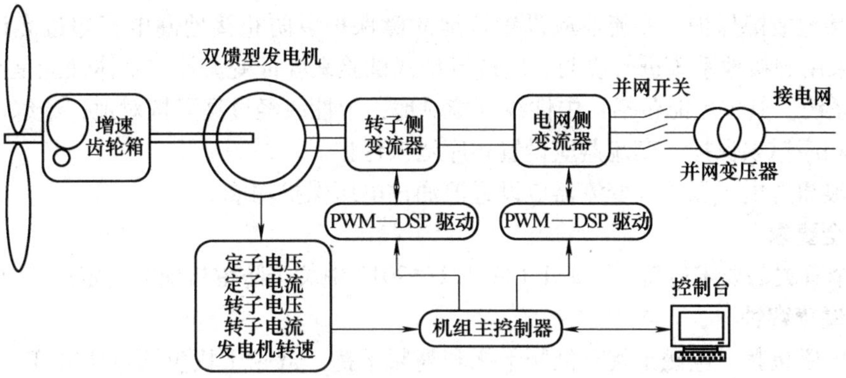

图 10-2 双馈型风力发电机组变流器的控制原理

双馈型采用双馈发电机，在转子绕组上串入可以四象限运行的变频器，控制定子绕组和电网之间的功率流动。这种结构对变频器的功率要求只有系统总功率的 1/4~1/3 。

二、双馈型机组交直交电压型变流器的技术要求

1. 性能指标

（1）并网切入电流 变流器对双馈发电机进行并网控制时，并网切入电流应不超过双馈发电机定子额定电流。

（2）机组功率因数 变流器应具备机组功率因数在容性与感性之间可调节控制的功能。如有特殊要求，机组功率因数变化范围可由用户和供货商及制造厂商定。

（3）总谐波畸变系数（THD） 变流器在额定运行条件下，风力发电机组输出电流的总谐波畸变系数符合相关规定。

（4）直流电压纹波系数 额定负载条件下，直流电压纹波系数应小于 5%。

（5）过载能力 变流器的过载能力应与双馈发电机的过载能力相匹配，变流器在 110% 的标称电流容量，持续运行时间应不少于 1min。

（6）稳定性运行时间　变流器满载连续运行时间应不小于72h。

（7）变流器效率　额定运行条件下，变流器效率应不低于96%。

2. 保护功能

（1）过电流保护　当瞬时工作电流超过设定值时，变流器应设置保护，包括网侧过电流保护和发电机侧过电流保护。

（2）直流环节电压保护　当直流环节出现过电压和欠电压情况时，变流器应设置保护。

（3）功率器件过温保护　变流器应设置功率器件过温保护，包括网侧功率器件过温保护和发电机侧功率器件过温保护。

（4）发电机超速保护　变流器应设置发电机超速保护。

（5）功率器件故障硬件保护　变流器应设置功率器件故障硬件保护功能，设置功率器件因控制电源、过电流及短路等原因引起故障的硬件保护电路，实现快速保护，包括电网侧变流器功率器件硬件保护和发电机侧功率器件硬件保护。

（6）断相保护　变流器应设置断相保护，包括电网侧变流器断相保护和发电机侧变流器断相保护。

（7）接地故障保护　变流器应设置接地故障保护以防止接地漏电流超过允许值。应对变流器可采用的接地系统进行说明，应进行型式试验来验证变流器的整体性能是否符合可采用的接地系统。其中可能包括：中性线直接对地；中性线经过高阻抗对地；绝缘。

（8）相序错误保护　变流器应设置相序错误保护。

（9）浪涌过电压保护　变流器应设置浪涌过电压保护功能。

3. 安全要求

与安全有关的要术应符合GB/T 18451. 1—2012中关于防雷接地的规定。

4. 电磁兼容性

（1）电磁抗扰　电磁干扰有低频干扰和高频干扰。低频干扰包括电压畸变；电压变化、波动、电压跌落和短时中断；电压不平衡和频率变化及电源的影响。高频干扰包括静电放电、快速瞬变脉冲群、浪涌及对电磁场的抗扰度。双馈式变流器的抗干扰等级应根据GB/T 12668. 3—2012中的规定，按预期使用环境选定。

（2）电磁发射　电磁发射应尽可能地与其实际的工作环境条件相适应。双馈式变流器的电磁发射限值应符合GB/T 12668. 3—2012中的规定。

第三节　永磁直驱型机组变流器

直驱型风力发电机组，由于采用了变速恒频控制技术，不仅节省了无功补偿器，而且还可以捕获更多的风能，并且在风能不确定的条件下使发电机输出稳定。其控制主要通过3个部分来实现。

（1）发电机侧变流器　其功能主要是利用GTO或IGBT将发电机的出口交流转换成直流输出。

（2）直流控制器　其功能主要是控制直流，使其在要求的电压下运行。

（3）电网侧变流器　其功能是将直流通过逆变变为交流并入电网，并根据系统的需要有效地调整输出的功率因数，去除谐波，提高电能质量。

一、永磁直驱型机组全功率并网变流器

直驱型风力发电系统由风轮与低速永磁同步发电机直接耦合构成，其输出电压的幅值、频率、功率都将随风能的变化而变化。同步发电机与全功率变流器结合，更容易维持低风速时低电压运行等功能，可以显著改善电能质量，减轻对低压电网的冲击，保障风电并网后的电网可靠性和安全性。由于直驱型风力发电系统采用全功率传输，初始成本相对较高。全功率变流器功率设计为 1.2 倍的机组额定功率。

1. 永磁直驱型机组全功率并网变流器的控制技术

1）控制上采用电压电流双闭环矢量控制，呈现电流源特性，电流环是直驱型风力发电并网变流器的控制核心。

2）变流器对电网呈现电流源特性，容易实现多单元并联，也易于实现大功率化组装，各个单元之间采用多重化载波移相，极大地减小了网侧电流总谐波。

3）网侧逆变器采用三电平电路结构，适应网侧电压范围广，同时也有益于减小网侧电流总谐波。

4）MW 级变流器需要多个单元并联组合，系统控制会自动分组工作，很容易线性化并网回馈功率，易于整个风电项目的系统控制，同时有益于减小电流总谐波。

5）并网变流器采用先进的 PWM 控制技术，可以灵活地调节系统的有功和无功功率，减小开关损耗，提高效率，使自动并网功率最大化。

6）根据风、电整体控制，并网变流器具有动态响应快，可以瞬时满足大范围功率变化的要求，适应性比较强。

7）并网变流器具有温度、过电流、短路、旁路、网侧电压异常等保护功能，具有多种模拟量和数字量接口，具有 CAN 总线或 RS-485 串行总线等接口，与风电项目中的其他部分连接方便，控制灵活。

2. 永磁直驱型机组全功率变流器的电路分析

永磁直驱型机组全功率并网变流器采用“二极管整流+升压斩波+PWM 逆变”的结构，将电压和频率不稳定的交流电转化为符合并网要求的交流电，完成风力发电机组的并网。经过对 1.5MW 全功率风力发电变流器进行全面的试验，可以得出效率（斩波器+并网逆变器）大于 97%、网侧功率因数大于 0.99 的结论，其他各项指标也符合设计要求。

直驱型机组并网变流器功率主电路主要由发电机侧滤波器、六相或三相整流器、整流输出电容器组、三重升压 BOOST 变换器、制动单元、逆变侧滤波电容器、双重并网逆变器、逆变输出平衡电抗器、滤波器、升压变压器等组成。其电路原理如图 10-3 所示。

该变流器采用交—直—交三电平电压型主电路，呈控制电流源特性，容易并联，易于大功率化组装，网侧电流正弦化，可以软并网，对电网无冲击，无谐波污染，广泛用于风力发电机组中。兆瓦级大功率直驱型并网变流器采用多单元并联结构，单个单元的主电路采用交—直—交电压型结构。控制上采用电流内环、电压外环双闭环矢量控制技术。各个单元采用载波移相多重化技术，无需额外增加滤波器，便能使网侧电流总谐波小于国标 5%的要求。

由于整流器的非线性特性，输入侧电流特性畸变很严重，谐波含量比较大，会使发电机功率因数降低，发电机转矩发生振荡。因此，必须通过功率因数校正技术，改变开关器件的占空比，使发电机输出电流保持为正弦波并保持与输出电压的同步。采用 PWM 可控整流技

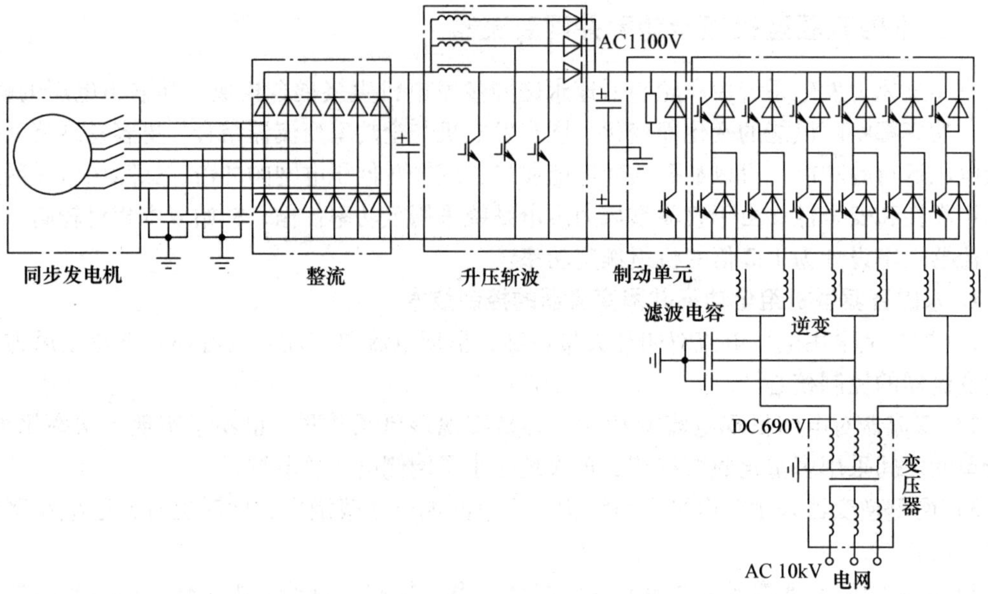

图 10-3　永磁直驱型机组全功率并网变流器的电路原理

术，可以很好地处理发电机端的交流电压不稳、谐波较大和直流侧电压变化大的问题，是最具发展前途的主电路结构方式。

在二极管整流器后有一个 DC/DC BOOST 升压环节。通过 BOOST 升压稳压环节可以很好地将逆变器直流母线电压提高并稳定在合适的范围，即不管二极管整流器的输出直流电压变化多大，通过 BOOST 升压稳压电路后逆变器的输入直流电压基本稳定，使逆变器的调制深度范围好，风轮转速范围宽，提高运行效率，减小损耗。通过增加这个环节，可以解决风力较小时发电机输出电压低却能保证直流母线电压的稳定问题，从而使 PWM 逆变器保持良好的运行特性。同时，BOOST 升压稳压电路还可以对永磁同步发电机输出侧进行功率因数校正。可以看出，整个系统通过增加一级 BOOST 升压稳压电路将直流输入电压等级提高。该系统控制简单，控制方法灵活，开关器件利用率高，逆变器具有输入电压稳定，逆变效果好，谐波含量低，经济性好的优点。在实际应用中，大功率直驱型控制系统中多采用这种结构。

直驱型风力发电机组并网变流器中的功率半导体器件（IGBT）一般采用水冷散热技术，机器外部设有循环系统。1.5MW 的变流器需要约 50kW 的散热功率，才足以把功率器件损耗产生的热量发出去。

二、全功率交—直—交电压型变流器的技术要求

（1）机体和结构质量　变流器的结构和机柜本身的制造质量、主电路连接及电气元件安装等应符合下列要求：

1）变流器及机柜组装有关零部件均应符合各自的技术要求。

2）油漆应牢固、平整，无剥落、锈蚀及裂痕等现象。

3）机柜面板应平整，文字和符号要求清楚、整齐、规范、正确。

4）标牌标志、标记应完整清晰。

5）各种开关应便于操作，灵活可靠。

（2）性能指标

1）效率：额定运行条件下，变流器效率应不低于96.5%。

2）电网侧功率因数：变流器应具备电网侧功率因数在容性与感性之间可调节控制功能。如有特殊要求，电网侧功率因数范围可由用户和供货商/制造厂商定。

3）总谐波畸变率（THD）：变流器在额定运行条件下，风力发电机组输出电流的总谐波畸变率的规定可参见GB/T 20320—2013《风力发电机组 电能质量和评估方法》关于谐波的规定。

4）直流电流含量：额定运行时，变流器向电网馈送的直流电流含量不应超过其输出电流额定值的0.5%。

5）过载能力：在发电机侧工作频率范围内，变流器的过载特性应具有反时限特性。在110%的发电机侧标称电流容量下，变流器持续运行时间应不少于1min。若有特殊要求，过载的幅值和连续时间由用户和供货商/制造厂商定。

6）电压变化率（du/dt）：应根据变流器实际应用情况（如安装现场电缆长度）和发电机匝间所承受的最大应力，来设计变流器du/dt抑制滤波器的大小。

7）平均故障间隔时间（MTBF）：应不小于18000h。

8）稳定性运行时间：额定运行条件下，变流器连续运行时间不小于72h。

（3）保护功能

1）过电流保护：当工作电流超过设定值时，变流器应起动保护，包括电网侧过电流保护和发电机侧过电流保护。

2）断相保护：变流器应设置断相保护，包括电网侧变流器断相保护和发电机侧变流器断相保护。

3）接地故障保护：变流器应设置接地故障保护，防止漏电流超过允许值。

4）冷却系统故障保护：采用冷却系统的变流器应设置冷却系统故障保护。

5）过热保护：变流器应设置过热保护。

6）过电压/欠电压保护：包括发电机过电压、直流环节过电压/欠电压保护和网侧过电压/欠电压保护。

7）通信故障保护：变流器应设置与风力发电机控制系统通信故障保护。

8）电网断电保护：电网断电时，变流器应停机。

9）浪涌过电压保护：变流器应设置浪涌过电压保护，采用进线过电压吸收装置作为标准配置。

10）恢复并网保护：由于超限状态导致变流器停止向电网供电后，在电网的电压和频率恢复到正常范围后的20s~5min，变流器不应向电网供电。

（4）绝缘耐压性

1）绝缘电阻：变流器的输入电路对地、输出电路对地的绝缘电阻应不小于1MΩ。绝缘电阻仅作为绝缘强度试验参考。

2）绝缘强度：变流器输入电路对地、输出电路对地应承受50Hz的正弦交流电压1min，试验电压的均方根值见表10-1。不击穿，不飞弧，漏电流小于20mA。

试验电压应从零开始，以每级为规定值的5%的有级调整方式上升至规定值后，持续1min。

表 10-1　绝缘强度试验电压

额定电压 U_n/V	试验电压/V
≤60	1000
60<U_n≤300	2000
300<U_n≤690	2500
690<U_n≤800	3000
800<U_n≤1000	3500
1000<U_n≤1500	3500

注：整机绝缘强度按上述指标仅能试验一次。用户验收产品时如需要进行绝缘强度试验，应将上列试验电压降低25%进行。

（5）电磁兼容

1）抗电磁干扰：电磁干扰有低频干扰和高频干扰。低频干扰包括谐波和换相缺口/电压畸变；电压变化、波动，电压跌落和短时中断，电压不平衡和频率变化的影响。高频干扰包括静电放电、快速瞬变脉冲群浪涌及对电磁场的抗扰度。变流器的抗干扰等级应根据 GB 12668.3—2012 的规定，按预期使用环境选定。

2）电磁发射：电磁发射应尽可能地与其实际的工作环境条件相适应。变流器的电磁发射限值应符合 GB 12668.3—2012 的规定。

（6）通信　应规定变流器与风力发电机组控制系统的通信形式及内容，包括采取的通信模式（总线及远程 I/O 等）参数及定标、控制逻辑及流程等。

（7）安全要求　与安全有关的要求应符合 GB/T 18451.1—2012 中关于接地、防雷规定。

（8）防护性能　功率器件部分的防护等级应不低于 IP28，控制部分器件部分应不低于 IP54。如有特殊要求，变流器的防护等级由用户和制造厂协定，但应符合相关规定。

复习思考题

1. 逆变器的主要参数有哪些？逆变器有哪些技术要求？
2. 风电机组变流器支撑技术有哪些？
3. 叙述双馈型机组变流器的工作原理。
4. 双馈型机组变流器有哪些通用要求？其性能指标有哪些？保护功能有哪些？
5. 双馈型机组变流器的电磁兼容性要求有什么？
6. 永磁直驱型机组变流器由哪几部分组成？说明永磁直驱型机组变流器工作原理并进行电路分析。
7. 永磁直驱型机组变流器使用条件有哪些？运行需要的电气条件有哪些？
8. 永磁直驱型机组变流器机体和结构质量要求有哪些？
9. 永磁直驱型机组变流器性能指标有哪些？保护功能有哪些？
10. 永磁直驱型机组变流器有哪些绝缘耐压性能要求？有哪些电磁兼容要求？

参考文献

[1] 宫靖远．风电场工程技术手册[M]．北京：机械工业出版社，2004.
[2] 武鑫，等．风能技术[M]．北京：科学出版社，2007.
[3] 中国玻璃钢工业协会．玻璃钢简明技术手册[M]．北京：化学工业出版社，2004.
[4] 刘万琨，张志英，李银凤，等．风能与风力发电技术[M]．北京：化学工业出版社，2006.
[5] 苏绍禹．风力发电机运行与维护[M]．北京：中国电力出版社，2002.
[6] 姚兴佳，宋俊．风力发电机组原理与应用[M]．北京：机械工业出版社，2009.